2016 注册测绘师资格考试用书

# 测绘案例分析
# 考点分析及模拟题详解

Cehui Anli Fenxi Kaodian Fenxi ji Moniti Xiangjie

（第四版）

胡伍生 | 主编
范国雄　喻国荣 | 副主编

人民交通出版社股份有限公司
China Communications Press Co.,Ltd.

## 内 容 提 要

本书为注册测绘师资格考试三个科目应试辅导教材之一，依托现行考试大纲和历年考试真题，基于编写人员多年专业积累和本科目出题特点编写而成。

全书共13章，主要内容包括：大地测量、海洋测绘、工程测量、房产测绘、地籍测绘、行政区域界线测绘、测绘航空摄影、摄影测量与遥感、地图制图、地理信息工程、导航电子地图制作、互联网地理信息服务；书后还对近年案例分析试卷的特点进行了分析，以期对大家的复习和考试有所帮助。

本书可供参加注册测绘师资格考试的考生复习备考使用。

**图书在版编目(CIP)数据**

测绘案例分析考点分析及模拟题详解 / 胡伍生主编.
—4版.—北京 ：人民交通出版社股份有限公司，2016.1
ISBN 978-7-114-12761-8

Ⅰ.①测… Ⅱ.①胡… Ⅲ.①测绘—案例—工程师—资格考试—自学参考资料 Ⅳ.①P2

中国版本图书馆CIP数据核字(2016)第018567号

2016注册测绘师资格考试用书

**书　　名**：测绘案例分析考点分析及模拟题详解(第四版)
**著 作 者**：胡伍生
**责任编辑**：刘彩云　李　坤
**出版发行**：人民交通出版社股份有限公司
**地　　址**：(100011)北京市朝阳区安定门外外馆斜街3号
**网　　址**：http://www.ccpress.com.cn
**销售电话**：(010)59757973
**总 经 销**：人民交通出版社股份有限公司发行部
**经　　销**：各地新华书店
**印　　刷**：北京盈盛恒通印刷有限公司
**开　　本**：787×1092　1/16
**印　　张**：13
**字　　数**：300千
**版　　次**：2016年1月　第4版
**印　　次**：2016年1月　第1次印刷　累计第6次印刷
**书　　号**：ISBN 978-7-114-12761-8
**定　　价**：40.00元

# 前　言

2007 年，我国建立了“注册测绘师”制度。注册测绘师，是指经考试取得“中华人民共和国注册测绘师资格证书”，并依法注册后，从事测绘活动的专业技术人员。根据《中华人民共和国测绘法》，原人事部和国家测绘局共同颁布了注册测绘师制度的有关规定及配套实施办法，并于 2011 年 4 月进行了首次注册测绘师考试，这标志着我国“注册测绘师”制度进入实施阶段。这对于加强测绘行业的管理，提高测绘专业人员素质，规范测绘行为，保证测绘成果质量，推动我国测绘工程技术人员走向国际测绘市场具有重要意义。

注册测绘师考试共设三个科目:《测绘管理与法律法规》、《测绘综合能力》和《测绘案例分析》。科目一《测绘管理与法律法规》，主要考查测绘地理信息专业技术人员在测绘地理信息项目实施和管理中，运用现行相关法律法规和标准规范解决实际问题的能力;考试题型为单选题(80 题，每题 1 分)，多选题(20 题，每题 2 分)，总分为 120 分。科目二《测绘综合能力》，主要考查测绘地理信息专业技术人员运用测绘地理信息专业理论和现行标准规范，分析、判断和解决测绘地理信息项目实施过程中专业技术问题的能力;考试题型为单选题(80 题，每题 1 分)，多选题(20 题，每题 2 分)，总分为 120 分。科目三《测绘案例分析》，主要考查测绘地理信息专业技术人员对《测绘管理与法律法规》和《测绘综合能力》科目在实务应用时体现的综合分析能力及实际执业能力;考试题型为综合分析题(7 题，每题 12～18 分)，总分为 120 分。

为了帮助广大测绘专业人员以及有志于测绘执业的考生快速、高效地掌握考试大纲要求的知识，顺利通过考试，人民交通出版社股份有限公司组织东南大学交通学院测绘领域的专家、学者，编写了本套辅导教材(共三册)及历年真题详解(共三册)。本套辅导资料具有如下特点:

(1)考点突出。针对考试，我们细致分析了考试大纲的深度和广度，将主要知识点汇总呈现在每一章的章首，并对其进行必要的阐释，便于考生抓住考点进行合理复习。

(2)题量丰富。做题的复习效果要远远好于看大段的文字，更有利于复习时间紧张的考生，在极为有限的复习时间内掌握大量考点。本套教材根据考点，优选数道经典例题，通过提供参考答案及具体解析，帮助考生掌握必备基础知识，提高复习效率。

(3)真题演练。书中收录 2011～2015 年真题，可以较好地检验考生的综合复习效果，增加考生实战经验，便于考生在短时间内提高应试能力。

(4)视频讲解。考生可通过扫描书中二维码，观看视频讲解;也可刮开**封面上的增值卡**，登录“注考网”(www. zhukaowang. com. cn)在线学习;或关注微信公众号“注册测绘师微课程”移动端学习。

2016 年，我们在上一版的基础上，对以下内容进行了重点修订:

**(1)通过对 2011～2015 年这五年的考题分析，对重要考点、新增考点进行针对性的补充和完善。**

**(2)参考实际考卷，对历年真题进行全新编排，并附答案及完整解析。**

本书编写人员及分工如下：东南大学胡伍生(第 3 章)，范国雄(第 2、4、5、6 章)，喻国荣(第 1 章)，沙月进(第 7、8 章)，郑天栋(第 9、11 章)，章其祥(第 10、12 章)。

书中难免有疏漏和不当之处，欢迎大家多提宝贵建议，主编的联系方式为 QQ：109145221，Email：wusheng. hu@163. com。注册测绘师考试 QQ 群 192881063。希望考生们多沟通、多进步，顺利通过考试！

**胡伍生**

**2015 年 12 月　南京**

# 致读者

时光飞逝，岁月如梭。注册测绘师(Registered Surveyor)考试从 2011 年开考至今已经五年了。为了帮助大家系统、有效地复习应考，我们编写了这套考试复习丛书(包括三本考点分析和三本历年真题详解)，同时录制了相应的视频课程。2016 年丛书再版时，我们结合五年来注册测绘师《测绘案例分析》科目(以下简称《案例分析》科目)试卷的组卷方案和内容做个总结与剖析，以便明确任务与目标，理清考试重点与难点，为您顺利通过注册测绘师资格考试再助一臂之力。

## 1.《案例分析》科目组卷方案综合分析

为了便于分析，我们对历年《案例分析》科目试卷的考题分布进行了统计，统计结果参见表 A(编者注:统计结果仅供参考)。

**2011～2015 年《案例分析》科目试卷考题分布统计表**　　表 A

| 分类 | 2011 年 | | | 2012 年 | | | 2013 年 | | | 2014 年 | | | 2015 年 | | |
|---|---|---|---|---|---|---|---|---|---|---|---|---|---|---|---|
| | 分值 | 题数 | 百分比 | 分值 | 题数 | 百分比 | 分值 | 题数 | 百分比 | 分值 | 题数 | 百分比 | 分值 | 题数 | 百分比 |
| 大地测量(GPS) | 18 | 4 | 15 | 18 | 3 | 15 | 18 | 3 | 15 | 20 | 3 | 16.6 | 20 | 4 | 16.6 |
| 工程测量(地形、土方) | 12 | 3 | 10 | 18 | 3 | 15 | 18 | 3 | 15 | 20 | 4 | 16.6 | 20 | 4 | 16.6 |
| 摄影测量与遥感 | 18 | 4 | 15 | 18 | 3 | 15 | 18 | 4 | 15 | 20 | 3 | 16.6 | 20 | 3 | 16.6 |
| 地图制图 | 18 | 4 | 15 | 18 | 4 | 15 | 18 | 4 | 15 | 20 | 4 | 16.6 | 20 | 4 | 16.6 |
| GIS | 18 | 4 | 15 | 15 | 2 | 12.5 | 15 | 3 | 12.5 | 20 | 4 | 16.6 | 20 | 4 | 16.6 |
| 地籍房产 | 18 | 3 | 15 | | | | | | | 20 | 3 | 16.6 | 20 | 3 | 16.6 |
| 工程测量(规划、监测) | 18 | 3 | 15 | 15<br>18 | 3<br>3 | 12.5<br>15 | 18 | 3 | 15 | 20 | 3 | 16.6 | 20 | 3 | 16.6 |
| 电子地图 | | | | | | | 15 | 3 | 12.5 | | | | | | |

从表 A 中可以看出:

(1)大题目数量保持不变，每年均为 7 个;大题分值在 10～20 分之间，占比约为 10%～15%。每个大题包含 2～4 个小题;每年考试的小题总数在 21～26 个之间。

(2)工程测量、大地测量、摄影测量与遥感、地图制图、地理信息系统(GIS)，这 5 大类年年出题。其中，“工程测量”每年至少有 2 题(2012 年有 3 题，占比最大，约占 42.5%);“电子地图”只有 2013 年出题 1 次;“海洋测绘”融入“大地测量”;“测绘航空摄影”融入“摄影测量与遥感”;“行政区域界线测绘”至今未出题。

(3)2011～2013 年试卷中的 7 个大题全为必答题，没有任选;2014～2015 年试卷的考题改为 7 选 6(这种做法更合理)。估计今后会延续近两年的做法,采用 7 选 6 的方式。

由此可知,《案例分析》科目考试的重点内容为:**工程测量、大地测量、摄影测量与遥感、地图制图、地理信息系统。**

## 2. 试卷特点解析

(1)题型分布

《案例分析》试卷题型不定,有计算题、问答题、绘流程图等题型。计算题,每年为 3~5 个小题,但计算量、难度不大。涉及测绘项目作业实施流程、过程、步骤的问答题为 5 个左右,2014 年较多,有 9 个。涉及成果资料提交、资料补全、成果质量检验的问答题逐年减少。

(2)计算题分析

每年的《案例分析》试卷都有 3~5 个小计算题,相对 22 个题的总题量,占比约为 20%~25%。计算题难度不大,较难的题试卷中都已给出了计算公式,只要概念清楚,一般都是可以完成的。计算中容易忽视的问题是数据取位问题,计算过程和结果都有取位要求,要特别注意。

(3)项目实施流程与步骤

涉及测绘工程项目实施流程、过程、步骤的问答题较多。《案例分析》考试大纲要求考查测绘专业技术人员运用《测绘管理与法律法规》、《测绘综合能力》科目知识解决实际问题时体现的综合分析能力及实际执业能力。五年的试卷中,这部分题量基本稳定,约为 6~7 个小题(只有 2014 年较多,有 9 个小题)。

(4)执业能力考核

《案例分析》试卷中涉及成果资料提交、资料补全等要求死记硬背的问答题少了,如 2013 年和 2014 年,试卷中关于成果提交的就未涉及。增加了测绘过程检查、质量判断、规范运用等实际操作能力的考核。

(5)新技术知识考点

新技术知识考点不断增加。2012 年考试大纲中增加了导航电子地图制作、互联网地图服务等内容,2013 年试卷中就出现了"天地图"、"电子地图瓦片"、"WMS (Web Map Service,即网络地图服务)"等新名词,所以应关注新技术知识考点。

世上无难事,只怕有心人。只要不继努力、认真复习,加上您的聪明和智慧,一定能顺利过关,成为一名注册测绘师。

**编者**

**2015 年 12 月　南京**

# 目　录

# 1 大地测量

## 1.1 大地测量案例分析要点

大地测量案例主要考查进行大地测量项目管理的能力，需要熟悉从项目设计到验收各环节，尤其注重以下内容：①技术设计书与技术总结；②工作流程；③各个环节的技术要求（包括限差要求）；④测量成果检查内容；⑤提交成果清单；⑥具体工程案例计算能力（如水准测量成果整理、三角测量成果整理、导线坐标计算、控制测量精度评定）等。这些内容也是《全球导航卫星系统连续运行参考站网建设规范》（GH/T 2008—2005）、《全球定位系统（GPS）测量规范》（GB/T 18314—2009）、《国家大地测量基本技术规定》（GB 22021—2008）、《国家一、二等水准测量规范》（GB/T 12897—2006）、《国家三、四等水准测量规范》（GB/T 12898—2009）、《区域似大地水准面精化基本技术规定》（GB/T 23709—2009）等技术规范的重要条文，建议读者仔细阅读，并重点关注。

### 1.1.1 GNSS 连续运行基准站案例分析要点

1）基准站选址

（1）观测环境

①距易产生多路径效应的地物（如高大建筑、树木、水体、海滩和易积水地带等）的距离不小于 200m；

②应有 10°以上地平高度角的卫星通视条件；

③距电磁干扰区（如微波站、无线电发射台、高压线穿越地带等）的距离不小于 200m；

④避开易产生振动的地带（如采矿区、铁路、公路等）；

⑤应顾及未来的规划和建设，选择周围环境变化较小的区域进行建设；

⑥应进行 24h 以上的实地环境测试，对于国家基准站和区域基准站，数据可用率应大于 85%，多路径影响小于 0.5m；对于专业应用网基准站，可按实际情况执行。

（2）地质环境

基准站应建立在稳定块体上，避开地质构造不稳定地区（如断裂带、易发生滑坡与沉陷等局部变形地区）和易受水淹没或地下水位变化较大的地区。

（3）维持条件

①便于接入公共或专用通信网络；

②具有稳定、安全可靠的电源；

③交通便利，便于人员往来和车辆运输；

④具有良好的土建施工条件；

⑤具有建设用地及基本基础设施保障；

⑥具有良好的安全保障环境，便于人员维护和站点的长期保存。

(4)实施步骤

①根据技术设计书进行踏勘，确认基岩、土壤类型及其承载能力等，在实地按要求选定点位；

②实地绘制点之记；

③实地绘制概略地图，供基准站设计使用；

④实地运行卫星定位观测，以15s采样间隔记录不少于连续4h的观测数据，当载波相位数据利用率低于80%时，应变更站址。

(5)基准站选址提交成果

①踏勘选址报告(包括所属行政区划，自然地理，地震地质概况，交通、通信、物资、水电、治安等情况)；

②点位照片(远景、近景)；

③选址点之记；

④土地使用意向书或其他用地文件；

⑤地质勘察资料；

⑥实地测试数据和结果分析。

2)基准站的基建工程

(1)观测墩

观测墩一般为钢筋混凝土结构，类型分为基岩观测墩、土层观测墩、屋顶观测墩。

①基岩观测墩和土层观测墩应高出地面3m，一般不超过5m；对于屋顶观测墩，高度应大于1.5m。

②基岩观测墩和土层观测墩宜建设在观测室内，应高出观测室屋顶面1.5m以上，室外部分应加装防护层，避免风雨与日照辐射对观测墩的影响。

③基岩观测墩的内部钢筋与基岩紧密浇筑，浇筑深度不少于0.5m；土层观测墩的钢筋混凝土墩体应埋于解冻线2m以下；屋顶观测墩的内部钢筋应与房屋主承重结构钢筋焊接，接合部分应不少于0.1m。

④观测墩应浇筑安装强制对中标志，并严格整平，墩外壁应加装(或预埋)适合线缆进出的硬质(钢或塑料)管道，起保护线路作用。

⑤基岩和土层观测墩应与观测室或周围房屋的主体结构分离，以免影响观测墩的稳定性；基岩和土层观测墩与地面接合四周应做不少于5cm的隔振槽，内填粗砂，避免振动带来的影响；屋顶观测墩与屋顶面接合处应做防水处理。

(2)观测室

①观测室面积不少于20m$^2$。

②观测室应建在地基牢固的地点，设计时应考虑防水、排水、防风、防雷等因素；电力和信号管线应分别布设，预埋两种管线通道，并进行动物防护处理。

③观测室内的温度和相对湿度应满足仪器设备正常运行的要求。

④国家基准站网的基准站应在观测室内的观测墩基础上埋设水准与重力共用标石，该标石与地面接合四周应做不少于5cm的隔振槽，内填粗砂。

(3)实施步骤

①在选址工作的基础上完成基准站建筑的整体设计及专项防护设计(如防风、防雷等)；

②建造观测墩和观测室；

③铺设电力线、通信线等管线；

④进行设备安装调试及试运行，待验收完毕后正式使用。

(4)提交成果

①基准站设计方案，包括整体式样、观测墩结构、观测室结构、管线、排水、安防等专项设计，施工方案、经费预算等；

②基准站基建工程报告，包括施工概况、经费使用、建筑结构图、竣工地形图(站周围20m范围)等；

③测量标志保管书。

3)基准站设备技术指标

(1)接收机

①具有同时跟踪不少于24颗全球卫星导航定位卫星的能力；

②至少具有1s采样数据的能力；

③观测数据至少应包括双频测距码、双频载波相位值、卫星广播星历；

④具有在－30～＋55℃、湿度95％的环境下正常工作的能力；

⑤具备外接频标输入口，可配5MHz或10MHz的外接频标；

⑥具备3个以上的数据通信接口，接口可包括RS232、USB、LAN等。

(2)天线

①相位中心稳定性应优于3mm；

②具备抗多路径效应的扼流圈或抑径板；

③具有抗电磁干扰能力；

④具有定向指北标志；

⑤在－40～＋65℃的环境下能正常工作，气候条件恶劣地区应配有防护罩。

(3)气象设备

①可精确测定气压、温度、湿度气象元素；

②气压测定精度±0.1hPa，温度测定精度±0.5℃，湿度测定精度±1％；

③可连续测定气象元素，具有多采样间隔设置的能力；

④具备数据通信接口，可进行实时或定时数据传输。

(4)电源设备

①单相市电供电，并加装在线式UPS；

②后备电源可选择使用太阳能、大容量电池组等；

③后备电源单独供电时，至少能维持基准站设备连续工作12h；

④电源线路应做接地保护并加装电涌防护设备。

(5)通信设备

①可长期、可靠、连续地工作；

②数据传输率应大于16kB/s；

③实时通信时，通信误码率应小于$10^{-8}$，延时小于500ms；

④有条件时，应采用两种相互独立的数字通信链路，提高数据传输的可靠性。

(6)计算机与软件

①应选择符合工业标准的计算机；

②计算机应具备4个以上的数据通信接口，接口可包括RS232、USB、LAN等；

③计算机至少应具备连续存储1年采样率为30s的观测数据的能力；

④应用软件应具有数据下载、格式转换、自动存储、自动传输、设备监控等功能；

⑤应用软件选用商用软件或自行研制。

4)数据中心

(1)建设原则

①安全性：数据中心内部局域网与外部网络进行物理隔离，并应设置不同级别的访问权限；

②可靠性：关键设备采用冗余备份系统，关键数据采用双机异地备份；

③保密性：数据和产品应根据不同密级进行加密处理；

④可恢复性：发生故障时，数据管理系统24h恢复，产品服务系统12h恢复。

(2)数据处理原则

①国家基准站网和区域基准站网应采用ITRF作为参考框架，以适当数量和分布均匀的IGS站的坐标和原始观测数据、精密星历为起算数据；专业应用站网根据专业需要确定参考框架和起算数据。

②应采用业务主管部门认定的高精度数据处理软件。

③数据处理模型宜采用IERS相关标准。

(3)数据准备

①基准站的观测数据及其质量评价；

②原始数据格式转换；

③测站信息文件准备；

④卫星星历准备；

⑤地球极移、章动、岁差、太阳和月亮星历等相关文件准备。

(4)数据解算

①国家基准站网数据解算方案应包括单天解、周解、月解、年解，区域基准站网可只包括单天解和年解，专业应用站网根据专业应用需求自行规定。

②国家基准站网采用的卫星精密星历根据其相应的精度定权；区域基准站网采用精密星历时，一般采用强制性约束；专业应用站网根据专业应用需求，可选用预报精密星历或广播星历。

③实时应用时，基准站坐标应采用最新的年解结果。

④地球自转参数的选用应与所采用的卫星星历一致。

⑤区域基准站网和专业应用站网处理可在地固坐标系下进行。

(5)数据分析

①基准站坐标分量随时间变化分析；

②基准站网速度场分析；

③各基准站工作状况分析；

④数据综合处理分析。

(6)成果与精度

①国家基准站网应提供基准站坐标的周解、年解及相应的协方差阵和年速率、大气参数、精密卫星钟差和接收机钟差、区域事后精密星历和预报精密星历；

②区域基准站网应提供基准站坐标的周解、年解及相应的协方差阵、大气参数等，有条件的情况下还应提供精密相对卫星钟差和接收机钟差；

③专业应用站网至少应提供基准站坐标年解；

④国家基准站网和区域基准站网的基准站地心坐标分量精度应满足表1-1的要求；

⑤区域事后精密星历精度±0.5m，预报精密星历精度±2m；

⑥精密相对卫星钟差精度±5ns。

**《全球定位系统(GPS)测量规范》(GB/T 18314—2009)中有关A级相关规定** 表1-1

| 级 别 | 坐标年变化率中误差 | | 相对精度 | 地心坐标各分量年平均中误差(mm) |
|---|---|---|---|---|
| | 水平分量(mm/a) | 垂直分量(mm/a) | | |
| A级 | 2 | 3 | $1\times10^{-8}$ | 0.5 |

(7)产品服务内容

①位置服务在时效上分为实时、快速、事后位置服务，精度方面分为厘米级、分米级和米级位置服务；

②卫星轨道服务提供精度为2m的24h区域预报精密星历和精度为0.5m的区域事后精密星历；

③时间服务提供区域和事后精密星历相应的精密卫星钟差，预报精密卫星钟差精度优于10ns，事后精密卫星钟差精度为1ns；

④气象服务提供快速大气垂直湿分量等参数；

⑤源数据服务提供基准站原始观测数据、气象观测数据、站信息等。

5)基准站网测试与维护

(1)测试

①测试基准站数据采集、数据完好性；

②测试数据传输(基准站到数据中心、数据中心到用户)的稳定性，测试网络通信链路的通信速率、误码率、可用性及数据延迟；

③测试基准站网实时定位的有效覆盖范围和作业时效；

④测试数据产品服务内容和精度指标；

⑤测试数据中心对基准站的监控能力；

⑥其他特殊要求测试。

(2)维护

①应保障全年每天连续24h正常运行，宜安装必要的报警系统；

②应定期进行设备检测，适时进行设备更新；

③应定期与国际IGS站进行联测解算，适时进行坐标框架更新；

④对水准标志、重力标石进行定期联测。

## 1.1.2 GNSS大地控制网案例分析要点

1)建立大地控制网的方法

(1)地面常规测量技术

①采用测角(方向)、测边的方法建立大地控制网，通常称为常规大地测量；

②使用的仪器为经纬仪(测角)、测距仪(测边)、全站仪(测角、测边);

③根据测量内容分为三角测量、导线测量、三边测量及边角同测。

(2)导航卫星定位技术

①采用全球导航卫星系统(GNSS)建立大地控制网,通常称为GNSS网;

②采用静态相对定位模式观测;

③以观测简便、精度高、速度快、费用省、全天候等优点成为建立大地网的主要方式。

2)建立大地控制网的基本原则

(1)一般规定

①大地控制网按照精度和用途分为一、二、三、四等大地控制网;

②大地控制网在保证精度、密度等技术要求时可跨级布设;

③天文大地控制网成果被正式废止前,在保证精度的前提下,可根据需要继续使用;

④陆地困难地区和远离大陆岛(礁)的大地控制网布测,经省级以上测绘行业行政主管部门批准,其技术指标可根据实际情况适当放宽。

(2)控制网的作用

①一等大地控制网由卫星定位连续运行基准站构成,它是国家大地基准的骨干和主要支撑,以实现和维持我国三维、动态地心坐标系统,保证大地控制网点位三维地心坐标的精度和现势性。

②二等大地控制网布测目的是实现对国家一、二等水准网的大尺度稳定性监测;结合精密水准测量、重力测量等技术,精化我国似大地水准面;为三、四等大地控制网和地方大地控制网提供起始数据。

③三等大地控制网布测目的是建立和维持省级(或区域)大地控制网,满足国家基本比例尺测图的基本需求,结合水准测量、重力测量技术,精化省级(或区域)似大地水准面。

④四等大地控制网是三等大地控制网的加密。

(3)控制网精度

①国家一等大地控制网的卫星定位连续运行基准站地心坐标精度指标见表1-1。

②国家二、三、四等大地控制网精度指标不应超过表1-2的规定。

**国家二、三、四等大地控制网精度指标** 表1-2

| 级　别 | 相邻点基线分量的中误差(mm) | | 相对精度 | 点间平均距离(km) |
|---|---|---|---|---|
| | 水平分量 | 垂直分量 | | |
| 二等 | ±5 | ±10 | $1\times10^{-7}$ | 50 |
| 三等 | ±10 | ±20 | $1\times10^{-6}$ | 20 |
| 四等 | ±20 | ±40 | $1\times10^{-5}$ | 5 |

(4)控制网点的布设原则

①一等大地控制网点应均匀分布,覆盖我国国土,在满足条件的情况下,宜布设在国家一等水准路线附近和国家一等水准网的节点处。地方或部门建立的卫星定位连续运行基准站,符合国家统一建站技术标准所规定的技术指标的,经认证后,可纳入国家一等大地控制网。

②二等大地控制网点应在均匀布设的基础上,综合考虑应用服务和对国家一、二等水准网

的大尺度稳定性监测等因素。

③三等大地控制网点的布设应与省级基础测绘服务、现有技术状况、应用水平及似大地水准面精化等目标相一致，并应尽可能布设在三、四等水准路线上。

(5)复测与更新

①二等大地控制网复测周期为5年，每次复测执行时间应不超过2年。

②三、四等大地控制网应根据需要进行复测或更新。

3)大地控制网的布设

大地控制网的布设包括技术设计、实地选点、建造觇标、标石埋设、外业观测和数据处理等工作。

(1)技术设计

技术设计的目的是制订切实可行的技术方案，保证测绘产品符合相应的技术标准和要求，并获得最佳的社会和经济效益，主要步骤如下。

①资料收集：收集测区有关资料，包括测区的自然地理和人文地理，气象资料，各种比例尺地形图、交通图及测区总体建设规划和近期发展方面的资料，已有的大地测量成果资料，如点之记、成果表及技术总结等。对收集资料加以分析和研究，选取有价值和可靠的部分作为设计时参考。

②实地踏勘：在拟订布网方案和计划时，需要到测区进行必要的踏勘和调查，作为设计参考。

③图上设计：根据实际大地测量任务，按照有关规范和技术规定，在地形图上拟订出控制点的位置和控制网的图形结构。具体而言，图上设计主要依据测量任务中规定的GNSS网布设的目的、等级、边长、观测精度等要求，综合考虑测区已有的资料、测区地形等情况，按照优化设计原则，在设计图上标出新设计的GNSS点的点位、点名、级别，制定GNSS联测方案，以及与已有GNSS连续运行基准站、国家三角点联测方案。

④技术设计书编写：按照编写技术设计书的要求编制技术设计书。

⑤技术设计后应上交资料：技术设计书与专业设计书(附点位设计图)、野外踏勘技术总结等。

(2)实地选点

当前建立大地控制网的方法主要采用导航卫星定位技术。各级GNSS点位基本要求如下：

①应便于安置接收设备和操作，视野开阔，视场内障碍物的高度角不宜超过15°；

②远离大功率无线电发射源(如电视台、电台、微波站等)，其距离不小于200m；远离高压输电线和微波无线电传送通道，其距离不应小于50m；

③附近不应有强烈反射卫星信号的物件(如高大建筑、湖泊等)；

④交通方便，并有利于其他测量手段扩展和联测；

⑤地面基础稳定，易于标石的长期保存；

⑥充分利用符合要求的已有控制点；

⑦选点时尽可能使测站附近的局部环境(地形、地貌、植被等)与周围的大环境保持一致，以减少气象元素的代表性误差。

选点工作结束后，应提交GNSS网选点图，GNSS网点点之记、点位环视图，选点工作总结。

(3)标石埋设

点位选好后，要把它固定在地面上，需要埋设带有中心标志的标石，以便长期保存。埋石结束应上交的资料包括：①GNSS点之记；②测量标志委托保管书；③标石建造拍摄的照片；④埋石工作总结。

(4)外业观测

外业观测包括仪器的选取和检验，制订观测计划，观测作业，外业观测数据检验等工作。外业观测结束应提交专业技术设计、野外原始观测手簿、观测数据、控制网图、数据检核结果和观测工作技术总结。

(5)GNSS网外业观测成果质量检核

GNSS网外业观测成果质量检核主要有以下内容。

①数据剔除率：同一时段内观测值的剔除率不应超过10%。

②复测基线的长度差：B级基线预处理及进行C、D、E级基线处理后，若某基线向量被多次重复测量，则任意两个基线长度之差 $d_s$ 应满足式(1-1)。

$$d_s \leqslant 2\sqrt{2}\sigma \tag{1-1}$$

式中：$\sigma$——基线测量中误差(mm)。

③同步环闭合差：三边同步环闭合差应满足式(1-2)。

$$\begin{cases} W_x = \sum\limits_{i=1}^{3}\Delta x_i \leqslant \dfrac{1}{5}\sqrt{3}\sigma \\ W_y = \sum\limits_{i=1}^{3}\Delta y_i \leqslant \dfrac{1}{5}\sqrt{3}\sigma \\ W_z = \sum\limits_{i=1}^{3}\Delta z_i \leqslant \dfrac{1}{5}\sqrt{3}\sigma \end{cases} \tag{1-2}$$

式中：$\sigma$——基线测量中误差(mm)。

对于四站或更多站同步观测而言，应用上述方法检查一切可能的三边同步环闭合差。

④异步环闭合差或附合路线坐标闭合差：C、D、E级GNSS网及B级网外业基线预估计的结果应满足式(1-3)。

$$\begin{cases} W_x = \sum\limits_{i=1}^{n}\Delta x_i \leqslant 3\sqrt{n}\sigma \\ W_y = \sum\limits_{i=1}^{n}\Delta y_i \leqslant 3\sqrt{n}\sigma \\ W_z = \sum\limits_{i=1}^{n}\Delta z_i \leqslant 3\sqrt{n}\sigma \\ W_s = \sqrt{W_x^2 + W_y^2 + W_z^2} \leqslant 3\sqrt{3n}\sigma \end{cases} \tag{1-3}$$

式中：$n$——闭合环边数；

$\sigma$——基线测量中误差(mm)。

(6)外业技术总结内容

①测区范围与位置，自然地理条件，气候特点，交通及电信、供电情况；

②任务来源，测区已有测量成果，项目名称，施测目的和基本精度要求；

③施测单位，施测起讫时间，作业人员数据，技术状况；

④作业技术依据；

⑤作业仪器类型、精度，以及检验和使用情况；

⑥点位观测条件的评价，埋石与重合点情况；

⑦联测方法，完成各级点数与补测、复测情况，以及作业中存在问题的说明；

⑧外业观测数据质量分析与数据检核情况。

(7)数据处理

数据处理主要工作包括外业观测数据质量检核、平差方案的拟订、起算数据的选定与分析、平差处理、结果精度评定、数据处理结果整理和技术总结编写。

(8)GNSS 网平差提取基线向量需要遵循的原则

①必须选取相互独立的基线，否则平差结果会与真实的情况不符合。

②所选取的基线应构成闭合的几何图形。

③选取质量好的基线向量；基线质量的好坏可以依据 RMS、RDOP、RATIO、同步环闭合差、异步环闭合差及重复基线较差来判定。

④选取能构成边数较少的异步环的基线向量。

⑤选取边长较短的基线向量。

(9)内业技术总结内容

①数据处理方案、所采用的软件、星历、起算数据、坐标系统、历元，以及无约束平差、约束平差情况；

②误差检验及相关参数和平差结果的精度估计等；

③上交成果中尚存在的问题和需要说明的其他问题、建议或改进意见；

④各种附表与附图。

(10)质量控制

质量控制执行“两级检查、一级验收”制度。

交送验收的成果包括观测记录的存储介质及其备份，记录的内容和数量应齐全且完整无缺，各项注记和整饰应符合要求。

(11)验收重点内容

①实施方案是否符合规范和技术设计的要求；

②补测、重测和数据剔除是否合理；

③数据处理软件是否符合要求，处理项目是否齐全，起算数据是否正确；

④各项技术指标是否符合要求。

验收完成后应写出成果验收报告。

(12)上交资料

GNSS 控制网上交资料包括下列各项：

①测量任务书或测量合同书、技术设计书；

②点之记、测站环视图、测量标志委托保管书、选点资料和埋石资料；

③接收机、气象仪器及其他仪器的检验资料；

④外业观测记录、测量手簿及其他记录；

⑤数据处理中生成的文件、资料和成果表；

⑥GNSS 网展点图；

⑦技术总结和成果验收报告。

## 1.1.3 高程控制网案例分析要点

1)高程基准

①国家高程系统采用正常高系统。

②国家采用1985国家高程基准定义的黄海平均海水面作为全国统一高程起算面,国家高程基准由高程控制网和似大地水准面具体体现。

③中华人民共和国水准原点位于青岛市观象山,高程为72.260m。

2)高程控制网布设原则

(1)一般规定

①水准测量按照精度分为一、二、三、四等,高程控制网主要采用水准测量方式布设,按逐级控制的原则,分为一、二、三、四等水准网。水准点的点间距离为4～8km,在通行困难地区经批准可适当放宽。

②远离大陆岛(礁)的国家高程基准传递和高程的控制网布设,其技术指标经批准可适当放宽。

(2)水准路线

①一等水准网的布设应充分顾及地质构造背景,选择最适当的路线。一等水准路线应闭合成环形,并构成网状。环的周长在我国东部地区应不超过1600km,西部地区不超过2000km。

②二等水准网是一等水准网的加密,在一等水准网内布设成附合路线或环形。二等水准环线的周长,在平原和丘陵地区应不大于750km,山区和困难地区经批准可适当放宽。

③三、四等水准网是在一、二等水准网的基础上进一步加密,三等水准路线一般应构成环形或闭合于高等级水准路线。单独的三等水准附合路线,长度应不超过150km;环线周长应不超过200km。四等水准路线应闭合于高等级水准路线或形成支线。单独的四等水准附合路线,长度应不超过80km;环线周长应不超过100km。

(3)测量精度

①水准测量每千米的偶然中误差 $M_\Delta$ 和全中误差 $M_w$ 不应超过表1-3规定的数值。

**各等级水准测量每千米的偶然中误差 $M_\Delta$ 和全中误差 $M_w$**(单位:mm)　　表1-3

| 测量等级 | 一等 | 二等 | 三等 | 四等 |
|---|---|---|---|---|
| 偶然中误差 $M_\Delta$ | 0.45 | 1.0 | 3.0 | 5.0 |
| 全中误差 $M_w$ | 1.0 | 2.0 | 6.0 | 10.0 |

②水准测量每千米的偶然中误差 $M_\Delta$ 计算满足式(1-4)。

$$M_\Delta=\sqrt{\frac{1}{4n}\cdot\left[\frac{\Delta\Delta}{R}\right]} \tag{1-4}$$

式中:$\Delta$——往返测段高差不符值(mm);

$R$——测段长度(km);

$n$——测段数。

若一条水准路线小于100km,或路线上测段数不足20个,可纳入相邻路线一并计算。

③当构成水准网的水准环超过 20 个时，需按环线闭合差 $W$ 计算水准测量每千米的全中误差 $M_w$，即：

$$M_w = \sqrt{\frac{1}{N}\left[\frac{WW}{F}\right]} \tag{1-5}$$

式中：$W$——经过各项改正后的水准环闭合差(mm)；

$F$——水准环周长(km)；

$N$——水准环数。

(4)复测周期

①一等水准网每 15 年复测一次，每次复测执行时间不超过 5 年。

②二等水准网应根据需要进行复测，复测周期最长不超过 20 年。

③三、四等水准测量应根据需要进行布测、复测或更新。

3)高程控制网的布设

高程控制网的布设可分为技术设计、选点埋石、观测、数据处理等过程。

(1)技术设计

①一、二等水准网布设前，应进行踏勘，收集水准测量、地质、水文、气象及道路资料，在已有的一、二、三、四等水准路线基础上进行技术设计，根据大地构造、工程地质、水文地质条件，兼顾各行业需求，优选最佳路线构成均匀网形。

②一等水准网的观测，宜分区依次进行，每个区域应含 3 个或 3 个以上的卫星定位系统连续运行站。每个水准环线观测的起讫时间不应超过 2 年。同一环线中水准观测时间若超过 6 个月，应在基岩点或卫星定位系统连续运行站上间断和连接。若同一水准环中水准观测间断时间超过 6 个月的连接点均为卫星定位系统连续运行站，则可放宽该环的闭合时限。

(2)水准点的布设密度

水准路线上，每隔一定距离应布设水准点。水准点分为基岩水准点、基本水准点、普通水准点三种类型。各种水准点的间距及布设要求应按表 1-4 的规定执行。

**各种水准点的间距及布设要求** 表 1-4

| 水准点类型 | 间　距 | 布设要求 |
| --- | --- | --- |
| 基岩水准点 | 400km 左右 | 宜设于一等水准路线节点处，在大城市、国家重大工程和地质灾害多发地区应予增设；基岩较深地区可适当放宽；每省(直辖市、自治区)不少于 4 座 |
| 基本水准点 | 40km 左右，经济发达地区 20～30km，荒漠地区 60km 左右 | 设在一、二等水准路线上及其节点处；大、中城市两侧；县城及乡、镇政府所在地，宜设置在坚固岩层中 |
| 普通水准点 | 4～8km，人口稠密、经济发达地区 2～4km，荒漠地区 10km 左右 | 设置在地面稳定、利于观测和长期保存的地点；山区水准路线的高程变换点附近；长度超过 300m 的隧道两端；跨河水准测量的两岸标尺点附近 |

三、四等水准路线上，每隔 4～8km 须埋设普通水准标石一座；在人口稠密、经济发达地区可缩短为 2～4km；荒漠地区及水准支线可增长至 10km 左右。支线长度在 15km 以内可不埋石。

(3)选定水准路线

①应尽量沿坡度较小的公路、大路进行；

②应避开土质松软的地段和磁场甚强的地段；

③应避开高速公路；

④应尽量避免通过行人车辆频繁的街道、大的河流、湖泊、沼泽与峡谷等障碍物；

⑤当一等水准路线通过大的岩层断裂带或地质构造不稳定的地区时，应会同地质、地震有关部门共同研究选定。

(4)选定水准点

水准点应选在土质坚实、安全僻静、观测方便和利于长期保存的地点。

水准点宜选在路线附近的政府机关、学校、公园内。设在路肩的道路水准点宜选在里程碑或道路上固定方位物附近(2m 以内)。下列地点不应选设水准点：

①易受水淹、潮湿或地下水位较高处；

②易发土崩、滑坡、沉陷、隆起等地面局部变形的地点；

③路堤、河堤、冲击层河岸及地下水位变化较大(如油井、机井附近)的地点；

④距铁路 50m、距公路 30m 以内(道路水准点除外)或其他受剧烈振动的地点；

⑤不坚固或准备拆修的建筑物上；

⑥短期内由于建设发展，可能毁坏标石或阻碍观测的地点；

⑦道路上填方的地段。

(5)选点结束后应上交的资料

①水准点之记、水准路线图、路线节点接测图；

②基岩水准点的地质勘察报告；

③选点中收集的其他有关资料；

④选点工作技术总结(扼要说明测区的自然地理情况，选点工作实施情况及对埋石与观测工作的建议，旧水准标石利用情况，拟设水准标石类型、数量统计表等)。

(6)埋石

在标石建造的施工现场，应对关键工序拍摄下列照片：

①钢筋骨架照片，应能反映骨架捆扎的形状和尺寸；

②标石坑照片，应能反映标石坑和基座坑的形状和尺寸；

③基座建造后照片，应能反映基座的形状及钢筋骨架或预制涵管安置是否正确；

④标志安置照片，应能反映标志安置是否平直、端正；

⑤标石整饰后照片，应能反映标石整饰是否规范；

⑥标石埋设位置的远景照片，应能反映标石埋设位置的地物、地貌景观。

(7)埋石后应上交的资料

①埋石后的水准点之记、路线图及节点接测图；

②测量标志委托保管书及批准征用土地的文件；

③标石建造关键工序照片或数据文件；

④埋石工作技术总结(扼要说明埋石工作情况，埋石中的特殊问题及对观测工作的建议等)。

4)水准观测

(1)仪器

用于水准测量的仪器必须送国家计量部门认可的仪器检定单位检定，检验合格后在有效期内使用。在使用过程中如发现仪器有异常情况,应按规范进行检验或重新送检。

(2)设置测站的要求

设置测站的要求见表 1-5。

**测站设置要求**(单位:m) 表 1-5

| 等级 | 仪器类别 | 视线长度 | | 前后视距差 | | 任意测站上前后视距差累积 | | 视线高度 | | 数字水准仪重复测量次数 |
|---|---|---|---|---|---|---|---|---|---|---|
| | | 光学 | 数字 | 光学 | 数字 | 光学 | 数字 | 光学 | 数字 | |
| 一等 | DSZ05<br>DS05 | ≤30 | ≥4 且≤30 | ≤0.5 | ≤1.0 | ≤1.5 | ≤3.0 | ≥0.5 | ≤2.80 且≥0.65 | ≥3 次 |
| 二等 | DSZ1<br>DS1 | ≤50 | ≥3 且≤50 | ≤1.0 | ≤1.5 | ≤3.0 | ≤6.0 | ≥0.3 | ≤2.80 且≥0.55 | ≥2 次 |
| 三等 | DS3 | ≤75 | | ≤2.0 | | ≤5.0 | | 三丝能读数 | | ≥3 次 |
| | DS1<br>DS05 | ≤100 | | | | | | | | |
| 四等 | DS3 | ≤100 | | ≤3.0 | | ≤10.0 | | 三丝能读数 | | ≥2 次 |
| | DS1<br>DS05 | ≤150 | | | | | | | | |

(3)观测时间和气象条件

水准观测应在标尺分划线成像清晰且稳定时进行。在下列情况下,不应进行观测:

①日出后与日落前 30min 内;

②太阳中天前后各约 2h 内(可根据地区、季节和气象情况,适当增减),最短间歇时间不少于 2h;

③标尺分划线的影像跳动剧烈时;

④气温突变时;

⑤风力过大而使标尺与仪器不能稳定时。

(4)观测中应遵守的事项

①观测前 30min,应将仪器置于露天阴影下,使仪器与外界气温趋于一致;设站时,应用测伞遮蔽阳光;迁站时,应罩以仪器罩。使用数字水准仪前,还应进行预热,预热时间不少于 20 次单次测量所用时间。

②对气泡式水准仪,观测前应测出倾斜螺旋的置平零点,并作标记,随着气温变化,应随时调整零点位置。对于自动安平水准仪的水准器,观测前应严格置平。

③在连续各测站上安置水准仪的三脚架时,应使其中两脚与水准路线的方向平行,第三脚轮换置于路线方向的左侧与右侧。

④除路线转弯处外,每一测站上仪器和前后视标尺的 3 个位置应接近一条直线。

⑤不应为了增加标尺读数而把尺桩(台)安置在壕坑中。

⑥每一测段的往测与返测,其测站数均应为偶数,由往测转向返测时,两支标尺应互换位置,并应重新整置仪器。

⑦在高差甚大的地区,应选用长度稳定、标尺名义米长偏差和分划偶然误差较小的水准尺作业。

⑧转动仪器的倾斜螺旋和测微鼓时，其最后旋转方向，均应为旋进。

⑨对于数字水准仪，应避免望远镜直接对着太阳；尽量避免视线被遮挡，遮挡不要超过标尺在望远镜中截长的20%；仪器只能在厂方规定的温度范围内工作；确定振动源造成的振动消失后，才能启动测量键。

(5)测站上观测顺序和方法

①一、二等水准测量往测时，奇数测站照准标尺分划的顺序为：

后视标尺的基本分划→前视标尺的基本分划→前视标尺辅助分划→后视标尺辅助分划。

②一、二等水准测量往测时，偶数测站照准标尺分划的顺序为：

前视标尺的基本分划→后视标尺的基本分划→后视标尺辅助分划→前视标尺辅助分划。

③一、二等水准测量返测时，光学水准仪奇、偶测站照准标尺分划的顺序分别与往测偶、奇测站相同，数字水准仪返测时奇、偶测站照准标尺分划的顺序分别与往测奇、偶测站相同。

④三等水准测量每测站照准标尺分划的顺序为：

后视标尺黑面(基本分划)→前视标尺黑面(基本分划)→前视标尺红面(辅助分划)→后视标尺红面(辅助分划)。

⑤四等水准测量每测站照准标尺分划的顺序为：

后视标尺黑面(基本分划)→后视标尺红面(辅助分划)→前视标尺黑面(基本分划)→前视标尺红面(辅助分划)。

(6)测站观测限差

水准测量测站观测限差应不超过表1-6的规定。

**测站观测限差**(单位:mm) 表1-6

<table>
<tr><td rowspan="2">等级</td><td colspan="2">上下丝读数平均值与中丝读数的差</td><td rowspan="2">基辅分划<br>读数的差</td><td rowspan="2">基辅分划<br>所测高差的差</td><td rowspan="2">检测间歇点<br>高差的差</td></tr>
<tr><td>0.5cm 刻划标尺</td><td>1cm 刻划标尺</td></tr>
<tr><td>一等</td><td>1.5</td><td>3.0</td><td>0.3</td><td>0.4</td><td>0.7</td></tr>
<tr><td>二等</td><td>1.5</td><td>3.0</td><td>0.4</td><td>0.5</td><td>1.0</td></tr>
<tr><td></td><td colspan="2">黑红面读数差</td><td colspan="2">黑红面所测高差之差</td><td></td></tr>
<tr><td>三等</td><td colspan="2">2.0</td><td colspan="2">3.0</td><td>3.0</td></tr>
<tr><td>四等</td><td colspan="2">3.0</td><td colspan="2">5.0</td><td>5.0</td></tr>
</table>

(7)往返测高差不符值与环线闭合差的限差

往返测高差不符值与环线闭合差的限差按表1-7规定执行。

**往返测高差不符值与环线闭合差的限差**(单位:mm) 表1-7

<table>
<tr><td>等级</td><td>测段、区段、路线<br>往返测高差不符值</td><td>附合路线闭合差</td><td colspan="2">环 闭 合 差</td><td>检测已测测段高差之差</td></tr>
<tr><td>一等</td><td>$1.8\sqrt{k}$</td><td>—</td><td colspan="2">$2\sqrt{F}$</td><td>$3\sqrt{R}$</td></tr>
<tr><td>二等</td><td>$4\sqrt{k}$</td><td>$4\sqrt{L}$</td><td colspan="2">$4\sqrt{F}$</td><td>$6\sqrt{R}$</td></tr>
<tr><td rowspan="2">等级</td><td rowspan="2">测段、路线往返测<br>高差不符值</td><td rowspan="2">测段、路线的左右<br>路线高差不符值</td><td colspan="2">附合路线或环闭合差</td><td rowspan="2">检测已测测段高差之差</td></tr>
<tr><td>平原</td><td>山区</td></tr>
<tr><td>三等</td><td>$12\sqrt{k}$</td><td>$8\sqrt{k}$</td><td>$12\sqrt{L}$</td><td>$15\sqrt{L}$</td><td>$20\sqrt{R}$</td></tr>
<tr><td>四等</td><td>$20\sqrt{k}$</td><td>$14\sqrt{k}$</td><td>$20\sqrt{L}$</td><td>$25\sqrt{L}$</td><td>$30\sqrt{R}$</td></tr>
</table>

注：$k$为测段、区段或路线的长度(km)，不足0.1km时按0.1km计算；$L$为附合路线长度(km)；$F$为环线长度(km)；$R$为检测测段长度(km)。

山区指高程超过1000m或路线中最大高差超过400m的地区。

(8)水准测量外业计算的项目

①外业手簿的计算；

②外业高差和概略高程表的编算；

③水准测量每千米偶然中误差的计算；

④附合路线与环线闭合差的计算；

⑤水准测量每千米全中误差的计算。

(9)水准测量外业计算各项改正

国家水准网计算水准点高程时，所用的高差应加入下列改正：

①水准标尺长度改正；

②水准标尺温度改正；

③正常水准面不平行的改正；

④重力异常改正；

⑤固体潮改正(最后计算时，近海水准路线需加入海潮负荷改正)；

⑥环线闭合差的改正。

(10)水准测量资料的整理

经过检查验收的水准测量成果，须按路线进行清点整理，装订成册，编制目录，开列清单，上交资料管理部门。

(11)水准测量上交资料的范围

①技术设计书；

②水准点之记的纸质文本及其数字化后的电子文本；

③水准路线图、节点接测图及其数字化后的电子文本；

④测量标志委托保管书(两份)；

⑤水准仪、水准标尺检验资料及标尺长度改正数综合表；

⑥观测手簿，磁带、磁盘、光盘等能长期保存的其他介质；

⑦外业高差及概略高程表(两份)；

⑧外业高差改正数计算资料；

⑨外业技术总结；

⑩验收报告。

### 1.1.4 区域似大地水准面精化案例分析要点

1)区域似大地水准面

(1)参考基准

①大地坐标系：2000国家大地坐标系；

②高程基准：1985国家高程基准；

③重力基准：2000国家重力基本网。

(2)作用

在满足应用要求的条件下，似大地水准面模型与卫星定位技术相结合，可以作为确定高程的一种方式。

(3)精度与分辨率

似大地水准面的精度由格网平均高程异常相对于本区域内各高程异常控制点的高程异常平均中误差。

似大地水准面的分辨率由似大地水准面模型采用的等角格网间距表示。

我国似大地水准面按范围和精度，分为国家似大地水准面、省级似大地水准面和城市似大地水准面。各级似大地水准面的精度和分辨率应不低于表 1-8 的规定。

**各级似大地水准面的精度和分辨率** 表 1-8

| 等级 | 似大地水准面精度(m) | | 似大地水准面分辨率(′) |
|---|---|---|---|
| | 平地、丘陵地 | 山地、高山地 | |
| 国家 | ±0.3 | ±0.6 | 15×15 |
| 省级 | ±0.1 | ±0.3 | 5×5 |
| 城市 | ±0.05 | | 2.5×2.5 |

地理区域较小的城市或局部的似大地水准面的精度和分辨率在满足表 1-8 中城市似大地水准面要求的前提下，可根据应用需要设计。

2)似大地水准面精化数据要求

(1)格网平均重力异常的分辨率和精度

在似大地水准面计算时，应利用已有的或通过实测重力资料确定的格网平均重力异常，作为重力似大地水准面计算的基础数据。

格网平均重力异常的分辨率应与似大地水准面及该区域重力点的密度相匹配，每个平均重力异常格网中宜有一个实测重力点，其精度应不低于加密重力点的精度。各级似大地水准面计算采用的格网平均重力异常分辨率应不低于表 1-9 的规定。

**各级似大地水准面格网平均重力异常分辨率** 表 1-9

| 等级 | 平均重力异常分辨率(′) | |
|---|---|---|
| | 平地、丘陵地 | 山地、高山地 |
| 国家 | 5×5 | 15×15 |
| 省级 | 2.5×2.5 | 5×5 |
| 城市 | 2.5×2.5 | |

格网平均重力异常的精度以格网平均重力异常的代表误差表示，格网平均重力异常的代表误差计算公式为：

$$\delta g = 2.7c\sqrt{\lambda} \tag{1-6}$$

式中：$\delta g$——格网平均重力异常代表误差($10^{-5}\mathrm{ms}^{-2}$)；

$\lambda$——平均重力异常格网分辨率(′)；

$c$——平均重力异常代表误差系数，其数值平原取 0.54、丘陵地取 0.81、山地取 1.08、高山地取 1.50。

(2)数字高程模型(DEM)的分辨率和精度

①似大地水准面所采用的数字高程模型分辨率国家级应不低于 30″×30″、省级与城市级应不低于 3″×3″。

②数字高程模型应使用精度不低于国家 1∶5万比例尺数字高程模型的数据，其格网间距

不大于 25m×25m，格网高程中误差不大于表 1-10 的要求。

**各类地形格网高程中误差**(单位：m)　　表 1-10

| 地形类别 | 平原 | 丘陵地 | 山地 | 高山地 |
|---|---|---|---|---|
| 格网高程中误差 | ±4 | ±7 | ±11 | ±19 |

(3)高程异常控制点测量精度

用于精化似大地水准面的高程异常控制点，其坐标和高程精度应不低于表 1-11 的规定。

**高程异常控制点测量精度**　　表 1-11

| 等　级 | 坐 标 精 度 | 高 程 精 度 |
|---|---|---|
| 国家 | B 级 GPS 网点精度 | 二等水准网点的精度 |
| 省级 | C 级 GPS 网点精度 | 三等水准网点的精度 |
| 城市 | | |

3)高程异常控制点的布设

高程异常控制点的布设可分为技术设计书的编写、选点埋石、外业观测和数据处理等工作。

(1)技术设计

根据需要，收集测区范围已有的大地测量成果和资料；有关的地形图、交通图等资料；必要时，还应搜集有关的地震、地质资料。技术设计前，应对上述资料进行分析研究，必要时进行实地勘察，然后进行图上设计。技术设计完成后应编写并上交技术设计书。

(2)高程异常控制点的布设原则

①高程异常控制点应均匀分布于似大地水准面精化区域；

②高程异常控制点应具有代表性，点位分布应顾及平原、丘陵和山地等不同的地形类别区域，点位在不同地形类别均应占有一定的比例，在可能的情况下，对丘陵和山地等地形变化剧烈地区应适当加大高程异常控制点分布密度；

③各级似大地水准面的高程异常控制点宜利用不低于表 1-11 规定精度的大地控制点和水准网点；

④相邻高程异常控制网点最大间距不宜大于式(1-7)计算结果。

$$d=\frac{7.19m_{\xi}}{c\lambda^{2}} \tag{1-7}$$

式中：$d$——相邻高程异常控制网点最大间距(km)；

$m_{\xi}$——似大地水准面的精度(cm)；

$c$——平均重力异常代表误差系数，其数值平原取 0.54、丘陵地取 0.81、山地取 1.08、高山地取 1.50；

$\lambda$——平均重力异常格网分辨率(′)。

(3)高程异常控制点选点与埋石要求

①高程异常控制点应满足《全球定位系统(GPS)测量规范》(GB/T 18314—2009)规定的相应等级(B 级、C 级)大地控制点点位要求，以及《国家一、二等水准测量规范》(GB/T 12897—2006)或《国家三、四等水准测量规范》(GB/T 12898—2009)规定的相应等级(二等、三等)水准点点位要求。

②新埋设的高程异常控制点，其标石可采用《全球定位系统(GPS)测量规范》(GB/T

18314—2009)规定的天线墩,其上埋设满足 GPS 和水准测量的标志。

③当利用已有大地控制点和水准点时,应检验该点的稳定性、可靠性和完好性,符合要求方可利用。

④选点与埋石工作结束后,应上交选点工作总结、高程异常控制点选点图、点之记、选点搜集的各种资料等。

(4)外业观测与数据处理

①各等级 GPS 观测与 GPS 控制网观测相同,执行《全球定位系统(GPS)测量规范》(GB/T 18314—2009)的相关规定。

②高程异常控制点的正常高程应以国家一等或二等水准点作为起算点,其点位应保存完好、观测资料与成果齐全且地质条件稳定。高程异常控制点水准测量等级按表 1-11 规定执行,水准测量应符合《国家一、二等水准测量规范》(GB/T 12897—2006)或《国家三、四等水准测量规范》(GB/T 12898—2009)的相关规定。

③GPS 网基线数据处理时,参考框架和参考历元与 2000 国家大地控制网保持一致,采用 IGS 精密星历。

④GPS 网平差以国内及周边地区 GPS 连续运行站为框架点作三维约束平差。

⑤水准观测数据处理时,基准采用 1985 国家高程基准,正常重力采用 IAG75 椭球。

⑥高程异常控制点的高程异常计算按下式执行:

$$\xi_{GPS} = H - h \tag{1-8}$$

式中:$\xi_{GPS}$——高程异常(m);

$H$——大地高(m),由 GPS 测量方法获得;

$h$——正常高(m),由水准测量方法获得。

4)似大地水准面精化计算

(1)数据资料收集

收集似大地水准面精化区域的重力资料与数字高程模型资料,并按格网平均重力异常计算要求对数据进行整理。

(2)计算步骤

①重力归算与格网平均重力异常计算:可采用地形均衡重力归算等方法完成重力点重力归算与格网平均重力异常计算。

②重力似大地水准面计算:选择适当的参考重力场模型,采用移去—恢复技术,完成重力似大地水准面计算。

③重力似大地水准面与 GPS 水准计算的似大地水准面拟合:采用融合技术消除或削弱高程异常控制点与对应的重力似大地水准面的不符值,完成与国家高程系统一致的似大地水准面计算。

似大地水准面计算流程见图 1-1。

5)似大地水准面精度检验

(1)似大地水准面的精度应采用相应精度的外业测量方法进行检核和评定。

(2)检验点的布设原则。

①检验点的点位应分布均匀,在平原、丘陵和山区等不同的地形类别及有效区域边缘地区均应布设检验点,应采用未参加似大地水准面计算的实测高程异常点作为检验点。

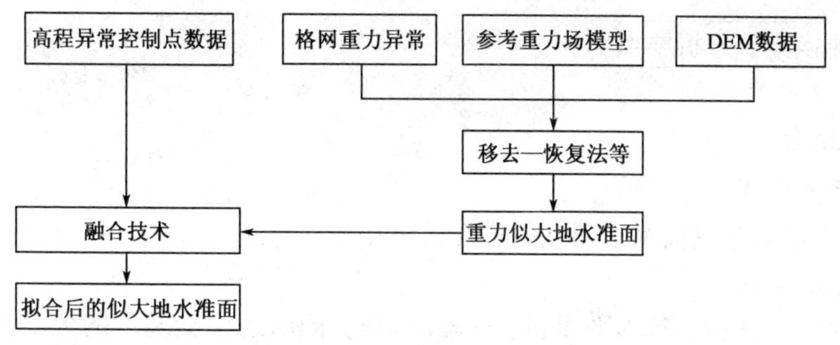


图 1-1　似大地水准面计算流程

②检验点的间距与个数应满足表 1-12 的要求。

**检验点的间距与个数**　　表 1-12

| 等　　级 | 检验点的间距(km) | 检验点总数(个) |
|---|---|---|
| 国家 | ⩽300 | ⩾200 |
| 省级 | ⩽100 | ⩾50 |
| 城市 | ⩽30 | ⩾20 |

③检验点与用于区域似大地水准面精化的高程异常控制点间的距离应不小于似大地水准面格网间距。

④检验点应满足 GPS 观测与水准联测条件。

⑤在利用旧点作为检验点时,应检验旧点的稳定性、可靠性和完好性,以及是否满足 GPS 观测与水准观测,符合要求方可利用。

(3)检验点外业观测

①检验点的测量精度应不低于区域似大地水准面精化时高程异常控制点的测量精度;

②检验点的外业观测与区域似大地水准面精化时高程异常控制点的测量要求一致。

(4)检验点数据处理

①检验点 GPS 数据处理执行《全球定位系统(GPS)测量规范》(GB/T 18314—2009)的相关规定;

②检验点水准数据处理按照《国家一、二等水准测量规范》(GB/T 12897—2006)或《国家三、四等水准测量规范》(GB/T 12898—2009)的要求执行;

③按公式(1-8)计算检验点的实测高程异常,记为 $\xi_{测}$;

④利用检验点的大地坐标和拟合后似大地水准面模型计算各检验点的高程异常,记为 $\xi_{计}$。

(5)似大地水准面精度评定

①由似大地水准面模型计算各检验点的高程异常 $\xi_{计}$ 与其实测高程异常 $\xi_{测}$ 计算高程异常不符值 $\Delta(\Delta=\xi_{计}-\xi_{测})$;

②计算高程异常不符值的中误差,作为似大地水准面精度。

(6)成果上交

区域似大地水准面精化成果应采用“二级检查、一级验收”制。验收合格后上交的成果包括以下方面:①技术设计书;②数据处理方案;③GPS 观测数据及成果;④水准观测数据及成果;⑤高程异常控制点成果表;⑥区域似大地水准面模型成果;⑦技术总结;⑧精度检验报告;⑨检查验收报告。

## 1.1.5 坐标转换案例分析要点

1)坐标系概念

(1)坐标系的作用

用数学的方法表达地面和空间点的位置及相互关系。

(2)坐标系的定义

坐标系包括定义原点、基本平面和坐标轴的指向,同时还包括基本的数学模型(如参考椭球)和物理模型。

(3)坐标系的类型

①地球坐标系:固定在地球上与地球一起自转和公转;

②天球坐标系:与地球自转无关,但和地球一起公转。

地球坐标系与天球坐标系比较见表 1-13。

地球坐标系和天球坐标系　　表 1-13

| 类型 | 地球坐标系 | | 天球坐标系 | |
|---|---|---|---|---|
| 示意图 | Z; BJH定义的北极; ω; P(X, Y, Z); BJH定义的零子午圈; H; O; B; L; 赤道; X; Y | | Z; 天球北极; 天球起始子午面; S; 向径r; 过天体S子午面; 黄道; 天球球心O; 赤纬δ; 春分点γ; 赤经α; 天球赤道; X; Y | |
| 原点 | 参考椭球中心 $O$ | | 天球中心 $O$ | |
| 坐标轴指向 | $Z$ 轴平行于参考椭球的旋转轴,$X$ 轴指向起始子午面和参考椭球赤道的交点,$Y$ 轴垂直于 $XOZ$ 平面构成右手系 | | $Z$ 轴平行于地球的旋转轴,$X$ 轴指向春分点,$Y$ 轴垂直于 $XOZ$ 平面构成右手系 | |
| 点的表示 | 大地坐标系 | 空间直角坐标系 | 天球面坐标系 | 空间直角坐标系 |
| | 大地纬度 $B$,大地经度 $L$,大地高 $H$ | $X,Y,Z$ | 赤纬 $\delta$,赤经 $\alpha$,向径 $r$ | $X,Y,Z$ |

(4)坐标系的原点位置

①地球质心:包括海洋和大气的整个地球的质量中心。

②地心坐标系:以地球质心为原点的坐标系,其椭球中心与地球质心重合。

③参心坐标系:以参考椭球中心为原点的坐标系,其椭球中心与地球质心不重合。

2)常用大地测量坐标系统

(1)1954 北京坐标系

①参心坐标系，参考椭球为克拉索夫斯基椭球，长半轴 $a=6378245\text{m}$，扁率 $\alpha=1:298.3$。

②大地原点：苏联普尔科沃。

(2)1980 西安坐标系

①参心坐标系，参考椭球为国际大地测量与地球物理学联合会(IUGG)1975 椭球。

②椭球几何参数：长半轴 $a=6378140\text{m}$，扁率 $\alpha=1:298.257$；物理参数包括重力场二阶带球谐系数、引力常数 $G$ 与地球质量 $M$ 的乘积、地球自转角速度。

③由国家天文大地网整体平差建立。

④大地原点位于陕西省西安市泾阳县永乐镇。

(3)2000 国家大地坐标系

①地心坐标系，CGCS 2000 椭球。

②椭球几何参数：长半轴 $a=6378137\text{m}$，扁率 $\alpha=1:298.257222101$；物理参数，包括重力场二阶带球谐系数、引力常数 $G$ 与地球质量 $m$ 的乘积、地球自转角速度。

③2008 年 7 月 1 日启用。

(4)WGS-84 坐标系

①地心坐标系，WGS-84 椭球。

②椭球几何参数：长半轴 $a=6378137\text{m}$，扁率 $\alpha=1:298.257223563$；物理参数，包括重力场二阶带球谐系数、引力常数 $G$ 与地球质量 $m$ 的乘积、地球自转角速度。

③用于计算 GPS 卫星坐标。

(5)高斯—克吕格平面直角坐标系

通过地图投影(高斯—克吕格投影)方式，建立了椭球面上的地理位置(纬度 $B$、经度 $L$)与投影到平面上相关位置的对应关系，在平面上用于记录这种空间点平面位置的坐标系称为高斯—克吕格平面直角坐标系，简称高斯平面直角坐标系。

①高斯—克吕格投影：等角横切圆柱投影，中央子午线和赤道的投影为直线，中央子午线投影后长度不变。

②高斯平面直角坐标系：中央子午线的投影和赤道的投影的交点为原点，中央子午线的投影为 $X$ 轴，赤道的投影为 $Y$ 轴。

③分带：限制长度变形；在椭球面上每隔一定的经差(如 6°或 3°)以子午线为界划分出不同的投影区域，形成大小相等彼此独立的投影带。

④带号 $N$ 计算中央子午线经度 $L_N$：6°带 $L_N=6°N-3°$，3°带 $L_N=3°N$。

⑤由点的经度 $L$ 计算带号 $N$：6°带 $N=L/6°$，3°带 $N=(L-1.5°)/3°$，有小数向上取整。

3)同一坐标系下不同坐标形式的转换

(1)空间直角坐标($X,Y,Z$)与大地坐标(大地纬度 $B$，大地经度 $L$，大地高 $H$)的相互转换；

(2)大地坐标(大地纬度 $B$，大地经度 $L$)与高斯平面坐标($x,y$)的相互转换。

4)不同坐标系的转换

(1)坐标转换原理

①重合点：坐标转换时，在两个坐标系中都拥有坐标的大地点，也称为公共点。

②坐标转换原理：选择适当(具有一定密度且分布均匀)的重合点，利用所选重合点的两种坐标系的坐标，采用适当的坐标转换模型计算两坐标系之间的坐标转换参数，再将转换参数带回坐标转换模型求得非重合点在所求坐标系的坐标。

(2)坐标转换采用方法

①整体转换法:整个转换区域只计算一套转换参数。

②分区转换法:将整个转换区域分成若干个分区,每个分区各自计算转换参数。为了保持各分区在接边处转换参数的连续性,在计算各分区转换参数时,需要各分区之间相互重叠一部分重合点并重复使用这些重合点求取转换参数。

(3)重合点资料获取

①实测获取。获得重合点坐标的观测称为坐标联测。

②收集获取。

(4)影响坐标转换精度的因素

①坐标转换的数学模型;②参与求解转换参数的重合点坐标精度;③重合点个数;④重合点分布的几何形状结构。

(5)重合点选取

①原则:高等级、高精度,分布均匀,不含粗差,包围转换区域。

②必要个数:二维转换至少选取 2 个以上,三维转换至少选取 3 个以上。

(6)坐标转换模式

①二维转换模式,只适合小区域,只需要两坐标系的二维坐标(高斯平面直角坐标 $x$、$y$ 或大地坐标 $B$、$L$)。

②三维转换模式,适合任何区域,需要两坐标系的三维坐标(空间直角坐标 $X$、$Y$、$Z$ 或大地坐标的纬度 $B$、经度 $L$、大地高 $H$)。

(7)坐标转换模型

①二维:平面四参数模型。二维转换原理见图 1-2a)。转换模型表示如下。

$$\begin{cases} X_{(A)P} = X_O + (1+k)X_{(B)P}\cos\alpha + (1+k)Y_{(B)P}\sin\alpha \\ Y_{(A)P} = Y_O - (1+k)X_{(B)P}\sin\alpha + (1+k)Y_{(B)P}\cos\alpha \end{cases} \tag{1-9}$$

式中:$X_{(A)P}$,$Y_{(A)P}$——已知点 $P$ 在坐标系 $A$ 中的坐标;

$X_{(B)P}$,$Y_{(B)P}$——已知点 $P$ 在坐标系 $B$ 中的坐标;

$X_O$,$Y_O$——坐标系 $B$ 的原点在坐标系 $A$ 中的坐标;

$\alpha$——坐标系 $B$ 相对于坐标系 $A$ 中的旋转角,顺时针为正;

$k$——坐标系 $B$ 相对于坐标系 $A$ 中的的尺度参数;

$(X_O,Y_O,\alpha,k)$——待求的 4 个转换参数。

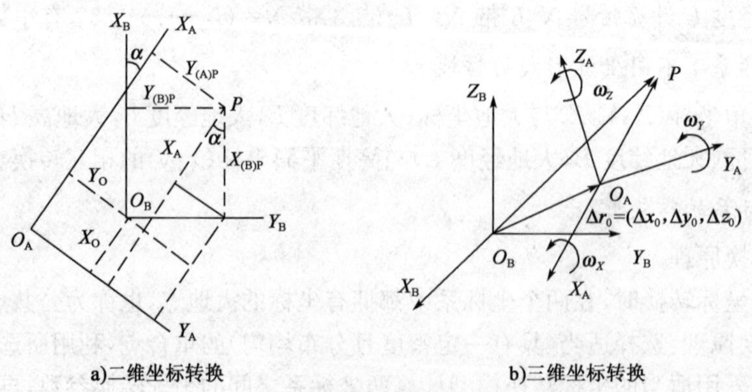


图 1-2　坐标转换原理

②三维:Bursa 7 参数转换模型(布尔沙模型)。三维转换原理见图 1-2b)。转换模型用如下两式表示:

$$\begin{bmatrix} x \\ y \\ z \end{bmatrix}_{(A)P} = \begin{bmatrix} \Delta x_0 \\ \Delta y_0 \\ \Delta z_0 \end{bmatrix} + (1+k)R_z(\omega_z)R_y(\omega_y)R_x(\omega_x)\begin{bmatrix} x \\ y \\ z \end{bmatrix}_{(B)P} \tag{1-10}$$

或

$$\begin{bmatrix} x \\ y \\ z \end{bmatrix}_{(A)P} = \begin{bmatrix} 1 & 0 & 0 & 0 & -z & y & x \\ 0 & 1 & 0 & z & 0 & -x & y \\ 0 & 0 & 1 & -y & x & 0 & z \end{bmatrix}_{(B)P} \begin{bmatrix} \Delta x_0 \\ \Delta y_0 \\ \Delta z_0 \\ \omega_x \\ \omega_y \\ \omega_z \\ 1+k \end{bmatrix} \tag{1-11}$$

式中: $\Delta x_0$、$\Delta y_0$、$\Delta z_0$——两坐标系原点矢量;

$\omega_x$、$\omega_y$、$\omega_z$——两坐标系的旋转角;

$k$——坐标系 $B$ 相对于坐标系 $A$ 中的的尺度参数。

$(\Delta x_0, \Delta y_0, \Delta z_0, \omega_x, \omega_y, \omega_z, k)$——三维坐标转换的 7 个转换参数。

③转换参数计算:二维转换模式每个重合点可按式(1-9)列两个方程,解 4 个参数至少需要 2 个重合点;三维转换模式每个重合点可按式(1-10)或式(1-11)列 3 个方程,解 7 个参数至少需要 3 个重合点。

(8)坐标转换精度

①内符合精度:当实际重合点数目多于必要重合点数目时,平差计算后可以通过重合点残差中误差评估坐标转换精度,称为内符合精度。

②检查点:未参与求解转换参数的重合点。

③外符合精度:利用坐标转换参数计算的检查点坐标与检查点已知坐标之差(即检查点残差)来评估坐标转换精度,称为外符合精度。

(9)坐标转换实施步骤

①资料准备:收集、整理转换区域内重合点成果(二维坐标、三维坐标)。

②重合点选取:分析、选取用于计算坐标转换参数的重合点。

③方法与模型确定:确定坐标转换参数计算方法与相应的坐标转换模型。

④坐标形式转换:二维 4 参数转换需要将重合点的两坐标系坐标换算同一投影带的高斯平面直角坐标;三维 7 参数转换需要将重合点的两坐标系坐标换算为空间直角坐标。

⑤转换参数计算:由重合点坐标二维依据式(1-9)、三维按式(1-10)或式(1-11)列方程,当实际重合点数目多于必要重合点数目时应用最小二乘法计算坐标转换参数。

⑥重合点残差分析:分析重合点坐标转换残差,进行内符合精度评判,剔除认为含有粗差的重合点,重新计算转换参数,直到满足一定的精度要求为止。

⑦外符合精度评判:必要情况下应进行外符合精度评判,因为外符合精度才能真正反映转换参数的精度。合格后,计算最终的坐标转换参数并估计坐标转换参数精度。

⑧根据最终计算的转换参数,二维按式(1-9)、三维按式(1-10)或式(1-11)求待转换点的目标坐标系坐标。

⑨坐标形式变换:根据需要将直角坐标换算为相应的大地坐标。

## 1.1.6 大地测量数据库案例分析要点

1)大地测量数据库

(1)概念

大地测量数据库是大地测量数据及实现其输入、编辑、浏览、查询、统计、分析、表达、输出、更新等管理、维护与分发功能的软件和支撑环境的总称。

(2)大地测量数据库组成与分级

①组成:大地测量数据、管理系统、支撑环境。

②分级:国家、省区、市(县)。

(3)大地测量数据

包括:①参考基准数据;②空间定位数据;③高程测量数据;④重力测量数据;⑤深度基准;⑥元数据。

(4)数据组织原则

①分类:按成果类型进行分类。

②组织:按控制网进行组织。

③基本存储单元:以控制点为基本存储单元,文档资料以文件为基本存储单元。

④逻辑关系:按控制网、线建立控制点之间的逻辑关系,以控制点为标识建立同一成果不同内容之间的逻辑关系,通过控制网、控制点等作为关键字建立观测数据、成果数据、文档之间的逻辑关系和多期成果之间的逻辑关系,以控制点为关键字建立大地测量、高程控制网、重力控制网之间重合点的逻辑关系。

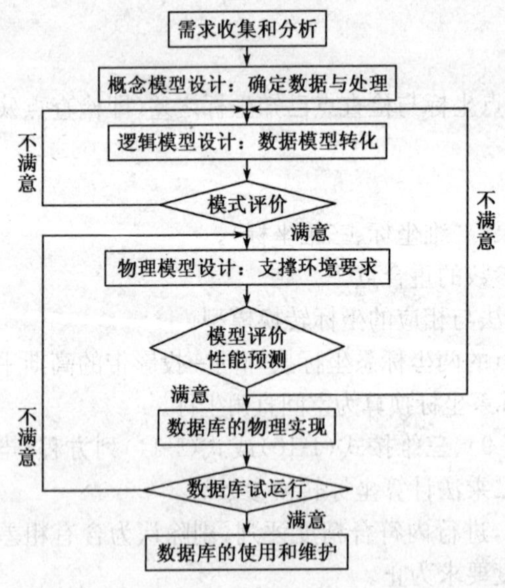


图 1-3　大地测量数据库设计流程

2)大地测量数据库设计

(1)基本目的

①灵活性和可扩充性。数据库中的全部数据能够满足用户在较长时期内的需求。

②性能的优化。要求数据库结构能允许对数据进行快速存储,以便用户能迅速有效地完成工作任务。

(2)大地测量数据库设计原则

包括:①先进实用;②标准开放;③安全共享;④长远扩展。

(3)数据库设计流程

大地测量数据库设计流程可用图 1-3 来表示。

①需求收集和分析:对已完成的大地测量项目的数据成果进行资料收集、整理,分析用户需求和大地测量数据内容,确定各类数据资料的入库内容和大地测量数据库管理系统的功能(由计算机完成的功能就是该系统应该实现的功能)。

②概念模型设计:分析、整理大地测量数据元素和信息流程,绘制数据流程图和编制数据

字典，分清实体和属性的划分，根据实体之间的相互关系连接实体，设计概念结构模型实体—关系(E-R)图。

③逻辑模型设计：逻辑设计的任务就是把概念设计阶段所产生的信息结构(基本 E-R 图)转换为由特定的数据库管理系统所支持的数据模型(关系、网状、层次)。

④物理模型设计：包括存储记录格式设计，存储安排设计，访问路径的设计。

⑤数据库安全设计：包括用户身份管理、数据库备份与恢复、数据库加密管理、数据库运行审计等。其目的是保障大地测量数据库及其数据的运行安全。

## 1.2 大地测量案例分析例题

### 1.2.1 城市 CORS 系统建设

1)测区概况

××省××市总面积 9876km²，辖县 8 个，位于××省中部偏北，地形以低山丘陵为主，年平均气温 19℃。年均降水量在 1678mm 左右，降水季节变化明显，4～9 月为雨季，其中 5～7 月多暴雨，夏季降水占全年降水的 70%～80%，冬季常发生季节性干旱。测区内有铁路、高速公路、国道和省道，交通方便。

2)项目目标

为实现测绘成果的基准统一，更好地为××市提供全方位、综合性的定位与导航服务，该市开展了连续运行卫星定位服务系统(简称 MSCORS 系统)建设。MSCORS 系统建设是由该市所在省国土资源厅主管，省市气象局配合，由省勘察测绘研究院具体承担。建设要求如下：

(1)建设 8 个 GNSS 连续运行基准站，其中基岩型 1 个、土层型 2 个、屋顶型 5 个；

(2)建立系统数据中心和建设数据通信系统各 1 个；

(3)按照 B 级 GNSS 网精度要求完成基准站与国家 A、B 级 GNSS 网点联测；

(4)采用二等水准测量完成基准站的高程联测工作。

3)已有资料

(1)总参测绘局测制的 1∶5万地形图；

(2)××省测绘局测制的 1∶1万地形图；

(3)该市周边 2000 国家坐标系 A、B 级 GNSS 网点××个；

(4)该市周边一、二等水准点××个(成果属 1985 国家高程基准)。

4)作业依据

(1)《全球定位系统(GPS)测量规范》(GB/T 18314—2009)；

(2)《国家一、二等水准测量规范》(GB/T 12897—2006)；

(3)《全球导航卫星系统连续运行参考站网建设规范》(CH/T 2008—2005)。

5)问题

(1)基准站选址有哪些要求？

(2)基准站基建工程完毕应提交哪些资料？

(3)系统数据中心的主要功能有哪些？

## 1.2.2 区域 CORS 建设

1)测区概况

××省位于中国内地南部,陆地南北相距约 800km,东西相距约 900km。全省辖 9 个地级市,18 个县级市,45 个县。地处热带和亚热带,高温多雨,长夏无冬,四季常青,是中国降水丰沛的地区之一,大部分地区年降水量 1700～2200mm,多雷阵雨,7～9 月以台风雨为主。年均温高达 23℃以上,年内月均最高气温出现在 7 月,冬季常骤然降温,并偶有奇寒。全省公路交通发达,公路通车总里程、公路密度、高速公路、一级公路、二级公路、桥梁等指标均居全国前列。

2)建设任务

CORS 建设的任务有以下几点:

(1)使全部省域内的用户能更方便地利用该系统来达到厘米级水平的定位和导航;

(2)促进用户利用 CORS 来发展 GIS;

(3)监测区域地壳变形;

(4)求定大气中水汽分布;

(5)CORS 的数据可以从数据中心下载,CORS 的数据和信息包括接收的伪距和相位信息、站坐标、站移动速率矢量、GPS 星历、站四周的气象数据等,所有数据有选择开放。

3)问题

(1)相比于常规 RTK,CORS 有哪些明显特点?

(2)简述该 CORS 系统向用户提供的服务。

(3)针对该省气候特点,该 CORS 基准站建设尤其要注意哪些事项?

## 1.2.3 三等控制网

1)工程概况

××市的现有基础控制网,因自然环境变化、城市扩张、人为活动等因素的影响,目前的大地控制网点难以满足经济建设发展的需要。为了保证基础控制网的功能,计划在区域范围内利用全球导航卫星系统(GNSS)技术建立三等大地控制网。

2)问题

(1)根据项目要求,确定 GNSS 技术测量等级和观测技术规定。

(2)××测绘院用 7 台 GPS 接收机采用边连接方式完成全部 35 个 GPS 点的观测,试计算该网特征数。

(3)某个外业同步环结果见表 1-14。若取 $\sigma=5\text{cm}$,试对该测量成果进行评价。

**同步观测基线向量解**(单位:m) 表 1-14

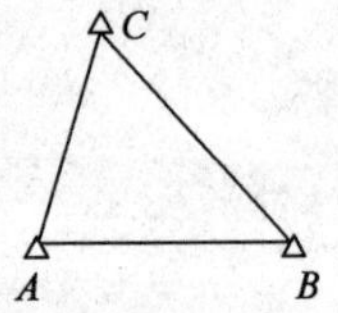


| 向量名称 | 基线向量 $\Delta X$ | 基线向量 $\Delta Y$ | 基线向量 $\Delta Z$ |
|---|---|---|---|
| $AB$ | 451.002 | 1392.543 | 318.865 |
| $AC$ | 725.102 | −2997.837 | −3448.848 |
| $BC$ | 274.165 | −4390.400 | −3767.750 |

### 1.2.4 二等控制网

1)测区概况

××省属亚热带温湿气候,夏季最高气温为40℃,冬季最低气温为-10℃。6~7月为梅雨季节,年平均降雨量在1234mm以上。11月至次年3月空气湿度较大,经常大雾弥漫,能见度极差。该省内公路、铁路、内河航运十分便利。

该省现有的大地控制网受地壳变动和社会建设发展等因素的影响,测量标志损坏、减少严重,目前的大地控制网点难以满足经济建设日益发展的需要。为此,计划在全省范围内利用GNSS技术建立二等大地控制网。

2)已有资料

(1)测区现有地形图及交通图、行政区划图可供设计、选点使用。

(2)对控制测量范围的控制点进行了全面普查,国家级网点若干个。

3)作业依据

(1)《全球定位系统(GPS)测量规范》(GB/T 18314—2009)。

(2)《国家一、二等水准测量规范国家》(GB/T 12897—2006)。

(3)《国家三、四等水准测量规范》(GB/T 12898—2009)。

(4)《国家大地测量基本技术规定》(GB 22021—2008)。

4)问题

(1)××测绘院承接该项目,现进行技术设计,简述技术设计的目的和步骤。

(2)试述该项目专业技术设计书编写的主要内容。

(3)解释"两级检查、一级验收"的含义,验收的重点内容有哪些?

### 1.2.5 二等水准网

1)测区概况

××地区气候宜人、四季分明,6、7、8月为雨季,12月至次年2月为冬季,年均温高达18℃以上,年内月均最高气温出现在7月,冬季偶有奇寒。

根据经济发展对基础测绘的需求,拟对本地区进行二等、三等水准测量。主要工作内容:二等水准观测1100km,三等水准观测600km,全网进行统一平差计算,高程基准采用1985国家高程基准。测区困难类别为Ⅱ级。

2)已有资料

(1)测区现有1:1万、1:5万、1:10万、1:25万地形图。

(2)国家一等水准点4个,其中2个基岩点,2个基本点。

3)选点和埋石

根据测区的实际情况选点埋石:二等点311个,其中基本标石点11座,普通标石点300座;三等点365个,全部为普通标石点。

4)问题

(1)根据埋石情况计算工程经费(保留小数点后两位)。

(2)简述建立二、三等水准网的原则和技术要求。

(3)简述二、三等水准测量的观测方式及测站设置要求。

(4)影响水准测量精度的因素有哪些误差?如何削弱这些误差的影响?

## 1.2.6 二等水准测量设计

×××二等精密水准测量项目设计书如下。

1)概况

(1)任务来源

维持区域大地测量高程基准,为经济建设提供基础测绘服务,利用水准测量技术建立区域大地高程控制网。

(2)测区范围(略)

(3)任务情况(略)

2)测区自然地理概况和已有资料情况

(1)测区自然地理概况(略)

(2)收集资料情况

1:5000 地形图。二等水准点 4 个,采用 1956 黄海高程基准。

3)技术依据与精度要求

《国家一、二等水准测量规范》(GB/T 12897—2006)。二等水准测量每千米偶然中误差:±2.0mm。

4)方案设计

(1)二等水准网布设(略)

(2)技术标准

①仪器:DS3 光学水准仪;②视线长度≤80m;③前后视距差≤3.0m;……

(3)外业观测

①人员(略);②观测方式:采用单程双转点观测;……

5)附录

略。

6)问题

(1)上面的项目设计中有多处条文不合适,请加以改正。

(2)简述项目设计书包含的内容,该项目设计书是否完整?该项目设计书的方案设计是否完整?

## 1.2.7 三等水准网

1)项目概况

为满足×××工程的需求,拟进行三等水准测量。主要工作内容包括选点埋石、外业水准观测、数据处理等。高程基准采用 1985 国家高程基准。

2)已有资料情况

(1)测区现有 1∶1万、1∶5万地形图可供设计、选点使用。

(2)国家二等水准点 4 个,其中 2 个基岩点,2 个基本点,采用 1985 国家高程基准。

3)作业单位概况

(1)技术人员:具有高、中、初级职业资格人员×××名,长年从事水准测量工作,具有丰富的水准控制网布测经验,可组织×××个水准测量班组同时作业。

(2)仪器设备:具有×××套经过检定合格的 DS1、DS05 水准仪,可满足×××个水准测量班组同时作业需求。

4)问题

(1)简述高程控制测量技术设计方案的主要内容。

(2)试列举出具有代表性的不适合设立水准点的地点。

(3)工程完成后应提交哪些成果?

### 1.2.8 市级似大地水准面

1)项目概况

××市坐落于××平原,平均海拔 300m 左右,地势西高东低。城市中心经纬度大致为:东经××,北纬××。该市高程基准亦采用独立基准,主要由××××年该市二等水准网和不同时期的三、四等水准网所构成的高程控制网以实现这一高程系。根据与国家两个一等水准点的联测可知,该市独立高程系较国家 1985 国家高程系高出约×××m。该市高程控制网不仅整体性与现势性较差、控制面积较小,这种独立系统也给工程使用带来麻烦,不符合当今测绘发展趋势。

2)项目目的

本项目的目的是在××市建立高分辨率高精度的似大地水准面或大地水准面,或者推算出该市具有厘米量级的高程异常差值(即 $\Delta\zeta$)。进一步推动 GNSS 技术的全面应用,尤其是利用 GNSS 定位技术所获得的三维坐标中的大地高分离求解正常高或海拔高,快速获取地面点的高程信息,为 GNSS-RTK 作业提供平面坐标和高程转换的理论基础,使 GNSS-RTK 和 CORS 获取的数据(平面和高程数据)能满足目前 1∶1万、1∶5000、1∶2000、1∶500 比例尺测图和城市规划与市政建设的迫切需要,尤其高程精度要达到厘米级精度的要求,加快"数字城市"工程的建设。

3)观测资料

(1)水准观测

按《国家三、四等水准测量规范》(GB/T 12898—2009)中三等水准测量精度要求作业,布设水准网,全网共布设三等水准点×××个。从统计的结果来看,精度达到三等水准测量的要求。

(2)GNSS 观测

按《全球定位系统(GPS)测量规范》(GB/T 18314—2009)中 C 级精度要求作业,布设 GNSS 网观测,全网共有 GNSS 点×××个,南北方向约为 76km,东西方向约为 68km,控制面积 4000km$^2$,以国家 A 级点的坐标作为起算数据进行平差计算。从统计的结果来看,数据精度达到C级控制网的精度要求。

(3)其他资料

略。

4)问题

(1)简述我国各级似大地水准面的精度与分辨率。

(2)何为高程异常控制点？高程异常控制点的布设有何要求？

(3)为了完成区域似大地水准面精化，还需要哪些案例中没有列出的“其他资料”？简述区域似大地水准面精化计算的内容。

(4)如何对似大地水准面进行精度检验？

(5)结合案例简述实施似大地水准面精化的主要工作，需要上交的资料。

## 1.2.9 地区坐标转换

1)项目背景

随着社会和测绘技术的发展、经济建设的需要，为了达到测绘资料成果的充分共享，必须将原有的测绘成果资料统一到同一个基准下。2008年7月，我国新一代地心坐标系——2000国家大地坐标系(CGCS 2000)正式启用，基于1954年北京坐标系(BJ54)和1980西安坐标系(XA80)的各种坐标成果将随之需要转换到CGCS 2000。

××地区原有的测绘成果大都为地方坐标系测绘成果，需要将这些成果转换为CGCS 2000。

2)测区已有资料

(1)控制点×××个，地方高斯平面直角坐标系，中央子午线为$L_0$。

(2)国家一、二等大地控制点×××个，CGCS 2000。

3)问题

(1)根据案例背景回答我国常用的坐标系有哪些？CGCS 2000是怎么定义的？

(2)坐标转换有哪些形式？根据案例提供资料可否实现地方坐标系到CGCS 2000的坐标转换？

(3)简述坐标转换原理。怎样建立地方坐标系统与CGCS 2000的联系？

(4)若该地区有$A_{01}\sim A_{0k}$等点的CGCS 2000高斯平面坐标$(x,y)_{\text{CGCS 2000}}$，中央子午线$L_0$，简述通过GPS技术获得该地区控制网网中其他$n$个点[$B_{01}\sim B_{0n}$，地方高斯平面坐标系$(x,y)_{\text{DiFan}}$]CGCS 2000坐标的步骤。

(5)将地方坐标系测绘成果转换为CGCS 2000坐标后，怎样评定坐标转换精度？

## 1.2.10 大地测量数据库

1)项目背景

随着现代科学技术的发展，测量手段越来越自动化，数据采集(获取)方式向数字化方向发展，测量数据急剧增加，数据处理也更加科学与复杂，对测量成果的存储管理、供应模式提出了更高的要求，传统的以纸为载体的文本保存成果模式，对成果的充分利用及加工极为不便，并且难以长期有效存放这些成果，基础测绘成果更新也对这些资料的管理、提供与使用模式提出了新的要求。建立功能齐全、性能良好、界面友好、使用方便的大地测量数据库系统，不仅能实现对成果的长期、安全、可靠地保存与管理，而且以先进的手段全面替代旧的文本资料查阅与使用方式，更好地满足经济建设、科学研究等不同用户对资料的使用要求。为此××省测绘局决定立项研究开发××省大地测量数据库系统。

2)目标和主要功能

针对大地测量数据管理和应用分发需要，完成大地测量数据库建设，系统要做到数据齐全、功能完备、安全可靠、性能优良、使用方便、界面美观、响应速度快，随着技术的发展利于更新维护。

系统应具备以下主要功能：成果检索功能，数据处理功能，统计、报表及绘图的输出功能，数据库的管理、更新及维护功能。

3)资料收集

(1)三角点资料

各一、二等三角点绝大部分参加了全国天文大地网整体平差，其他各有关测绘部门为了各自的使用目的，依据当时细则，在本区境内进行了局部区域的三角测量，并由国家测绘局大地测量数据处理中心进行了严密平差计算，求得 1980 西安坐标系的精确坐标。

(2)水准点资料

自 1976 年以来，国家测绘局、总参测绘局、国家地震局和水利部等多家单位经过十多年的努力，完成了全国一、二等水准网的布测工作。国家一、二等水准网数据处理工作分别于 1985 年和 1990 年完成。通过全国一、二等水准网布测和整体平差，建立了新的高程基准——1985 国家高程基准。××省一、二等水准路线长度为×××公里，路线条数为×××条，点数为×××点；三、四等水准路线长度为×××公里，水准路线条数为×××条，点数为×××点。

4)问题

(1)本案例收集的大地测量数据资料是否充分？

(2)设计大地测量数据库时各类数据如何存储？如何建立各类数据之间的逻辑关系？

(3)简述数据库管理系统的主要功能和支撑环境。

(4)简述大地测量数据库的设计流程，绘制设计流程图(技术路线图)。

(5)逻辑模型设计是由实体联系模型向关系模型转换。表 1-15 给出了 GNSS 点位的逻辑模式，有何不妥之处？

**GNSS 点位** 表 1-15

| 点号(名) | 坐标 | … | 观测日期 | 采样率 | … | 接收机号 | 标称精度 | … | 厂家 | 厂址 | … |
|---|---|---|---|---|---|---|---|---|---|---|---|
| … | … | | … | … | | … | … | | … | | |

# 1.3 例题参考答案

## 1.3.1 城市 CORS 系统建设

(1)基准站选址有哪些要求？

①地质条件。

站址基础坚实稳定，避开地质构造不稳定的区域，易于长期保存，便于管理和维护，在无人看守情况下，保证设备安全防止有人故意破坏。

②观测环境。

a. 距离容易产生多路径效应的地物（如高大建筑、树木、水体、海滩和易积水地带等）的距离尽量大于 200m 以上。

b. 卫星通视条件保证 10°以上的地平高度角。

c. 离电磁干扰区（如微波站、无线电发射台、高压线穿越地带等）的距离大于 200m 以上。

③电源保证和电涌保护。

a. 站址应保证可靠的供电，方便市电、因特网的接入，同时应加装在线式 UPS 供电保护，至少应保证 12h 连续稳定供电。

b. 电源线路应做接地保护并加装电涌防护设备。

④站间距离。

城市基准站各站点之间的距离不超过 50km，而且选定的基准站能完全覆盖整个区域及周边地区，使整个市域没有盲区。

⑤网形结构。

站点的分布必须结合××市形状，充分考虑网形结构的稳固和站点的均匀分布。

**(2)基准站基建工程完毕应提交哪些资料？**

①基准站设计方案，包括整体式样、观测墩结构、观测室结构、管线、排水、安防等专项设计，施工方案、经费预算等。

②基准站基建工程报告，包括施工概括、经费使用、建筑结构图、竣工地形图（站周围 20m 范围）等。

③测量标志保管书。

**(3)系统数据中心的主要功能有哪些？**

数据中心是系统的管理与数据处理中心，主要功能包括：

①数据处理功能：接收来自各基准站的原始数据，对数据进行处理和质量分析，向不同用户提供不同精度等级的改正数据；

②系统运行监控功能：监控各基准站诸设备单元的运行情况，发布操作指令，更改基准站设备的配置参数，重启基准站接收机、计算机等，对基准站数据进行完好性检测；

③信息服务功能：通过电台、GPRS/CDMA 或 Internet 网络方式向用户实时提供各种格式的差分或后处理数据；

④网络管理功能：系统网络管理，对 CORS 系统中的数据处理服务器、数据发布服务器、FTP 服务器、邮件服务器等进行管理；

⑤用户管理功能：对用户进行登记、统一管理、用户验证和收费管理等。

## 1.3.2 区域 CORS 建设

**(1)相比于常规 RTK，CORS 有哪些明显特点？**

相比于常规 RTK，CORS 有以下明显特点。

①基准统一。全区域数据处理以 CORS 基准站坐标为基准起算值，最终成果都实现了基

准统一。

②服务范围大、精度均匀。由于网络RTK测量采用多个基准站联合解算的数学模型，区域内测量精度均匀，相比于单基准站RTK测量，每个基准站有效服务范围更大。

③可靠性高。当CORS组网内的一个或少数几个基准站出现问题不能正常工作时，可以采用其他基准站进行解算，不影响用户正常使用，极大地提高了系统的可靠性。拥有完善的数据监控系统，增强差分作业的可靠性。

④快速定位服务。在系统服务范围内可以实时获取高精度的三维坐标成果，实现了GNSS快速定位测量。

⑤网络化。将GNSS差分解算技术与网络通信技术相结合，基准站之间实现了互联和统一控制，各基准站不是独立体，而是通过系统的数据中心形成一个高度网络化群体。基准站作为网络的节点，通过网络链路实现GNSS数据的传输、处理和存储。

⑥多元化服务。CORS实现了多元化服务模式，广泛地应用于城市规划、国土管理、基础测绘、工程建设、形变监测、交通监控、快速天气预报服务、公共安全等各行各业与时间、空间定位有关的工作中。

**(2)简述该CORS系统向用户提供的服务。**

产品服务内容有以下几个方面：

①位置服务在时效上分为实时、快速、事后位置服务，精度方面分为厘米级、分米级和米级位置服务；

②卫星轨道服务提供精度为2m的24h区域预报精密星历和精度为0.5m的区域事后精密星历；

③时间服务提供区域和事后精密星历相应的精密卫星钟差，预报精密卫星钟差精度优于10ns，事后精密卫星钟差精度为1ns；

④气象服务提供快速大气垂直湿分量等参数；

⑤源数据服务提供基准站原始观测数据、气象观测数据、站信息等。

**(3)针对该省气候特点，该CORS基准站建设尤其要注意哪些事项？**

该省气候特点是高温多雨、雨量充沛、多雷阵雨，7～9月以台风雨为主，冬季偶有奇寒。因此，在建站过程中尤其要注意站址的稳定性和防风、防雷等。

①站址稳定：避开易于发生滑坡、沉陷、隆起等局部变形的地点，避开易于水淹、潮湿或地下水位较高的地点。

②电涌保护：电源线路应做接地保护并加装电涌防护设备。雷电是导致电涌最明显的原因，CORS基准站、UPS后备电源等应加装电涌防护设备，隔离UPS和电力线，进行有效的电涌保护。

### 1.3.3 三等控制网

**(1)根据项目要求，确定GNSS技术测量等级和观测技术规定。**

①确定测量精度等级。

a.国家三等大地控制网技术要求。国家三等大地控制网相邻点间基线水平分量的中误差不应大于±10mm，垂直分量的中误差不应大于±20mm；各控制点的相对精度应不低于$1\times10^{-6}$，其点间平均距离不应超过20km。

b. GPS 测量精度。B、C、D、E 级 GPS 网测量精度见表 1-16。

**B、C、D、E 级 GPS 网测量精度** 表 1-16

| 级别 | 相邻点基线分量的中误差(mm) | | 点间平均距离 km |
|---|---|---|---|
| | 水平分量 | 垂直分量 | |
| B | 5 | 10 | 50 |
| C | 10 | 20 | 20 |
| D | 20 | 40 | 5 |
| E | 20 | 40 | 3 |

c. GNSS 技术测量等级选择。根据国家三等大地控制网技术要求和 GPS 测量精度要求，确定该市控制网采用 C 级 GNSS 测量。

②观测要求。

C 级 GPS 网观测的基本技术规定如下：a. 卫星截止高度角为 15°；b. 同时观测有效卫星数≥4颗；c. 有效观测卫星总数≥6 颗；d. 观测时段数≥2；e. 时段长度≥4h；f. 采样间隔为 10～30s。

(2)××测绘院用 7 台 GPS 接收机采用边连接方式完成全部 35 个 GPS 点的观测，试计算该网特征数。

GPS 控制点数 $n=35$，接收机数 $k=7$。

①重复点计算。

边连接是指相邻的同步图形间有一条边(即两个公共点)相连，重复点数计算式为：

$$w=u\times(v-1)$$

式中：$w$——重复点数；

$u$——公共点数；

$v$——同步图形数。

7 台 GPS 接收机为了完成 35 个点的测量，至少要构成 $v=7$ 个同步图形，两个同步图形有 $u=2$ 个公共点，所以 $w=2\times(7-1)=12$。

②平均重复设站数。

$$m=\frac{n+w}{n}=\frac{35+12}{35}=1.34$$

③GPS 网特征数计算。

全网观测时段数 $C=\frac{n\times m}{k}=\frac{35\times1.34}{7}\approx7$

基线向量总数 $J_{总}=C\times\frac{k\times(k-1)}{2}=7\times\frac{7\times6}{2}=147$ 条

独立基线向量数 $J_{独}=C\times(k-1)=7\times6=42$ 条

必要基线向量数 $J_{必}=n-1=34$ 条

多余基线向量数 $J_{多}=J_{独}-J_{必}=42-34=8$ 条

(3)某个外业同步环结果见表 1-14。若取 $\sigma=5$cm，试对该测量成果进行评价。

①计算闭合差。

$$\begin{cases} W_x = \sum\Delta X = \Delta X_{AB} + \Delta X_{BC} + \Delta X_{CA} = 451.002 + 274.165 - 725.102 = 0.065\text{m} = 65\text{mm} \\ W_y = \sum\Delta Y = \Delta Y_{AB} + \Delta Y_{BC} + \Delta Y_{CA} = 1392.543 - 4390.400 + 2997.837 = -0.020\text{m} = -20\text{mm} \\ W_z = \sum\Delta Z = \Delta Z_{AB} + \Delta Z_{BC} + \Delta Z_{CA} = 318.865 - 3767.7500 + 3448.848 = -0.037\text{m} = -37\text{mm} \end{cases}$$

②计算限差。

$$\sigma = 5\text{cm} = 50\text{mm}，限差：\sigma_{限} = \frac{\sqrt{3}}{5}\sigma = \frac{1.7}{5} \times 50 = 17\text{mm}$$

③结论。

由于 $W_x$、$W_y$、$W_z$ 均大于限差，同步环检验不合格，成果不可靠。

### 1.3.4 二等控制网

**(1)××测绘院承接该项目，现进行技术设计，简述技术设计的目的和步骤。**

①技术设计的目的是制订切实可行的技术方案，保证测绘产品符合相应的技术标准和要求，并获得最佳的社会和经济效益。

②技术设计的主要步骤如下。

a. 资料收集：收集测区有关资料，包括测区的自然地理和人文地理，气象资料，各种比例尺地形图、交通图及测区总体建设规划和近期发展方面的资料，已有的大地测量成果资料，如点之记、成果表及技术总结等。对收集资料加以分析和研究，选取有价值和可靠的部分作为设计时参考。

b. 实地踏勘：在拟订布网方案和计划时，需要到测区进行必要的踏勘和调查，作为设计参考。

c. 图上设计：根据实际大地测量任务，按照有关规范和技术规定，在地形图上拟订出控制点的位置和控制网的图形结构。具体而言，图上设计主要依据测量任务中规定的GNSS网布设的目的、等级、边长、观测精度等要求，综合考虑测区已有的资料、测区地形等情况，按照优化设计原则，在设计图上标出新设计的GNSS点的点位、点名、级别，制订GNSS联测方案，以及与已有GNSS连续运行基准站、国家三角点联测方案。

d. 技术设计书编写：按照编写技术设计书的要求编制技术设计书。

**(2)试述该项目专业技术设计书编写的主要内容。**

技术设计书的内容，通常包括任务概况、测区自然地理概况、已有资料情况、引用文件、主要技术指标与规格、技术设计方案等部分。

①任务概况：主要说明任务来源、目的、任务量、测区范围和行政隶属、完成期限等。

②测区自然地理概况：根据需要说明与设计方案和测绘作业有关的自然地理概况，内容包括测区地形地貌特征、居民地、交通、气候概况和困难类别等。

③已有资料情况：说明测区已有资料的数量、形式、施测年代、采用的坐标系统、高程和重力基准，资料的主要质量情况和评价、利用的可能性和利用方案等。

④引用文件：说明专业设计书编写过程中所引用的标准、规范或其他技术文件。文件一经引用，便构成专业技术设计书设计内容的一部分。

⑤主要技术指标：说明作业或成果的种类及形式、坐标系统、高程基准、比例尺、分带、投影方法，分幅编号及其空间单元，数据基本内容、数据格式、数据精度及其他技术指标等。

⑥技术设计方案。

a. 选点、埋石：规定选点、埋石作业的主要过程、各工序作业方法、精度质量要求、上交成果资料要求等。

b. 平面控制测量设计方案：规定GPS接收机（或其他测量仪器）的类型、数量、精度指标，规定测量和计算所需的专业软件，规定作业的主要过程、各工序作业方法、精度质量要求，规定上交成果资料要求等。

c. 高程控制测量设计方案：规定水准测量仪器的类型、数量、精度指标，规定测量和计算所需的专业软件，规定作业的主要过程、各工序作业方法、精度质量要求，规定上交成果资料要求等。

d. 重力控制测量设计方案：规定重力测量仪器的类型、数量、精度指标，规定测量和计算所需的专业软件，规定作业的主要过程、各工序作业方法、精度质量要求，规定上交成果资料要求等。

e. 大地测量数据处理：规定计算所需的专业软件、硬件配置及其检验和测试要求，规定数据处理的技术路线或流程，规定各过程作业要求和精度质量要求，规定数据质量检查的要求，规定上交成果内容、形式、打印格式和归档要求，有关附录等。

（3）解释“两级检查、一级验收”的含义，验收的重点内容有哪些？

检查验收的主要依据是技术设计书和国家有关规范。遵循“两级检查、一级验收”的原则，测绘生产单位对产品质量实行过程检查和最终检查。

过程检查是在作业组自查、互查基础上，由项目部进行全面检查。最终检查是在全面检查基础上，由生产单位质检人员进行的再一次全面检查。

验收是由任务委托单位组织实施或其委托具有检验资格的机构验收。验收包括概查和详查，概查是对样本以外的影响质量的重要质量特性和带倾向性问题的检查，详查是对样本（从批中抽取5%～10%）作全面检查。

验收的重点内容包括以下方面：

①实施方案是否符合规范和技术设计的要求；

②补测、重测和数据剔除是否合理；

③数据处理软件是否符合要求，处理项目是否齐全，起算数据是否正确；

④各项技术指标是否符合要求。

验收完成后应写出成果验收报告。

## 1.3.5 二等水准网

（1）根据埋石情况计算工程经费（保留小数点后两位）。

①二等点选埋经费 11076.32×11＝121839.52元，8455.49×300＝2536647.00元

②三等点选埋经费 8455.49×365＝3086253.85元

③二等水准测量经费 2070.94×1100＝2278034.00元

④三等水准测量经费 1117.89×600＝670734.00元

⑤费用合计：8693508.37元

（2）简述建立二、三等水准网的原则和技术要求。

①一般规定。

水准点的点间距离为4～8km，在通行困难地区经批准可适当放宽。

②水准路线。

a. 二等水准网是一等水准网的加密，在一等水准网内布设成附合路线或环形。二等水准环线的周长，在平原和丘陵地区应不大于750km，山区和困难地区经批准可适当放宽。

b. 三等水准网是在一、二等水准网的基础上进一步加密，三等水准路线一般应构成环形或闭合于高等级水准路线。单独的三等水准附合路线，长度应不超过150km；环线周长应不超过200km。

③测量精度。

a. 二等水准测量每完成一条水准路线的测量，应进行往返测量高差不符值计算，每千米水准测量的偶然中误差 $M_{\Delta}$ 应不大于1.0mm；每完成一条附合路线或闭合路线应计算其闭合差，每千米水准测量的全中误差 $M_{w}$ 不应大于2.0mm。

b. 三等水准测量每完成一条水准路线的测量，应进行往返测量高差不符值计算，每千米水准测量的偶然中误差 $M_{\Delta}$ 应不大于3.0mm；每完成一条附合路线或闭合路线应计算其闭合差，每千米水准测量的全中误差 $M_{w}$ 不应大于6.0mm。

④复测周期。

a. 二等水准网应根据需要进行复测，复测周期最长不超过20年。

b. 三等水准测量应根据需要进行布测、复测或更新。

**(3)简述二、三等水准测量的观测方式及测站设置要求。**

①观测方式。

a. 二等水准测量采用单路线往返观测。同一区段的往返测，应使用同一类型的仪器和转点尺承沿同一道路进行。

b. 三等水准测量采用中丝读数法进行往返测。当使用有光学测微器的水准仪和线条式因瓦水准标尺观测时，也可进行单程双转点观测。

②测站设置要求。

二、三等水准测量的测站设置要求见表1-5。

**(4)影响水准测量精度的因素有哪些误差？如何削弱这些误差的影响？**

①影响水准测量精度的因素。

a. 仪器误差：$i$ 角误差、水准尺每米真长误差、一对水准尺零点不等差；

b. 外界因素变化引起的误差：温度变化对 $i$ 角的影响、大气折光的影响、仪器及尺垫沉降影响所引起的误差等；

c. 观测误差：指受观测者能力水平限制引起的误差，如估读误差；

d. 客观因素引起的误差：日月引力产生的误差、重力产生的误差、温度变化引起的误差。

②削弱误差影响的措施。

a. 避开不利的观测时间和气象条件，选择最佳的观测条件；

b. 作业前把仪器放在阴凉处30min，设站时用测伞遮阳光；

c. 每测段设为偶数站，奇数站和偶数站采用相反的观测程序；

d. 每站前后视距尽可能相等，视线距地面有足够的高度，上、下坡地段应缩短视线；

e. 往返测应沿同一路线进行，并使用同一仪器设备；

f. 通过改正数的方法减弱客观因素产生的误差。

## 1.3.6 二等水准测量设计

(1)上面的项目设计中有多处条文不合适,请加以改正。

①1∶5000地形图属大比例尺地形图,不合适作二等水准测量设计用图,宜采用1∶10万、1∶25万地形图。

②二等水准测量的起算点应是一等水准点,我国现行的高程基准是1985国家高程基准,应收集1985国家高程基准的一等水准点资料。

③参考规范应采用最新规范:《国家一、二等水准测量规范》(GB/T 12897—2006)。

④二等水准测量每公里偶然中误差应为±1.0mm。

⑤仪器应选用DS1光学水准仪。

⑥视线长度≤50m。

⑦前后视距差≤1.0m。

⑧观测方式:二等水准测量采用单路线往返观测。同一区段的往返测,应使用同一类型的仪器和转点尺承沿同一道路进行。

(2)简述项目设计书包含的内容,该项目设计书是否完整?该项目设计书的方案设计是否完整?

项目设计书的内容包括:①概述;②测区自然地理概况和已有资料情况;③引用文件;④成果(或产品)主要技术指标和规格;⑤设计方案;⑥进度安排和经费预算;⑦附录。

该项目设计书不完整,缺少"进度安排和经费预算"部分。

该项目设计书的方案设计不完整。缺少:①内业数据处理相关规定;②质量检查和保障措施。

## 1.3.7 三等水准网

(1)简述高程控制测量技术设计方案的主要内容。

①水准测量仪器的类型、数量、精度指标及对仪器校准或检定的要求,测量和计算所需的专业应用软件及其他配置。

②规定作业的主要过程、各工序作业方法和精度质量要求。

③上交和归档成果及其资料的内容和要求。

④有关附录。

(2)试列举出具有代表性的不适合设立水准点的地点。

下列地点不应选设水准点:

①易受水淹、潮湿或地下水位较高处;

②易发土崩、滑坡、沉陷、隆起等地面局部变形的地点;

③路堤、河堤、冲击层河岸及地下水位变化较大(如油井、机井附近)的地点;

④距铁路50m、距公路30m以内(道路水准点除外)或其他受剧烈振动的地点;

⑤不坚固或准备拆修的建筑物上;

⑥短期内由于建设发展,可能毁坏标石或阻碍观测的地点;

⑦道路上填方的地段。

(3)工程完成后应提交哪些成果?

①技术设计书；

②水准点之记的纸质文本及其数字化后的电子文本；

③水准路线图、结点接测图及其数字化后的电子文本；

④测量标志委托保管书(两份)；

⑤水准仪、水准标尺检验资料及标尺长度改正数综合表；

⑥观测手簿，磁带、磁盘、光盘等能长期保存的其他介质；

⑦外业高差及概略高程表(两份)；

⑧外业高差改正数计算资料；

⑨外业技术总结；

⑩验收报告。

### 1.3.8 市级似大地水准面

**(1)简述我国各级似大地水准面的精度与分辨率。**

按《区域似大地水准面精化基本技术规定》(GB/T 23709—2009)规定的我国各级似大地水准面的精度与分辨率如下。

①似大地水准面的精度由格网平均高程异常相对于本区域内各高程异常控制点的高程异常平均中误差。

②似大地水准面的分辨率由似大地水准面模型采用的等角格网间距表示。

③我国似大地水准面按范围和精度，分为国家似大地水准面、省级似大地水准面和城市似大地水准面。各级似大地水准面的精度和分辨率应不低于表1-8的规定。

④地理区域较小的城市或局部的似大地水准面的精度和分辨率在满足表1-8中城市似大地水准面要求的前提下，可根据应用需要设计。

**(2)何为高程异常控制点？高程异常控制点的布设有何要求？**

①高程异常点：大地高由GNSS测定、正常高由水准测量测定的大地点，也称GNSS水准点。

②高程异常控制点的布设原则。

a.高程异常控制点应均匀分布于似大地水准面精化区域。

b.高程异常控制点应具有代表性，点位分布应顾及平原、丘陵和山地等不同的地形类别区域，点位在不同地形类别均应占有一定的比例，在可能的情况下，对丘陵和山地等地形变化剧烈地区应适当加大高程异常控制点分布密度。

c.各级似大地水准面的高程异常控制点宜利用不低于表1-11规定精度的大地控制点和水准网点。

d.相邻高程异常控制网点最大间距不宜大于公式$d=7.19m_{\xi}c^{-1}\lambda^{-2}$计算结果。其中，$d$为相邻高程异常控制网点最大间距(km)；$m_{\xi}$为似大地水准面的精度(cm)；$c$为平均重力异常代表误差系数，其数值平原取0.54、丘陵地取0.81、山地取1.08、高山地取1.50；$\lambda$为平均重力异常格网分辨率($'$)。

**(3)为了完成区域似大地水准面精化，还需要哪些案例中没有列出的“其他资料”？简述区域似大地水准面精化计算的内容。**

①区域似大地水准面精化的目的是综合利用重力资料、重力场模型与GNSS水准成果，采用物理大地测量理论与方法，应用移去—恢复技术确定区域性精密似大地水准面。通过似大

地水准面精化，利用 GNSS 技术结合高精度分辨率似大地水准面模型，已成为高程测量的一种方式。因此，为了完成区域似大地水准面精化，还需要以下资料。

a. 重力资料：该市区域内的加密重力测量资料，要求每个 2.5′×2.5′格网内至少有一个实测重力点。

b. DEM 数据：我国目前已完成 1∶5万精度的 DEM 数据库建设，1∶5万 DEM 数据分辨率为 25m×25m。在项目实施过程中需收集 1∶5万 DEM，并以此为基础生成项目区域的 3″×3″、30″×30″、2.5′×2.5′分辨率的数字地形模型数据。

c. 参考重力场模型：区域似大地水准面计算时，可选用国内外先进的高阶次地球重力场模型(如美国研制的 EGM2008、武汉大学研制的 WDM94 等)作为参考重力场模型，通过分析、比较，采用适宜的参考重力场模型。

②根据区域似大地水准面精化原理，区域似大地水准面精化的计算主要有以下方面。

a. 按照《全球定位系统(GPS)测量规范》(GB/T 18314—2009)、《国家三、四等水准测量规范》(GB/T 12898—2009)的要求完成高程异常控制点 GNSS 测量、水准测量数据处理得到高程异常控制点的 GNSS 大地高和正常高，按照公式 $\xi_{GPS}=H-h$ 计算高程异常控制点的高程异常。其中，$\xi_{GPS}$ 为高程异常(m)；$H$ 为大地高(m)，由 GPS 测量方法获得；$h$ 为正常高(m)，由水准测量方法获得。

b. 利用收集到的似大地水准面精化区域的重力资料与数字高程模型资料，按格网平均重力异常计算要求对数据进行整理。

c. 采用地形均衡重力归算等方法完成重力点的重力归算与格网平均重力异常计算。

d. 根据似大地水准面精化区域情况选择适当的参考重力场模型，采用移去一恢复技术，完成重力似大地水准面计算。

e. 采用融合技术消除或削弱高程异常点与对应重力似大地水准面的不符值，完成与国家高程系统一致的似大地水准面计算。

(4)如何对似大地水准面进行精度检验？

①似大地水准面精度检验是通过一定数量分布均匀的高程异常控制点来实施的，这些高程异常控制点未参加似大地水准面精化计算，称为高程异常检验点。

②检验点的布设原则。

a. 检验点的点位应分布均匀，在平原、丘陵和山区等不同的地形类别以及有效区域边缘地区均应布设检验点；应采用未参加似大地水准面计算的实测高程异常点作为检验点。

b. 国家似大地水准面相邻检验点的间距不宜超过 300km，检验点总数不应少于 200 个；省级似大地水准面相邻检验点的间距不宜超过 100km，检验点总数不应少于 50 个；城市似大地水准面相邻检验点的间距不宜超过 30km，检验点总数不应少于 20 个。

c. 检验点与用于区域似大地水准面精化的高程异常控制点间的距离应不小于似大地水准面格网间距。

d. 检验点应满足 GNSS 观测与水准联测条件。

e. 在利用旧点作为检验点时，应检验旧点的稳定性、可靠性和完好性，以及是否满足 GNSS 观测与水准观测，符合要求方可利用。

③检验点数据处理。

a. 检验点 GNSS 数据处理执行《全球定位系统(GPS)测量规范》(GB/T 18314—2009)的相关规定。

b. 检验点水准数据处理按照《国家一、二等水准测量规范》(GB/T 12897—2006)或《国家三、四等水准测量规范》(GB/T 12898—2009)的要求执行。

c. 按公式 $\xi_{测}=H-h$ 计算检验点的实测高程异常，记为 $\xi_{测}$。

d. 利用检验点的大地坐标和拟合后似大地水准面模型计算各检验点的高程异常，记为 $\xi_{计}$。

④似大地水准面精度评定。

a. 由似大地水准面模型计算的各检验点高程异常 $\xi_{计}$ 与其实测高程异常 $\xi_{测}$ 计算高程异常不符值 $\Delta(\Delta=\xi_{计}-\xi_{测})$；

b. 计算高程异常不符值的中误差，作为似大地水准面精度。

**(5)结合案例简述实施似大地水准面精化的主要工作，需要上交的资料。**

①似大地水准面精化的工作主要包括外业观测和内业数据处理两个方面：

外业观测工作包括选点埋石、水准测量、GNSS观测、重力测量、外业观测成果的整理与归档；内业数据处理工作包括水准数据处理、GNSS数据处理、加密重力数据处理、重力数据分析、重力归算、DEM数据加工处理、格网平均重力异常计算、重力似大地水准面计算、重力似大地水准面与GNSS水准计算的似大地水准面拟合计算、数据处理成果整理与归档。

②成果上交。

区域似大地水准面精化成果应采用“二级检查、一级验收”制。验收合格后上交成果，包括：技术设计书、数据处理方案、GNSS观测数据及成果、水准观测数据及成果、高程异常控制点成果表、区域似大地水准面模型成果、技术总结、精度检验报告、检查验收报告等。

### 1.3.9 地区坐标转换

**(1)根据案例背景回答我国常用的坐标系有哪些？CGCS 2000是怎么定义的？**

①我国常用坐标系。

a. 属于参心坐标系的：1954年北京坐标系、1980西安坐标系、新1954年北京坐标系、以任意子午线为中央子午线的高斯—克吕格平面直角坐标系(也称地方坐标系)。

b. 属于地心坐标系的：WGS-84坐标系、2000国家大地坐标系(CGCS 2000)。

②CGCS 2000的定义。

a. 2000国家大地坐标系的定义，包括坐标系的原点、三个坐标轴的指向、尺度及地球椭球的4个基本参数的定义。

b. 2000国家大地坐标系的原点，为包括海洋和大气的整个地球的质量中心。

c. 2000国家大地坐标系的 $Z$ 轴由原点指向历元2000.0的地极参考极的方向，该历元的指向由国际时间局给定的历元为1984.0的初始指向推算，定向的时间演化保证相对于地壳不产生残余的全球旋转；$X$ 轴由原点指向格林尼治参考子午线与地球赤道面(历元2000.0)的交点；$Y$ 轴与 $Z$ 轴、$X$ 轴构成右手正交坐标系。

d. 采用广义相对论意义上的尺度。

e. 2000国家大地坐标系采用的地球椭球参数如下：

长半轴 $a=6378137\,\text{m}$

扁率 $\alpha=1/298.257222101$

地心引力常数　　　　　　$G \cdot M = 3.986004418 \times 10^{14}\ m^3/s^2$

自转角速度　　　　　　$\omega = 7.292115 \times 10^{-5}\ rad/s$

(2)坐标转换有哪些形式？根据案例提供资料可否实现地方坐标系到CGCS 2000的坐标转换？

①坐标转换分类。

a. 同一坐标系下不同坐标形式的转换，包括空间直角坐标($X,Y,Z$)与大地坐标(大地纬度$B$，大地经度$L$，大地高$H$)相互转换、大地坐标(大地纬度$B$，大地经度$L$)与高斯平面坐标($x,y$)间的相互转换。

b. 不同坐标系的转换，包括不同空间直角坐标系的转换、不同大地坐标系的转换。不同空间直角坐标系的转换，既包括不同参心空间直角坐标系的转换，也包括参心空间直角坐标系的转换和地心空间直角坐标系的转换。不同大地坐标系的转换，既包括不同参心大地坐标系的转换，也包括参心大地坐标系的转换和地心大地坐标系的转换。

②仅根据案例提供资料不能实现地方坐标系到CGCS 2000的坐标转换，因为没有提供重合点情况，不能建立两个坐标系之间的联系。

(3)简述坐标转换原理。怎样建立地方坐标系统与CGCS 2000的联系？

①坐标转换原理。

坐标转换原理：选择适当(具有一定密度且分布均匀)的重合点，利用所选重合点的两种坐标系的坐标，采用适当的坐标转换模型计算两坐标系之间的坐标转换参数，再将转换参数带回坐标转换模型求得非重合点在所求坐标系的坐标。

②建立地方坐标系统与2000国家大地坐标系的联系。

a. 利用坐标转换方法将地方坐标系统下控制点成果转换到2000国家大地坐标系下。

b. 重合点：坐标转换时，在两个坐标系中都拥有坐标的大地点，也称为公共点。

c. 重合点选取原则：高等级、高精度、不含粗差的国家控制点，分布均匀、覆盖转换区域、周围和中心都有重合点，选适当均匀分布的重合点检核坐标转换精度。

d. 重合点资料获取：实测获取和收集获取。

e. 确定转换模型计算坐标转换参数：地方坐标系统是平面坐标系统时采用采用4参数转换模型，重合点数目至少2个；地方坐标系统是空间直角坐标系统时采用Bursa七参数转换模型，重合点数目至少3个；通过重合点计算相应模型的坐标转换参数。重合点较多时，也可使用多元回归模型。

f. 重合点兼容性分析：分析重合点坐标转换残差，或利用检查点(未参加坐标转换参数计算的重合点)进行转换参数检验，剔除粗差点。坐标转换残差满足精度要求(合格)时，计算最终的坐标转换参数并估计坐标转换精度。

g. 根据计算的转换参数计算待转换点的CGCS 2000坐标。坐标转换中误差应小于0.05m。

(4)若该地区有$A_{01} \sim A_{0k}$等点的CGCS 2000高斯平面坐标$(x,y)_{CGCS\ 2000}$，中央子午线$L_0$，简述通过GPS技术获得该地区控制网网中其他$n$个点[$B_{01} \sim B_{0n}$，地方高斯平面坐标系$(x,y)_{DiFan}$]CGCS 2000坐标的步骤。

步骤如下：

①重合点选取：从$B_{01} \sim B_{0n}$选取$m$个均匀分布的控制点，不妨假设编号为$B_{01} \sim B_{0m}$。

②GPS联测：利用GPS技术测量得到的$A_{01} \sim A_{0k}$、$B_{01} \sim B_{0m}$各点WGS-84坐标系的大地

坐标$(B,L,H)_{WGS-84}$。

③中央子午线取$L_0$，利用高斯投影将$A_{01} \sim A_{0k}$、$B_{01} \sim B_{0m}$各点大地坐标$(B,L)_{WGS-84}$变换为高斯平面坐标$(x,y)_{WGS-84}$。

④利用平面四参数转换模型，通过$A_{01} \sim A_{0k}$的$(x,y)_{CGCS\ 2000}$与$(x,y)_{WGS-84}$计算WGS-84坐标系的高斯坐标到CGCS 2000高斯坐标的转换参数，设为$CanShu_{WGS84\text{-}2000}$。

⑤利用平面四参数转换模型，通过$B_{01} \sim B_{0m}$的$(x,y)_{DiFan}$与$(x,y)_{WGS-84}$计算地方坐标系的高斯坐标到WGS-84坐标系的高斯坐标的转换参数，设为$CanShu_{Difan\text{-}WGS84}$。

⑥利用平面四参数转换模型和$CanShu_{Difan\text{-}WGS84}$，计算$B_{01} \sim B_{0n}$中除了$m$个重合点外的非重合点在WGS-84高斯坐标$(x,y)_{WGS-84}$。

⑦利用平面四参数转换模型和"④"得到的$CanShu_{WGS84\text{-}2000}$与"⑥"得到的$(x,y)_{WGS-84}$，计算$B_{01} \sim B_{0n}$的$(x,y)_{CGCS\ 2000}$。

注：也可利用GPS测量$A_{01} \sim A_{0k}$和$B_{01} \sim B_{0n}$，然后进行坐标转换，但是这样的方案完全舍弃了地方坐标系的成果。

**(5)将地方坐标系测绘成果转换为CGCS 2000坐标后，怎样评定坐标转换精度？**

①坐标转换精度评定方法：依据计算坐标转换参数的重合点的残差中误差评估坐标转换精度。

②残差计算。

设参加转换参数计算的重合点数目为$n$，则第$i$个重合点的残差$v_i$为：

$$v_i = \text{第}\ i\ \text{个重合点转换坐标} - \text{第}\ i\ \text{个重合点已知坐标} \qquad (i = 1,2,\cdots,n)$$

③空间直角坐标转换精度评定。

空间直角坐标$X$残差中误差为：

$$M_X = \sqrt{\frac{[vv]_X}{n-1}} = \sqrt{\frac{\sum_{i=1}^{n} v_{X_i}^2}{n-1}} = \sqrt{\frac{v_{X_1}^2 + v_{X_2}^2 + \cdots + v_{X_n}^2}{n-1}}$$

空间直角坐标$Y$残差中误差为：

$$M_Y = \sqrt{\frac{[vv]_Y}{n-1}}$$

空间直角坐标$Z$残差中误差为：

$$M_Z = \sqrt{\frac{[vv]_Z}{n-1}}$$

则点位中误差为：

$$M_P = \sqrt{M_X^2 + M_Y^2 + M_Z^2}$$

④平面直角坐标转换精度评定。

平面直角坐标$x$残差中误差为：

$$m_x = \sqrt{\frac{[vv]_x}{n-1}} = \sqrt{\frac{\sum_{i=1}^{n} v_{x_i}^2}{n-1}} = \sqrt{\frac{v_{x_1}^2 + v_{x_2}^2 + \cdots + v_{x_n}^2}{n-1}}$$

平面直角坐标$y$残差中误差为：

$$m_y = \sqrt{\frac{[vv]_y}{n-1}}$$

大地高 $H$ 残差中误差为：

$$M_H = \sqrt{\frac{[vv]_H}{n-1}}$$

则平面点位中误差为：

$$m_P = \sqrt{m_x^2 + m_y^2}$$

### 1.3.10 大地测量数据库

(1)本案例收集的大地测量数据资料是否充分？

①本案例收集的大地测量数据资料并不充分。大地测量数据是大地测量数据库的核心，一般应包括参考基准数据、空间定位数据、高程测量数据、重力测量数据、深度基准数据及其元数据，每类数据主要包括观测数据、成果数据及文档资料。

②大地测量数据内容。

a. 参考基准数据：包括大地基准、高程基准、重力基准、深度基准等数据。

b. 空间定位数据：按数据不同阶段分为观测数据、成果数据及文档数据；观测数据主要包括仪器检验资料、外业观测数据；成果数据主要包括三维坐标成果、GNSS 点之记(属性)、GNSS 测量基线成果、天线高信息、参考框架转换参数、GNSS 网概要信息；其文档资料主要是指各阶段形成的各种技术文档资料。

c. 高程测量数据：观测数据主要包括原始观测数据、观测手簿、外业计算资料和仪器检验资料等；成果数据主要包括水准点成果、水准点点之记、水准路线信息和测段信息。

d. 重力测量数据：观测数据包括绝对重力测量观测数据和相对重力测量观测数据；成果数据包括绝对重力点成果、相对重力点成果及重力点点之记等。

e. 深度基准数据：沿岸海域的理论最低潮位数据，深度基准与高程基准之间通过验潮站的水准联测数据。

f. 元数据：是大地测量数据内容、质量、状况和其他特征的描述性数据，主要包括识别信息、参考基准信息和质量信息。

(2)设计大地测量数据库时各类数据如何存储？如何建立各类数据之间的逻辑关系？

①按数据不同阶段大地测量数据分为观测数据、成果数据及文档数据。

a. 观测数据根据实际情况选用合理的组织方式，一般按控制网、数据内容进行分类组织，以数据文件为基本单位进行存储。

b. 成果数据按成果类型进行分类，按控制网进行组织，以点为基本单元存储。

c. 文档资料按控制网、文档技术类型进行分类组织，以文件为基本单位进行存储。

②各类数据之间的逻辑关系的建立。

a. 通过控制网、控制点等作为关键字建立观测数据、成果数据、文档之间的逻辑关系。

b. 成果数据以点为基础，按照网、线建立控制点之间的逻辑关系。同一成果的不同内容之间应建立逻辑关系，如控制点成果与点之记之间应通过点的唯一标志建立逻辑关系。

c. 大地控制网、高程控制网和重力控制网之间存在重合点时，应以控制点为关键字建立重合点之间的逻辑关系。对于同一控制点具有多期成果时，应建立多期成果之间的逻辑关系。

(3)简述数据库管理系统的主要功能和支撑环境。

①主要功能。主要功能包括数据输入、数据输出、查询统计、数据维护、安全管理。

②支撑环境。包括服务器设备、存储备份设备、外围设备、网络环境。

(4)**简述大地测量数据库的设计流程,绘制设计流程图(技术路线图)。**

数据库的设计过程可分为需求分析、概念模型设计、逻辑模型设计、物理模型设计、数据库安全设计。

设计流程图见图 1-3。

(5)**逻辑模型设计是由实体联系模型向关系模型转换。表 1-15 给出了 GNSS 点位的逻辑模式,有何不妥之处?**

该关系模式缺乏规范化,存在冗余问题、修改困难、插入问题和删除问题。

①冗余问题:一个控制点可能有多次观测,其点位信息(点名)只有一个,在该模式中会不断重复,而厂家信息也同时有大量重复。

②修改困难:由于表格中有大量的重复,某个属性变化,就要修改所有对应元组;忘记或漏改一项会导致数据的不一致性,如点的坐标出现更新,必须更新对应元组(行)所有内容。

③插入问题:插入一个元组必须全部属性都有确定值。如果某厂家还没有提供接收机参与,则不能将厂商的有关信息如编号、名称和地址放入数据库。

④删除问题:是插入的逆问题。由于存在多余的数据依赖,或者说不够规范,删除某个元组的信息时,结果失去了关于某个属性的所有信息,而这些信息又是系统希望保留的。如删除一个接收机,会把厂家信息、点位信息也删除了。

# 2 海 洋 测 绘

## 2.1 海洋测绘案例分析要点

对于海洋测绘案例分析，建议读者仔细阅读《海道测量规范》(GB 12327—1998)；《中国海图图式》(GB 12319—1998)；《水位观测标准》(GB/T 50138—2010)，并重点关注以下内容：①技术设计书与技术总结；②工作流程；③各个环节的技术要求(包括限差要求)；④测深数据处理与精度评定；⑤海图制作；⑥测量成果检查内容；⑦提交成果清单等。

1)海洋测绘基准

海道测量的平面基准通常采用2000国家大地坐标系(CGCS 2000)，投影通常采用高斯—克吕格和墨卡托投影方式。

垂直基准分为陆地高程基准和深度基准。陆地高程基准采用1985国家高程基准；深度基准采用理论最低潮面，深度基准面的高度从当地平均海水面起算。

2)海洋测绘方法

海洋定位方法主要有天文定位、光学定位、无线电定位、卫星定位和水声定位等。

海洋测深方法主要有测深杆、测深锤、回声测深仪、多波束测深系统、机载激光测深等。

3)海洋测量技术设计

(1)技术设计主要内容

技术设计主要内容包括测量目的和测区范围、确定测量比例尺和划分图幅、技术方法和仪器设备、测量工作技术保障措施、编写技术设计书和绘制相关附图。

(2)控制测量

①平面控制。

海道测量控制点按其平面控制精度分为海控一级点(以 $H_1$ 表示)和海控二级点(以 $H_2$ 表示)及测图点(以 $H_C$ 表示)。各项要求与限差参见表2-1和表2-2。

**海道测量控制点等级** 表2-1

| 比例尺 $S$ | 最低控制 | 直接用于测量 | 投 影 |
|---|---|---|---|
| $S>1:5000$ | 国家四等 | $H_1$ | 高斯(1.5°)带 |
| $1:5000\geqslant S>1:1$万 | $H_1$ | $H_2$ | 高斯(3°)带 |
| $S\leqslant 1:1$万 | $H_2$ | $H_C$ | 高斯(6°)带 |
| $S\leqslant 1:5$万 | — | — | 墨卡托 |

②高程控制。

海道测量高程控制测量的方法主要有几何水准测量、测距高程导线、三角高程、GPS高程测量等。

**海道测量控制点精度要求** 表 2-2

| 限差项目 | | $H_1$ | $H_2$ | $H_3$ |
|---|---|---|---|---|
| 测角中误差(″) | | ±5 | ±10 | ±10 |
| 相对相邻起算点的点位中误差(m) | | ±0.2 | ±0.5 | — |
| 测距相对中误差 | | 1/5 万 | 1/2.5 万 | 1/2.5 万 |
| 交会点最大互差 | 1∶1万比例尺地形图 | — | — | 1 |
| | 小于 1∶1万比例尺地形图 | — | — | 2 |

注：用导线法测定测图点，由导线一端计算至另一端时，其坐标位移的限差与采用交会法测定测图点时的坐标位移的限差相同。

③深度基准确定。

中国沿海地区一般采用“理论最低潮面”作为深度基准。

(3)海洋测量定位

现在海洋定位实用方法主要有光学定位、无线电定位、卫星定位和水声定位。

(4)水文观测

水文观测主要内容有海洋潮汐观测、声速观测、海流观测。

(5)水深测量

水深测量现在实用方法主要有单波束回声测深、多波束测深、机载激光测深(LIDAR)等方法。

《海道测量规范》(GB 12327—1998)规定的水深测量限差如表 2-3 所示。

**水深测量限差**(单位：m) 表 2-3

| 测深范围 $Z$ | 极限误差 $2\sigma$ | 测深范围 $Z$ | 极限误差 $2\sigma$ |
|---|---|---|---|
| $0<Z\leqslant20$ | ±0.3 | $50<Z\leqslant100$ | ±1.0 |
| $20<Z\leqslant30$ | ±0.4 | $Z>100$ | $\pm Z\times2\%$ |
| $30<Z\leqslant50$ | ±0.5 | | |

水深改正包括吃水改正、姿态改正、声速改正、水位改正。

(6)测深线布设

主测深线方向应垂直等深线的总方向；对狭窄航道，测深线方向可与等深线成 45°角。

(7)海道与海底地形测量

包括：①障碍物探测；②助航标志测量；③底质探测；④滩涂及岸边地形测量。

4)海图总体设计

海图总体设计是确定海图的基本规格、内容及表示方法。具体内容包括海图图幅设计、确定海图的数学基础、构思海图内容与表示方法。

5)制图综合

制图综合的基本原则是表示主要的、典型的、本质的信息，舍去、缩小或不突出表示次要的信息。海图要素综合内容包括海岸线、等深线、水深、干出滩、海底底质、航行障碍物和助航标志等。

6)航海图制作

(1)我国现行的海图图式是《中国海图图式》(GB 12319—1998)。

(2)海图制作现在一般分为编辑准备、数据输入、数据处理和图形输出四个阶段。

7)电子海图制作数学基础

(1)平面坐标系采用2000国家大地坐标系(CGCS 2000)或1984世界大地坐标系(WGS-84)。

(2)不使用投影,以地理位置(经纬度)表示。

(3)中国沿海采用理论最低潮面。

(4)中国内地一般采用1985国家高程基准。

(5)需要确定主比例尺。

8)海底地形图制作

海底地形图表示方法主要有符合法、深度注记法、等深线法、明暗等深线法、分层设色法、晕渲法、晕滃线法及写景法。

9)海洋测量成果质量检验

质量检验主要内容,包括仪器设备检校、平面控制、高程和潮位控制、定位、测深、障碍物探测、底质探测、助航标测量、海底地貌测量、滩涂及海岸地形测量等。

(1)潮位控制成果检验主要技术指标:水位观测,沿岸验潮站采用自记验潮仪、便携式验潮仪、水尺,其观测误差不得大于±2cm;海上定点验潮站可采用水位计或回声测深仪,水位计观测误差应不大于±5cm。

(2)定位成果检验主要技术指标:定位中心与测深中心应尽量保持一致,对大于(含)1∶1万比例尺测图,两者水平距离最大不得超过2m;对小于1∶1万比例尺测图,两者水平距离不得超过5m,否则应将定位中心归算到测深中心。测深与定位时间应保持同步。

(3)测深成果检验的主要内容:单波束测深、多波束测深、机载激光测深及水位改正等。

10)制图成果检查

海图制图成果检查主要内容有编辑检查、自查、三级审校和印刷成图检验等。

11)海洋测量归档成果资料

(1)测量任务书、踏勘报告及技术设计书;

(2)仪器设备检定及检验资料;

(3)外业观测记录手簿、数据采集原始资料;

(4)内业数据处理、计算、校核、质量统计分析资料;

(5)所绘制的各类图纸及成果表;

(6)港口资料调查报告、技术报告、各级质量检查报告;

(7)测量过程记录;

(8)其他测量资料。

12)海图制图归档成果资料

(1)采用的各种编绘资料;

(2)制图任务书、编图计划;

(3)各类源数据文件、成果图和数据文件;

(4)各级质量检验的成果报告;

(5)制图过程记录；

(6)其他制图资料。

# 2.2 海洋测绘案例分析例题

## 2.2.1 水下地形测量

1)任务来源及目的

受××海事局委托，××测绘有限公司承接长江下游××至××段(约360km)水下地形测量工作。

该项目的目的是为满足海事部门管理用图及长江××段地理信息系统的数据补充和更新，故需要全面施测该地区的航道水下地形。

2)测区自然地理概况

测区地理位置为东经118°29′至东经121°21′，北纬31°29′至北纬32°20′。主航道全长约360km，总计水下地形测量面积1500km$^2$，岸上部分南北两岸均按200m宽度计算，约350km$^2$。

测区地处我国东部，属于亚热带、湿润的季风气候区。四季分明，春秋较长，夏季炎热，冬季寒冷，雨量充沛，多集中于春夏两季，季风现象显著，风雾较多。

测区水位变化主要受潮汐控制，最高最低水位变化一般不超过6m，但潮差变化最大达5m左右。涨潮时产生剧烈的溯江流。一天之内有两次高潮和两次低潮，潮位变化有一定的规律，表现为半日潮或不规则的半日潮，一般是自上而下递增，越近长江口潮差越大。落潮时含沙量大于涨潮时的含沙量，流速一般是落潮时流速大于涨潮时的流速。

测区江面宽阔，洲滩众多，受径流和潮流共同作用，水下地形及水流条件较为复杂，两侧岸线地形复杂，码头林立，且多矶石、丁坎、边滩、石堆，洲滩植被丛生面积大，潮涨淹潮落露，交通不便。测量船无法接近，测量工作量大，技术复杂程度高。

3)技术标准

(1)《全球定位系统(GPS)测量规范》(GB/T 18314—2009)；

(2)《工程测量规范》(GB 50026—2007)；

(3)《水运工程测量规范》(JTS 131—2012)；

(4)《水位观测标准》(GB/T 50138—2010)；

(5)《海道测量规范》(GB 12327—1998)；

(6)《中国海图图式》(GB 12319—1998)；

(7)《国家基本比例尺地图图式　第1部分：1∶500　1∶1000　1∶2000地形图图式》(GB/T 20257.1—2007)；

(8)《国家基本比例尺地图图式　第2部分：1∶5000　1∶10000地形图图式》(GB/T 20257.2—2006)；

(9)《测绘产品质量评定标准》(CH 1003—1995)；

(10)《测绘产品检查验收规定》(CH 1002—1995)；

(11)《测绘技术设计规定》(CH/T 1004—2005)；

(12)《测绘技术总结编写规定》(CH/T 1001—2005)。

4)技术要求与精度指标

(1)平面坐标系统:2000 国家大地坐标系,高斯—克吕格投影,3°分带,中央经线 120°。

(2)高程系统:岸上部分为 1985 国家高程基准,等高距 1m;水下部分成图采用理论最低潮面。

(3)成图比例尺:1∶20000,等深距 5m。锚地、临时停泊区、渡运水域、桥区等比例尺为 1∶5000,等深距 1m。

(4)平面定位:采用连续运行卫星定位参考站综合服务系统,不再架设参考站。现场测量时,沿江两岸的 C 级或 D 级控制点及四等水准点实测坐标应与已知坐标进行比较,平面位置各分量较差应小于±0.05m,高程较差应小于±0.10m。

(5)水位观测:采用 GPS-RTK 定位技术接测水位(水面高程),在徕卡 GPS 接收机中设置自动记录模式,每 60s 记录一次。

(6)精度要求。

①地形测量基本精度要求,见表 2-4。

地形测量基本精度要求　　表 2-4

| 点位中误差(mm) | | 地　　形 | | 等高线高程中误差(m) | |
|---|---|---|---|---|---|
| 重要地物 | 次要地物及地形点 | 地形类别 | 地面倾角(°) | 重点地区 | 一般地区 |
| 图上±0.6 | 图上±0.8 | 平坦地区 | <6 | 1/3*h* | 1/2*h* |
| | | 丘陵地 | 6～15 | 1/2*h* | 2/3*h* |
| | | 山地 | >15 | 2/3*h* | *h* |

注:表中 *h* 为等高距(m)。

②测深点点位中误差:不大于图上 1.5mm。

③深度误差:在不考虑平面位移的情况下,水深测量的深度误差应小于表 2-5 规定。

水深测量的深度误差限制　　表 2-5

| 水深范围(m) | $H\leqslant 20$ | $H>20$ |
|---|---|---|
| 深度误差限制(m) | ±0.2 | ±0.01*H* |

注:*H* 为水深值(m)。

对山区河流水深小于 5m 的硬底质水域,深度误差应不大于 0.15m。

④转换参数的计算要求:测区全长约 360km,为了保证测量精度,应将整个测区分成多段求解坐标转换参数。转换方法用经典三维转换方法计算 7 个参数,转换后各参量残差应小于±0.05m。

5)测区已有资料

(1)C 级 GPS 网控制点××点。

(2)D 级 GPS 控制点××点。

(3)测区沿线四等水准成果。

(4)测区 2010 年施测的长江岸线 1∶10000 带状地形图。

6)测量组织及工作计划

(1)人员安排

①项目负责人 2 人;

②两个测量分队，每队配备技术人员 3 人；

③后勤保障 2 人；

④潮位观测 3 人。

(2)投入设备

①全球定位 GPS 测量系统：7 台套；

②多波束测深系统：2 台套；

③测深仪：4 台；

④计算机：10 台；

⑤专业测量船：2 艘；

⑥汽车：2 辆。

(3)工作计划

测量任务工期 12 个月，具体安排如下：

2011 年 5 月 1 日～2011 年 8 月 10 日完成××段外业数据采集工作；

2011 年 8 月 11 日～2011 年 11 月 10 日完成××段外业数据采集工作；

2011 年 11 月 11 日～2011 年 3 月 20 日完成××段外业数据采集工作。

内业工作分期、分段同时处理。

7)提交成果

(1)控制点检测成果；

(2)技术设计书；

(3)原始测量记录、数据文件等；

(4)技术总结和检查报告；

(5)纸质地形图 1 套；

(6)电子地形图(光盘)2 套。

8)问题

(1)简述采用 GPS-RTK 定位技术测定水下地形点高程的计算方法。

(2)在海道测量工作中定位方法有哪些？

(3)海道测量工作中，对定位中心与测深中心应有哪些要求？

(4)海洋测绘归档成果资料主要有哪些？

### 2.2.2 海图制作

1)工程概况

××沿海城市为了适应经济发展的需要，决定扩建对外开放深水港口，现需要测绘港口区范围的 1∶50000 的海图，包括滩涂和港口码头附近陆地地形。测区范围：东经 120°30′00″～120°39′00″，北纬 28°50′00″～29°05′00″。工期为 45 天，任务目标为编绘制作 1∶50000 海图一幅。

2)已有资料

已有港区 1∶2000、1∶5000、1∶10000 陆地地形图及前期海洋勘探与测绘相关资料。

3)主要引用技术文件

《全球定位系统(GPS)测量规范》(GB/T 18314—2009)；

《工程测量规范》(GB 50026—2007)；

《水运工程测量规范》(JTS 131—2012)；

《海道测量规范》(GB 12327—1998)；

《中国海图图式》(GB 12319—1998)；

《中国航海图编绘规范》(GB 12320—1998)；

《国家基本比例尺地图图式 第2部分:1∶5000 1∶10000 地形图图式》(GB/T 20257.2—2006)；

《测绘技术设计规定》(CH/T 1004—2005)；

《测绘技术总结编写规定》(CH/T 1001—2005)；

《测绘成果质量检查与验收》(GB/T 23456—2009)。

4)问题

(1)海图编制的数学基础包括哪些?

(2)海图编辑设计工作的主要内容有哪些?

(3)航海图按用途如何分类?

(4)航海图更新的要求有哪些?

## 2.3 例题参考答案

### 2.3.1 水下地形测量

(1)简述采用 GPS-RTK 定位技术测定水下地形点高程的计算方法。

当采用 GPS-RTK 定位技术联合回声测深仪的方法进行水深测量时(无验潮模式),可以按下式确定水底点的高程:

$$G_i = H_i - D_0 - h_i - \Delta a$$

式中:$G_i$——水底点高程;

$H_i$——GPS 相位中心的高程(通过 RTK 直接确定);

$D_0$——换能器的静吃水;

$h_i$——测量水深;

$\Delta a$——姿态引起的深度改正。

(2)在海道测量工作中定位方法有哪些?

在海道测量工作中,可用如下方法定位:

①光学仪器的交会法定位;

②测距仪与经纬仪或全站仪的极坐标定位;

③无线电定位系数的圆—圆定位;

④无线电定位系数的双曲线定位;

⑤卫星定位。

(3)海道测量工作中,对定位中心与测深中心应有哪些要求?

定位中心与测深中心应尽量保持一致,对大于(含)1∶10000 比例尺测图,二者水平距离最大不得超过 2m;对小于 1∶10000 比例尺测图,两者水平距离不得超过 5m,否则应将定位中心归算到测深中心。测深与定位时间应保持同步。

(4)海洋测绘归档成果资料主要有哪些?

①测量任务书、踏勘报告及技术设计书;

②仪器设备检定及检验资料;

③外业观测记录手簿、数据采集原始资料;

④内业数据处理、计算、校核、质量统计分析资料;

⑤所绘制的各类图纸及成果表;

⑥港口资料调查报告、技术报告、各级质量检查报告;

⑦测量过程记录;

⑧其他测量资料。

## 2.3.2 海图制作

(1)海图编制的数学基础包括哪些?

海图的数学基础主要包括坐标系、比例尺、投影方式、深度基准和高程基准。

①坐标系采用 WGS-84 世界大地坐标系或 2000 国家大地坐标系。

②航海图的比例尺应根据实际需要确定。同一海区 1:50 万及更小比例尺航行图尽可能同比例尺成套。比例尺大于 1:50 万的航行图可在一定区域范围内同比例尺成套,但允许个别图幅适当调整比例尺,以保证航线的完整性。

③航海图一般采用墨卡托投影。同比例尺成套航行图以制图区域中纬为基准纬线;其余图以本图中纬为基准纬线。基准纬线取至整分或整度。

④确定深度基准的一般原则:

a. 中国沿海采用理论最低潮面(旧称理论深度基准面);

b. 远海及外国海区采用原资料的深度基准;

c. 不受潮汐影响的江河采用设计水位。

⑤中国内地一般采用 1985 国家高程基准,特殊情况下亦可采用当地平均海面作为高程基准。港、澳、台及外国地区采用原资料的高程基准。

(2)海图编辑设计工作的主要内容有哪些?

除根据规范规定确定新编图的数学基础、分幅、编号之外,编辑设计工作还包括以下内容:①制图区域的研究;②制图资料的分析和选择;③确定图面配置;④拟订编辑计划。

(3)航海图按用途如何分类?

航海图按用途可以分为总图、航行图和港湾图三大类。

①总图:包括世界海洋总图、大洋总图和海区总图,主要供研究海洋形势、拟订航行计划等使用。

②航行图:包括远洋航行图,近海航行图和沿岸航行图,主要供航行使用。

③港湾图:包括港口图、港区图、港池图、航道图、狭水道图等。主要供进出港口、锚地,通过狭窄水道,进行港口管理等使用。

(4)航海图更新的要求有哪些?

①航海图出版后,如果海区情况发生变化,图上所表示的内容与实际不符,则应对航海图进行更新,保证航行安全。航海图的更新有小改正、再版两种。

②航海图的小改正是海图的使用者和保管者根据航海通告对海图进行的改正,包括个别

要素的改正和贴图改正。航海图进行小改正后，应在图上的小改正栏填写据以改正的航海通告年份和项号。

③当海区发生较大变化，航海图失去现势性且不能用小改正的方法来弥补时，制图单位根据新资料重新编制出版，称航海图的再版或改版。再版图的图号、图名、比例尺及范围一般与原版一致。再版图上应同时注记初版年月及本次再版年月。再版的海图发行后，旧版海图即行作废。

④当海图的库存不足需要添印时，应根据航海通告对印刷原图进行改正。添印图应注出版次和印次。添印的海图发行后，原来的海图不作废，可以继续使用。

# 3 工 程 测 量

## 3.1 工程测量案例分析要点

对于工程测量案例分析，建议读者仔细阅读《工程测量规范》(GB 50026—2007)，并重点关注以下内容：①技术设计书与技术总结（详见《测绘综合能力》）；②工作流程；③各个环节的技术要求（包括限差要求）；④测量成果检查内容；⑤提交成果清单；⑥具体工程案例计算能力（如导线坐标计算、水准测量成果整理、控制测量精度评定、施工放样测量测设数据计算等）。

### 3.1.1 工程控制测量案例分析要点

1）施工控制网的特点

(1)与测图控制网相比，施工控制网精度要求高，控制点的密度大，控制范围小，受施工干扰大，使用频繁，控制网坐标系与施工坐标系一致，投影面与工程的平均高程面一致等。

(2)与国家或城市控制网相比，在精度上不遵循“由高级到低级”的原则。

2）工程控制测量平面控制网的布设原则

(1)首级控制网的布设，应因地制宜，且适当考虑发展；当与国家坐标系统联测时，应同时考虑联测方案。

(2)首级控制网的等级，应根据工程规模、控制网的用途和精度要求合理确定。

(3)加密控制网，可越级布设或同等级扩展。

3）施工控制网的形式

施工平面控制网的形式一般有三角网、导线网、边角网和 GPS 网。现在 GPS 测量是建立施工控制网的主要手段。

4）工程控制测量平面控制网的坐标系统选择

平面控制网的坐标系统，应在满足测区内投影长度变形不大于 2.5cm/km 的要求下，作下列选择：

(1)采用统一的高斯投影 3°带平面直角坐标系统；

(2)采用高斯投影 3°带，投影面为测区抵偿高程面或测区平均高程面的平面直角坐标系统；或任意带，投影面为 1985 国家高程基准面的平面直角坐标系统；

(3)小测区或有特殊精度要求的控制网，可采用独立坐标系统；

(4)在已有平面控制网的地区，可沿用原有的坐标系统；

(5)场区内可采用建筑坐标系统。

5）场区平面控制网的要求

(1)场区平面控制网，可根据场区的地形条件和建(构)筑物的布置情况，布设成建筑方格网、导线及导线网、三角形网或 GPS 网等形式。

(2)场区平面控制网，应根据工程规模和工程需要分级布设。对于建筑场地大于 $1\text{km}^2$ 的工程项目或重要工业区，应建立一级或一级以上精度等级的平面控制网；对于场地面积小于 $1\text{km}^2$ 的工程项目或一般性建筑区，可建立二级精度的平面控制网。场区平面控制网相对于勘察阶段控制点的定位精度，不应大于 5cm。

(3)控制网点位，应选在通视良好、土质坚实、便于施测、利于长期保存的地点，并应埋设相应的标石，必要时还应增加强制对中装置。标石的埋设深度，应根据地冻线和场地设计标高确定。

6)卫星定位测量控制网的布设要求

(1)应根据测区的实际情况、精度要求、卫星状况、接收机的类型和数量，以及测区已有的测量资料进行综合设计。

(2)首级网布设时，宜联测 2 个以上高等级国家控制点或地方坐标系的高等级控制点；对控制网内的长边，宜构成大地四边形或中点多边形。

(3)控制网应由独立观测边构成一个或若干个闭合环或附合路线，各等级控制网中构成闭合环或附合路线的边数不宜多于 6 条。

(4)各等级控制网中独立基线的观测总数，不宜少于必要观测基线数的 1.5 倍。

(5)加密网应根据工程需要，在满足本规范精度要求的前提下可采用比较灵活的布网方式。

(6)对于采用 GPS-RTK 测图的测区，在控制网的布设中应顾及参考站点的分布及位置。

7)卫星定位测量控制点位的选定要求

(1)点位应选在土质坚实、稳固可靠的地方，同时要有利于加密和扩展，每个控制点至少应有一个通视方向。

(2)点位应选在视野开阔，高度角在 15°以上的范围内，应无障碍物；点位附近不应有强烈干扰接收卫星信号的干扰源或强烈反射卫星信号的物体。

(3)充分利用符合要求的旧有控制点。

8)GPS 控制测量作业的基本技术要求

GPS 控制测量作业的基本技术要求可参看《工程测量规范》(GB 50026—2007)第 3.2.7 条。例如，一级 GPS 控制测量(快速静态)的技术要求，包括接收机类型为双频或单频 GPS 接收机，仪器标称精度优于(10mm＋5ppm[1] $\times D$)，卫星高度角≥15°，有效观测卫星数≥5，观测时段长度 10～15min，数据采样间隔 5～15s，点位几何强度图形因子≤8。

9)GPS 控制测量的测站作业要求

(1)观测前，应对接收机进行预热和静置，同时应检查电池的容量、接收机的内存和可储存空间是否充足。

(2)天线安置的对中误差，不应大于 2mm；天线高的量取应精确至 1mm。

(3)观测中，应避免在接收机近旁使用无线电通信工具。

(4)作业同时，应做好测站记录，包括控制点点名、接收机序列号、仪器高、开关机时间等相关的测站信息。

---

[1] $1\text{ppm}=10^{-6}$。

10)GPS 测量基线解算要求

(1)起算点的单点定位观测时间，不宜少于 30min。

(2)解算模式可采用单基线解算模式，也可采用多基线解算模式。

(3)解算成果，应采用双差固定解。

11)GPS 测量控制网的无约束平差规定

(1)应在 WGS-84 坐标系中进行三维无约束平差，并提供各观测点在 WGS-84 坐标系中的三维坐标、各基线向量三个坐标差观测值的改正数、基线长度、基线方位及相关的精度信息等；

(2)无约束平差的基线向量改正数的绝对值，不应超过相应等级的基线长度中误差的 3 倍。

12)GPS 测量控制网的约束平差规定

(1)应在国家坐标系或地方坐标系中进行二维或三维约束平差。

(2)对于已知坐标、距离或方位，可以强制约束，也可加权约束。

(3)平差结果，应输出观测点在相应坐标系中的二维或三维坐标、基线向量的改正数、基线长度、基线方位角等，以及相关的精度信息。需要时，还应输出坐标转换参数及其精度信息。

(4)控制网约束平差的最弱边边长相对中误差，应满足相应等级的规定。

13)导线网的布设规定

(1)导线网用作测区的首级控制时，应布设成环形网，且宜联测两个已知方向。

(2)加密网可采用单一附合导线或结点导线网形式。

(3)节点间或节点与已知点间的导线段宜布设成直伸形状，相邻边长不宜相差过大，网内不同环节上的点也不宜相距过近。

14)导线点位的选定规定

(1)点位应选在土质坚实、稳固可靠、便于保存的地方，视野应相对开阔，便于加密、扩展和寻找。

(2)相邻点之间应通视良好，其视线距障碍物的距离，三、四等不宜小于 1.5m；四等以下宜保证便于观测，以不受旁折光的影响为原则。

(3)当采用电磁波测距时，相邻点之间视线应避开烟囱、散热塔、散热池等发热体及强电磁场。

(4)相邻两点之间的视线倾角不宜过大。

(5)充分利用旧有控制点。

15)图根导线测量的外业工作

包括：①踏勘选点；②建立标志(埋石)；③水平角观测；④距离测量；⑤与高级控制点连测，或测量起始边方位角。

16)工程高程控制测量的一般规定

(1)高程控制测量精度等级的划分，依次为二、三、四、五等；各等级高程控制宜采用水准测量，四等及以下等级可采用电磁波测距三角高程测量，五等也可采用 GPS 拟合高程测量。

(2)首级高程控制网的等级，应根据工程规模、控制网的用途和精度要求合理选择；首级网应布设成环形网，加密网宜布设成附合路线或结点网。

(3)测区的高程系统，宜采用1985国家高程基准；在已有高程控制网的地区测量时，可沿用原有的高程系统；当小测区联测有困难时，也可采用假定高程系统。

(4)高程控制点间的距离，一般地区应为1～3km，工业厂区、城镇建筑区宜小于1km；但一个测区及周围至少应有3个高程控制点。

17)场区高程控制网的要求

(1)场区高程控制网，应布设成闭合环线、附合路线或结点网。

(2)大中型施工项目的场区高程测量精度，不应低于三等水准。

(3)场区水准点，可单独布设在场地相对稳定的区域，也可设置在平面控制点的标石上；水准点间距宜小于1km，距离建筑物不宜小于25m，距离回填土边线不宜小于15m。

(4)施工中，当少数高程控制点标石不能保存时，应将其高程引测至稳固的建(构)筑物上，引测的精度，不应低于原高程点的精度等级。

18)电磁波测距三角高程测量的主要技术要求(见表3-1)

**电磁波测距三角高程测量的主要技术要求** 表3-1

| 等级 | 每千米高差全中误差(mm) | 边长(km) | 观测方式 | 对向观测高差较差(mm) | 附合或环形闭合差(mm) |
|---|---|---|---|---|---|
| 四等 | 10 | ≤1 | 对向观测 | $40\sqrt{D}$ | $20\sqrt{\sum D}$ |
| 五等 | 15 | ≤1 | 对向观测 | $60\sqrt{D}$ | $30\sqrt{\sum D}$ |

注：$D$为测距边的长度(km)。

19)电磁波测距三角高程测量的数据处理规定

(1)直返觇的高差，应进行地球曲率和折光差的改正。

(2)平差前，应试计算每千米高差全中误差，结果应满足相应等级要求。

(3)各等级高程网，应按最小二乘法进行平差并计算每千米高差全中误差。

(4)高程成果的取值，应精确至1mm。

20)GPS拟合高程测量的主要技术要求

(1)GPS网应与四等或四等以上的水准点联测。联测的GPS点，宜分布在测区的四周和中央。若测区为带状地形，则联测的GPS点应分布于测区两端及中部。

(2)联测点数，宜大于选用计算模型中未知参数个数的1.5倍，点间距宜小于10km。

(3)地形高差变化较大的地区，应适当增加联测的点数。

(4)地形趋势变化明显的大面积测区，宜采取分区拟合的方法。

(5)GPS观测的技术要求，应按规范规定执行；其天线高应在观测前后各量测一次，取其平均值作为最终高度。

注：对GPS点的拟合高程成果，应进行检验。检测点数不少于全部高程点的10%且不少于3个点；高差检验，可采用相应等级的水准测量方法或电磁波测距三角高程测量方法进行，其高差较差不应大于$30\sqrt{D}$mm[$D$为检查路线的长度(km)]。

21)GPS拟合高程计算的规定

(1)充分利用当地的重力大地水准面模型或资料。

(2)应对联测的已知高程点进行可靠性检验，并剔除不合格点。

(3)对于地形平坦的小测区，可采用平面拟合模型；对于地形起伏较大的大面积测区，宜采用曲面拟合模型。

(4)对拟合高程模型应进行优化。

(5)GPS 点的高程计算,不宜超出拟合高程模型所覆盖的范围。

22)计算能力要求

(1)卫星定位测量控制网观测精度的评定

卫星定位测量控制网的测量中误差 $m$,按式(3-1)计算:

$$m = \sqrt{\frac{1}{3N}\left[\frac{WW}{n}\right]} \tag{3-1}$$

式中:$m$——控制网的测量中误差(mm);

$N$——控制网中异步环的个数;

$n$——异步环的边数;

$W$——异步环环线全长闭合差(mm)。

控制网的测量中误差,应满足 $m \leqslant \sigma$,式中的 $\sigma$ 为相应等级控制网的基线精度,按式(3-2)计算:

$$\sigma = \sqrt{A^2 + (B \cdot d)^2} \tag{3-2}$$

式中:$\sigma$——基线长度中误差(mm);

$A$——固定误差(mm);

$B$——比例误差系数(mm/km);

$d$——平均边长(km)。

(2)每千米水准测量的高差偶然中误差

每千米水准测量的高差偶然中误差,按式(3-3)计算。它是根据测段往返高差不符值 $\Delta$ 来计算的。

$$M_{\Delta} = \sqrt{\frac{1}{4n}\left[\frac{\Delta\Delta}{L}\right]} \tag{3-3}$$

式中:$M_{\Delta}$——高差偶然中误差(mm);

$\Delta$——测段往返高差不符值(mm);

$L$——测段长度(km);

$n$——测段数。

(3)每千米水准测量的高差全中误差

每千米水准测量的高差全中误差,按式(3-4)计算。它是根据附合或环线闭合差 $W$ 来计算的。

$$M_{W} = \sqrt{\frac{1}{N}\left[\frac{WW}{L}\right]} \tag{3-4}$$

式中:$M_{W}$——高差全中误差(mm);

$W$——附合或环线闭合差(mm);

$L$——计算各 $W$ 时,相应的路线长度(km);

$N$——附合路线和闭合环的总个数。

请注意,每千米水准测量的"高差全中误差"与"高差偶然中误差"的区别。

(4)导线的平差计算

重点掌握附合导线的平差计算,读者可参看《土木工程测量》(3 版,胡伍生、潘庆林主编,东南大学出版社,2007 年)第 6 章。

### 3.1.2 工程地形图测绘案例分析要点

1)地形图的基本内容

(1)数学要素

数学要素包括坐标格网、成图比例尺、控制点坐标等。

(2)地形要素

地形要素包括地物(比例符号、非比例符号、半比例符号、地物注记)和地貌(等高线)。

(3)图内注记要素

图内注记要素包括地形图内的各种注记和说明。

(4)图内整饰要素

图内整饰要素包括图名、图号、比例尺、外图廓、坐标系统、高程系统、测图方法、测图日期、测绘单位、三北关系图、图幅接合表等。

2)等高线的特性

(1)同一条等高线上的点,其高程必相等;

(2)等高线均是闭合曲线;

(3)除在悬崖或绝壁处外,等高线在图上不能相交或重合;

(4)等高线和山脊线、山谷线成正交;

(5)等高线的平距小,表示坡度陡,平距大则坡度缓,平距相等则坡度相等;

(6)等高线不能在图内中断,但遇房屋、河流等地物符号和注记处可以局部中断。

3)大比例尺地形图的作业流程

(1)接收任务。明确任务的来源、性质,开工及完成期限,测区位置及范围,成果坐标系和高程系统,比例尺及等高距等。

(2)资料收集。收集已有的控制成果和地形图。

(3)技术设计。确定作业方案、人员安排和主要技术依据。

(4)基本控制测量。一般平面控制采用导线测量或 GPS 网测量,高程控制采用水准测量或三角高程测量。

(5)图根控制测量。一般采用导线测量或 GPS-RTK 测量。

(6)碎部点采集。可采用测绘法或测记法。

(7)地形图编绘。

(8)资料的检查与验收。遵循"两级检查、一级验收"的要求,包括作业组 100%的过程检查;项目部检查或单位质检人员检查;验收由用户或其委托单位组织,包括概查和详查(5%～10%)。

(9)技术总结。应包括控制布点图、精度统计表和工作量统计表等。

(10)提交成果。

4)地形图的分幅和编号要求

(1)地形图的分幅,可采用正方形或矩形方式;

(2)图幅的编号,宜采用图幅西南角坐标的千米数表示;

(3)带状地形图或小测区地形图可采用顺序编号;

(4)对于已施测过地形图的测区,也可沿用原有的分幅和编号。

5)全站仪测图的仪器安置及测站检核要求

(1)仪器的对中偏差不应大于 5mm,仪器高和反光镜高的量取应精确至 1mm。

(2)应选择较远的图根点作为测站定向点,并施测另一图根点的坐标和高程,作为测站检核;检核点的平面位置较差不应大于图上 0.2mm,高程较差不应大于基本等高距的 1/5。

(3)作业过程中和作业结束前,应对定向方位进行检查。

6)GPS-RTK 测图作业前应搜集的资料

(1)测区的控制点成果及 GPS 测量资料;

(2)测区的坐标系统和高程基准的参数,包括参考椭球参数,中央子午线经度,纵、横坐标的加常数,投影面正常高,平均高程异常等;

(3)WGS-84 坐标系与测区地方坐标系的转换参数及 WGS-84 坐标系的大地高基准与测区的地方高程基准的转换参数。

7)GPS-RTK 测图转换关系的建立

(1)基准转换,可采用重合点求定参数(七参数或三参数)的方法进行。

(2)坐标转换参数和高程转换参数的确定宜分别进行;坐标转换位置基准应一致,重合点的个数不少于 4 个,且应分布在测区的周边和中部;高程转换可采用拟合高程测量的方法。

(3)坐标转换参数也可直接应用测区 GPS 网二维约束平差所计算的参数。

(4)对于面积较大的测区,需要分区求解转换参数时,相邻分区应不少于 2 个重合点。

(5)转换参数宜采取多种点组合方式分别计算,再进行优选。

8)流动站的作业规定

(1)流动站作业的有效卫星数不宜少于 5 个,PDOP 值应小于 6,并应采用固定解成果。

(2)正确的设置和选择测量模式、基准参数、转换参数和数据链的通信频率等,其设置应与参考站相一致。

(3)流动站的初始化,应在比较开阔的地点进行。

(4)作业前,宜检测 2 个以上不低于图根精度的已知点;检测结果与已知成果的平面较差不应大于图上 0.2mm,高程较差不应大于基本等高距的 1/5。

(5)数字地形图的测绘,按有关规定执行。例如,当采用草图法作业时,应按测站绘制草图,并对测点进行编号;当采用编码法作业时,宜采用通用编码格式等。

(6)作业中,如果出现卫星信号失锁,应重新初始化,并经重合点测量检查合格后,方能继续作业。

(7)结束前,应进行已知点检查。

(8)每日观测结束,应及时转存测量数据至计算机并做好数据备份。

9)数字地形图的编辑检查内容

(1)图形的连接关系是否正确,是否与草图一致、有无错漏等;

(2)各种注记的位置是否适当,是否避开地物、符号等;

(3)各种线段的连接、相交或重叠是否恰当、准确;

(4)等高线的绘制是否与地性线协调、注记是否适宜、断开部分是否合理;

(5)对间距小于图上 0.2mm 的不同属性线段,处理是否恰当;

(6)地形、地物的相关属性信息赋值是否正确。

10)地形图修测的图根控制要求

(1)应充分利用经检查合格的原有邻近图根点,高程应从邻近的高程控制点引测;

(2)局部修测时,测站点坐标可利用原图已有坐标的地物点按内插法或交会法确定,检核较差不应大于图上 0.2mm;

(3)局部地区少量的高程补点,也可利用 3 个固定的地物高程点作为依据进行补测,其高程较差不得超过基本等高距的 1/5,并应取用平均值;

(4)当地物变动面积较大、周围地物关系控制不足,应补设图根控制。

11)地形图的修测规定

(1)新测地物与原有地物的间距中误差,不得超过图上 0.6mm。

(2)地形图的修测方法,可采用全站仪测图法和支距法等。

(3)当原有地形图图式与现行图式不符时,应以现行图式为准。

(4)地物修测的连接部分,应从未变化点开始施测;地貌修测的衔接部分应施测一定数量的重合点。

(5)除对已变化的地形、地物修测外,还应对原有地形图上已有地物、地貌的明显错误或粗差进行修正。

(6)修测完成后,应按图幅将修测情况作记录,并绘制略图。

12)地形图编绘作业规定

(1)原有资料的数据格式应转换成同一数据格式;

(2)原有资料的坐标、高程系统应转换成编绘图所采用的系统;

(3)地形图要素的综合取舍,应根据编绘图的用途、比例尺和区域特点合理确定;

(4)编绘图应采用现行图式;

(5)编绘完成后,应对图的内容、接边进行检查,发现问题应及时修改。

13)提交成果清单

(1)技术设计书;

(2)仪器检验校正资料;

(3)控制网网图;

(4)控制测量外业资料;

(5)控制测量计算及成果资料;

(6)所有测量成果及图件电子文件。

(7)检查报告,验收报告。

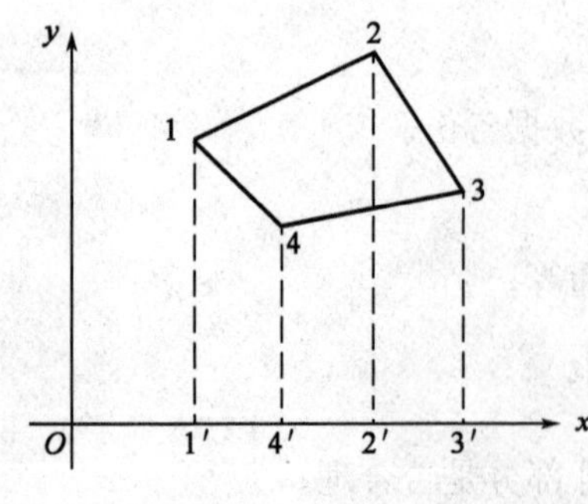

图 3-1 坐标解析法

14)计算能力要求

多边形地块面积计算,可按直角梯形计算面积,再累加求和,取绝对值。读者可参看《土木工程测量》(3 版,胡伍生、潘庆林主编,东南大学出版社,2007 年)第 8 章。

如果图形为任意多边形,且各顶点的坐标已经在图上量出或已经在实地测定,则可利用各点坐标用解析法计算面积。如图 3-1 所示,点 1、2、3、4 为地块界址,各点坐标

$(x_1,y_1)$、$(x_2,y_2)$、$(x_3,y_3)$、$(x_4,y_4)$为已知。设多边形地块 1234 的面积为 $P$，则有：

$$P=\frac{1}{2}(x_1+x_2)(y_2-y_1)+\frac{1}{2}(x_2+x_3)(y_3-y_2)-\frac{1}{2}(x_3+x_4)(y_3-y_4)-\frac{1}{2}(x_4+x_1)(y_4-y_1)$$

上面公式可以推广至 $N$ 边形。

### 3.1.3 施工测量案例分析要点

1)施工测量的基本要求

(1)施工测量前，应收集有关测量资料，熟悉施工设计图纸，明确施工要求，制定施工测量方案。

(2)大中型的施工项目，应先建立场区控制网，再分别建立建筑物施工控制网；小规模或精度高的独立施工项目，可直接布设建筑物施工控制网。

(3)场区控制网，应充分利用勘察阶段的已有平面和高程控制网。原有平面控制网的边长，应投影到测区的主施工高程面上，并进行复测检查。精度满足施工要求时，可作为场区控制网使用，否则应重新建立场区控制网。

(4)新建立的场区平面控制网，宜布设为自由网。控制网的观测数据，不宜进行高斯投影改化，可将观测边长归算到测区的主施工高程面上。新建场区控制网，可利用原控制网中的点组(由 3 个或 3 个以上的点组成)进行定位。小规模场区控制网，也可选用原控制网中一个点的坐标和一个边的方位进行定位。

(5)建筑物施工控制网，应根据场区控制网进行定位、定向和起算；控制网的坐标轴，应与工程设计所采用的主副轴线一致；建筑物的±0.00 高程面，应根据场区水准点测设。

(6)控制网点，应根据设计总平面图和施工总布置图布设，并满足建筑物施工测设的需要。

2)直接放样方法

(1)高程放样(水准仪、全站仪)。

(2)角度放样(经纬仪、全站仪)。

(3)距离放样(钢尺、全站仪)。

(4)点位放样方法(极坐标法、全站仪坐标法、距离交会法、角度交会法、GPS-RTK 直接坐标法)。

(5)铅垂线放样(全站仪＋弯管目镜法、光学铅垂仪法、激光铅垂仪法)。

3)归化法放样

首先采用直接放样法确定实地标志，再对放样出的实地标志进行精确测量，求出实地标志位置与设计位置的偏差，然后根据偏差将其归化(改正)到设计位置。

4)超高层建筑物垂直度控制

目前，普遍采用的控制形式主要是内控制(又称内控法、内控网)，就是在建筑物的±0.00 面内建立控制网，在控制点竖向相应位置预留竖向传递孔，用仪器在±0.00 面控制点上，通过传递孔将控制点传递到不同高度的楼层。

(1)内控制实施步骤

在内控制中每一个投测段的施工测量实施步骤如下：

①在底层布置矩形或“十”形控制网，并转测至建筑物的±0.00层，复测检核；

②用铅垂仪(或全站仪+弯管目镜，或激光铅垂仪)在±0.00层控制点上作竖向传递，将控制点随施工进度传递到相应楼层；

③采用透明的刻有“十”形的接收靶(有机玻璃)，在玻璃上做上投点标记；

④为了消除仪器的轴系误差，则可以在0°、90°、180°、270°共4个方位投点中取其中点作为最终结果；

⑤当全部投测完成后，再用钢尺或全站仪测量投点间的水平距离作检核。

(2)投点时间的选择

由于超高层建筑物受日照、风力、温差等多种动态因素的影响，建筑物处于偏摆运动状态，投点工作一般选择在夜间、风力小的时段进行。

(3)内控网与首级控制网的联测

在±0.00层采用全站仪布设导线或导线网，但当建筑物施工到一定的高度以后，往往采用静态GPS测量，对内控网进行检测。

(4)建筑物主体工程日周期摆动的测量

测量方法主要有测量机器人自动测量、数字正垂仪自动测量、GPS测量。

5)线路定测放线测量规定

(1)作业前，应收集初测导线或航测外控点的测量成果，并应对初测高程控制点逐一检测。高程检测较差不应超过$30\sqrt{L}$mm[$L$为检测路线长度(km)]。

(2)放线测量应根据图纸上定线线位，采用极坐标法、拨角法、支距法或GPS-RTK法进行。

(3)交点的水平角观测，正交点1测回，副交点2测回；副交点水平角观测的角值较差应不超限：2″级仪器不大于15″，6″级仪器不大于20″。

(4)线路中线测量，应与初测导线、航测外控点或GPS点联测；联测间隔宜为5km，特殊情况下不应大于10km；线路联测闭合差应不超限：一级及以上公路方位角闭合差不大于$30''\sqrt{n}$，相对闭合差不大于1/2000。

6)线路定测中线桩位测量规定

(1)线路中线上，应设立线路起终点桩、千米桩、百米桩、平曲线控制桩、桥梁或隧道轴线控制桩、转点桩和断链桩，并应根据竖曲线的变化适当加桩。

(2)线路中线桩的间距，直线部分不应大于50m，平曲线部分宜为20m；当公路曲线半径为30～60m或缓和曲线长度为30～50m时，其中线桩间距不应大于10m；对于公路曲线半径小于30m、缓和曲线长度小于30m或回头曲线段，中线桩间距均不应大于5m。

(3)中线桩位测量误差，直线段不应超过表3-2的规定，曲线段不应超过表3-3的规定。

**直线段中线桩位测量限差** 表3-2

| 线路名称 | 纵向误差(m) | 横向误差(cm) |
|---|---|---|
| 铁路、一级及以上公路 | $\frac{S}{2000}+0.1$ | 10 |
| 二级及以下公路 | $\frac{S}{1000}+0.1$ | 10 |

注：$S$为转点桩至中线桩的距离(m)。

曲线段中线桩位测量闭合差限差　　表 3-3

| 线路名称 | 纵向相对闭合差(m) | | 横向闭合差(cm) | |
|---|---|---|---|---|
| | 平地 | 山地 | 平地 | 山地 |
| 铁路、一级及以上公路 | 1/2000 | 1/1000 | 10 | 10 |
| 二级及以下公路 | 1/1000 | 1/500 | 10 | 15 |

(4)断链桩应设立在线路的直线段,不得在桥梁、隧道、平曲线、公路立交或铁路车站范围内设立。

(5)中线桩的高程测量,应布设成附合路线,其闭合差不应超过 $50\sqrt{L}$mm[$L$ 为附合路线长度(km)]。

7)建立建筑物施工平面控制网的有关规定

(1)控制点,应选在通视良好、土质坚实、利于长期保存、便于施工放样的地方。

(2)控制网加密的指示桩,宜选在建筑物行列线或主要设备中心线方向上。

(3)主要的控制网点和主要设备中心线端点,应埋设固定标桩。

(4)控制网轴线起始点的定位误差,不应大于 2cm;两建筑物(厂房)间有联动关系时,不应大于 1cm,定位点不得少于 3 个。

(5)水平角观测的测回数,应根据测角中误差的要求来确定。

(6)矩形网的角度闭合差,不应大于测角中误差的 4 倍。

(7)边长测量宜采用电磁波测距的方法,二级网的边长测量也可采用钢尺量距。

(8)矩形网应按平差结果进行实地修正,调整到设计位置;当增设轴线时,可采用现场改点法进行配赋调整;点位修正后,应进行矩形网角度的检测。

8)建筑物高程控制测量的规定

(1)建筑物高程控制,应采用水准测量;附合路线闭合差,不应低于四等水准的要求。

(2)水准点可设置在平面控制网的标桩或外围的固定地物上,也可单独埋设;水准点的个数,不应少于 2 个。

(3)当场地高程控制点距离施工建筑物小于 200m 时,可直接利用。

9)建筑物施工放样应具备的资料

(1)总平面图。

(2)建筑物的设计与说明。

(3)建筑物的轴线平面图。

(4)建筑物的基础平面图。

(5)设备的基础图。

(6)土方的开挖图。

(7)建筑物的结构图。

(8)管网图。

(9)场区控制点坐标、高程及点位分布图。

10)建筑物施工放样的要求

(1)建筑物施工放样、轴线投测和标高传递的偏差,均不得超限。例如,建筑物轴线投测的偏差,每层应小于 3mm;建筑物标高传递的偏差,每层应小于 3mm[具体要求可参看《工程测量规范》(GB 50026—2007)第 8.3.11 条]。

(2)施工层高程的传递，宜采用悬挂钢尺代替水准尺的水准测量方法进行，并应对钢尺读数进行温度、尺长和拉力改正；规模较小的工业建筑或多层民用建筑，宜从两处分别向上传递，规模较大的工业建筑或高层民用建筑，宜从三处分别向上传递；传递的标高较差小于 3mm 时，可取其平均值作为施工层的标高基准，否则应重新传递。

(3)施工层的轴线投测，宜使用 2″级激光经纬仪或激光铅直仪进行；控制轴线投测至施工层后，应对投测轴线进行校核；合格后，才能进行本施工层上的其他测设工作；否则应重新进行投测。

(4)施工的垂直度测量精度，应根据建筑物的高度、施工的精度要求、现场观测条件和垂直度测量设备等综合分析确定，但不应低于轴线竖向投测的精度要求。

(5)大型设备基础浇筑过程中，应及时监测；当发现位置及标高与施工要求不符时，应立即通知施工人员，及时处理。

11)桥梁施工平面控制网的建立

(1)桥梁施工平面控制网，宜布设成自由网，并根据线路测量控制点定位；

(2)控制网可采用 GPS 网、三角形网和导线网等形式；

(3)控制网的边长，宜为主桥轴线长度的 0.5～1.5 倍；

(4)当控制网跨越江河时，每岸不少于 3 点，其中轴线上每岸宜布设 2 点。

12)桥梁施工高程控制网的建立

(1)两岸的水准测量路线，应组成一个统一的水准网；

(2)每岸水准点不应少于 3 个；

(3)跨越江河时，根据需要，可进行跨河水准测量。

13)隧道洞外平面控制网的建立

(1)控制网宜布设成自由网，并根据线路测量的控制点进行定位和定向。

(2)控制网可采用 GPS 网、三角形网或导线网等形式，并沿隧道两洞口的连线方向布设；在进、出口线路中线上布设进、出口点，进、出口再各布设 3 个定向点，进、出口点与相应的定向点之间要通视。

(3)隧道的各个洞口，均应布设 2 个以上且相互通视的控制点。

14)隧道洞内平面控制网的建立

(1)洞内的平面控制网宜采用导线形式，并以洞口投点为起始点沿隧道中线或隧道两侧布设成直伸的长边导线或狭长多环导线。

(2)导线的边长宜近似相等，直线段不宜短于 200m，曲线段不宜短于 70m；导线边距离洞内设施不小于 0.2m。

(3)当双线隧道或其他辅助坑道同时掘进时，应分别布设导线，并通过横洞连成闭合环。

(4)当隧道掘进至导线设计边长的 2～3 倍时，应进行一次导线延伸测量。

(5)对于长距离隧道，可加测一定数量的陀螺经纬仪定向边。

(6)当隧道封闭采用气压施工时，对观测距离必须作相应的气压改正。

15)隧道高程控制测量的有关规定

(1)隧道洞内、外的高程控制测量，宜采用水准测量方法。

(2)隧道两端的洞口水准点、相关洞口水准点(含竖井和平洞口)和必要的洞外水准点,应组成闭合或往返水准路线。

(3)洞内水准测量应往返进行,结合洞内施工特点,每隔200~500m设立一对高程点以便检核。

16)隧道竖井联系测量的方法

(1)作业前,应对联系测量的平面和高程起算点进行检核。

(2)竖井联系测量的平面控制,宜采用光学投点法、激光准直投点法、陀螺经纬仪定向法或联系三角形法;对于开口较大、分层支护开挖的较浅竖井,也可采用导线法(或称竖直导线法)。

(3)竖井联系测量的高程控制,宜采用悬挂钢尺或钢丝导入的水准测量方法。

17)隧道洞内施工测量

(1)隧道的施工中线,宜根据洞内控制点采用极坐标法测设;当掘进距离延伸到1~2个导线边(直线不宜短于200m、曲线部分不宜短于70m)时,导线点应同时延伸并测设新的中线点。

(2)当较短隧道采用中线法测量时,其中线点间距的直线段不宜小于100m,曲线段不宜小于50m。

(3)对于大型掘进机械施工的长距离隧道,宜采用激光指向仪、激光经纬仪或陀螺仪导向,也可采用其他自动导向系统,其方位应定期校核。

(4)隧道衬砌前,应对中线点进行复测检查并根据需要适当加密;加密时,中线点间距不宜大于10m,点位的横向偏差不应大于5mm。

18)隧道的贯通误差

隧道的控制测量的主要作用是保证隧道的正确贯通。隧道的贯通误差分为以下三部分:

(1)贯通误差在线路中线方向上的投影称为纵向贯通误差;

(2)在垂直于中线方向上的投影称为横向贯通误差;

(3)在高程方向上的投影称为高程贯通误差。

### 3.1.4 竣工测量案例分析要点

1)竣工测量的任务

实测建设工程的现状地形图,建筑物的长度、宽度、高度、建筑面积,标注建筑物与规划控制条件地物的距离,标注建筑物与道路红线、规划红线、用地界线等的关系。

2)编绘竣工总图应收集的资料

(1)总平面布置图;

(2)施工设计图;

(3)设计变更文件;

(4)施工检测记录;

(5)竣工测量资料;

(6)其他相关资料。

3)竣工测量的内容

(1)实测1:500地形图。

(2)公建配套设施测量。包括公建配套设施的面积测量、小区绿地面积测量等。

(3)校核建筑物的平面位置、平面尺寸,测量建筑物之间的间距与设计的差值。

(4)测量建筑物的占地面积、建筑面积、层数、室内外高程、层高、总高度等。

(5)核实建筑立面造型、外墙材料等信息,主要以拍照为主。

4)竣工建筑物测量的精度要求

将地物根据其重要性分成三类,包括主要建(构)筑物、次要建(构)筑物、其他地形与地物。竣工建筑物是主要建筑物,其碎部点的测量精度应提高到图根点的精度±5cm(即 1∶500 地形图的图上±0.1mm)。其他地物的测量精度应与验收建筑相同。

5)编制竣工总图的规定

(1)地面建筑物,应按实际竣工位置和形状进行编制。

(2)地下管道及隐蔽工程,应根据回填前的实测坐标和高程记录进行编制。

(3)施工中,应根据施了情况和设计变更文件及时编制。

(4)对实测的变更部分,应按实测资料编制。

(5)当平面布置改变超过图上面积 1/3 时,不宜在原施工图上修改和补充,应重新编制。

6)绘制竣工总图的要求

(1)应绘出地面的建筑物、道路、铁路、地面排水沟渠、树木及绿化地等。

(2)矩形建筑物的外墙角,应注明两个以上点的坐标。

(3)圆形建筑物,应注明中心坐标及接地处半径。

(4)主要建筑物,应注明室内地坪高程。

(5)道路的起终点、交叉点,应注明中心点的坐标和高程;弯道处,应注明交角、半径及交点坐标;路面,应注明宽度及铺装材料。

(6)铁路中心线的起终点、曲线交点,应注明坐标;曲线上,应注明曲线的半径、切线长、曲线长、外矢矩、偏角等曲线元素;铁路的起终点、变坡点及曲线的内轨轨面应注明高程。

(7)当不绘制分类专业图时,给水管道、排水管道、动力管道、工艺管道、电力及通信线路等应在总图上绘制。

7)竣工地形图的内容表示

竣工地形图的内容表示包括建筑物各条边的尺寸,建筑外围与邻近建筑物的平面位置关系,竣工建筑物与用地红线、道路规划红线、电力规划线等规划控制线的尺寸,小区内部主要道路及车库入口宽度尺寸,竣工建筑楼号(名),建筑物一层地坪高程,车库地坪高程、地面高程(其位置、数量等信息应与建筑总平面图一致)等;应标明所有地物的性质、用途,如小区道路、小区绿化、车库入口等。

8)竣工测量成果整理与提交

(1)小区地形图。

(2)建筑物各层平面图和各层尺寸校核图。

(3)建筑物的平面位置校核图、建筑物的剖面图。

(4)竣工测量成果汇总表。

(5)各种计算资料及相关说明等。

## 3.1.5 变形监测案例分析要点

1)变形监测的内容

(1)几何量监测,包括水平位移、垂直位移监测,倾斜、挠度、弯曲、扭转、振动、裂缝等。

(2)物理量的监测,包括应力、应变、温度、气压、水位、渗流、渗压、扬压力等。

2)变形监测的特点

(1)周期性观测;

(2)精度要求高,对不同的任务,变形监测所要求的精度不同;

(3)综合应用各种观测方法;

(4)数据处理要求严密;

(5)需要多学科知识的配合。

3)变形监测方案设计的内容

(1)测量方法和设备的选择;

(2)监测网布设;

(3)测量精度和观测周期的确定。

4)变形监测的方法

(1)常规的大地测量方法:精密高程测量、精密距离测量、角度测量等;

(2)专门测量手段和技术:液体静力水准测量、准直测量、应变测量、倾斜测量等;

(3)空间测量技术:GPS 测量、InSAR 技术;

(4)摄影测量技术;

(5)激光三维扫描技术。

5)变形测量实施的程序与要求

(1)按测定沉降或位移的要求,分别选定测量点,埋设相应标石标志,建立高程控制网、平面控制网。

(2)按确定的观测周期与总次数,对监测网进行观测。新建的大型和重要建筑,应以施工开始进行系统的观测,直至变形达到规定的稳定程度为止。

(3)对各周期观测成果及时处理,并选取与实际变形情况接近或一致的参考系进行严密平差计算和精度评定。对重要的监测成果,进行变形分析,并对变形趋势做出预报。

6)变形监测网的网点布设要求

变形监测网的网点分为基准点、工作基点和变形观测点。其布设应符合下列要求。

(1)基准点,应选在变形影响区域之外稳固可靠的位置。每个工程至少应有 3 个基准点。大型的工程项目,其水平位移基准点应采用带有强制归心装置的观测墩,垂直位移基准点宜采用双金属标或钢管标。

(2)工作基点,应选在比较稳定且方便使用的位置。设立在大型工程施工区域内的水平位移监测工作基点宜采用带有强制归心装置的观测墩,垂直位移监测工作基点可采用钢管标。对通视条件较好的小型工程,可不设立工作基点,在基准点上直接测定变形观测点。

(3)变形观测点,应设立在能反映监测体变形特征的位置或监测断面上,监测断面一般分为关键断面、重要断面和一般断面。需要时，还应埋设一定数量的应力、应变传感器。

7)各期的变形监测应满足的要求

(1)在较短的时间内完成；

(2)采用相同的图形(观测路线)和观测方法；

(3)使用同一仪器和设备；

(4)观测人员相对固定；

(5)记录相关的环境因素，包括荷载、温度、降水、水位等；

(6)采用统一基准处理数据。

8)异常情况处理

每期观测结束后，应及时处理观测数据。当数据处理结果出现下列情况之一时，必须即刻通知建设单位、施工单位和有关管理部门采取相应措施：

(1)变形量达到预警值或接近允许值；

(2)变形量出现异常变化；

(3)建(构)筑物的裂缝或地表的裂缝快速扩大。

9)主体倾斜和挠度观测的规定

(1)可采用监测体顶部及其相应底部变形观测点的相对水平位移值计算主体倾斜。

(2)可采用基础差异沉降推算主体倾斜值和基础的挠度。

(3)重要的直立监测体的挠度观测，可采用正倒垂线法、电垂直梁法。

(4)监测体的主体倾斜率和按差异沉降推算的主体倾斜值，按差异沉降推算的基础相对倾斜值和基础挠度，可按规范规定的公式计算[参看《工程测量规范》(GB 50026—2007)附录 F 和附录 G)]。

10)裂缝观测的要求

当监测体出现裂缝时，应根据需要进行裂缝观测并满足下列要求：

(1)裂缝观测点，应根据裂缝的走向和长度，分别布设在裂缝的最宽处和裂缝的末端。

(2)裂缝观测标志，应跨裂缝牢固安装。标志可选用镶嵌式金属标志、粘贴式金属片标志、钢尺条、坐标格网板或专用量测标志等。

(3)标志安装完成后，应拍摄裂缝观测初期的照片。

(4)裂缝的量测，可采用比例尺、小钢尺、游标卡尺或坐标格网板等工具进行；量测应精确至 0.1mm。

(5)裂缝的观测周期，应根据裂缝变化速度确定。裂缝初期可每半个月观测一次，基本稳定后宜每月观测一次，当发现裂缝加大时应及时增加观测次数，必要时应持续观测。

11)全站仪自动跟踪测量的主要技术要求

(1)测站应设立在基准点或工作基点上，并采用有强制对中装置的观测台或观测墩；测站视野应开阔无遮挡，周围应设立安全警示标志；同时应具有防水、防尘设施。

(2)监测体上的变形观测点宜采用观测棱镜，距离较短时也可采用反射片。

(3)数据通信电缆宜采用光缆或专用数据电缆，并应安全敷设，连接处应采取绝缘和防水措施。

(4)作业前应将自动观测成果与人工测量成果进行比对，确保自动观测成果无误后，方能进行自动监测。

(5)测站和数据终端设备应备有不间断电源。

(6)数据处理软件,应具有观测数据自动检核、超限数据自动处理、不合格数据自动重测,观测目标被遮挡时,可自动延时观测处理和变形数据自动处理、分析、预报和预警等功能。

12)基坑变形监测的规定

(1)基坑变形监测的精度,不宜低于三等。

(2)变形观测点的点位,应根据工程规模、基坑深度、支护结构和支护设计要求合理布设;普通建筑基坑,变形观测点点位宜布设在基坑的顶部周边,点位间距以 10～20m 为宜;较高安全监测要求的基坑,变形观测点点位宜布设在基坑侧壁的顶部和中部;变形比较敏感的部位,应加测关键断面或埋设应力和位移传感器。

(3)水平位移监测可采用极坐标法、交会法等,垂直位移监测可采用水准测量方法、电磁波测距三角高程测量方法等。

(4)基坑变形监测周期,应根据施工进程确定。当开挖速度或降水速度较快引起变形速率较大时,应增加观测次数;当变形量接近预警值或有事故征兆时,应持续观测。

(5)基坑开始开挖至回填结束前或在基坑降水期间,还应对基坑边缘外围 1～2 倍基坑深度范围内或受影响的区域内的建(构)筑物、地下管线、道路、地面等进行变形监测。

13)工业与民用建(构)筑物的水平位移测量

(1)水平位移变形观测点,应布设在建(构)筑物的下列部位:

①建筑物的主要墙角和柱基上;

②建筑沉降缝的顶部和底部;

③布设在建筑裂缝的两边;

④大型构筑物的顶部/中部/下部。

(2)观测标志宜采用反射棱镜、反射片、照准觇牌或变径垂直照准杆。

(3)水平位移观测周期,应根据工程需要和场地的工程地质条件综合确定。

14)工业与民用建(构)筑物的沉降观测

(1)沉降观测点,应布设在建(构)筑物的下列部位:

①建筑物的主要墙角及沿外墙每 10～15m 处或每隔 2～3 根柱基上;

②沉降缝、伸缩缝、新旧建筑物或高低建筑物接壤处的两侧;

③建筑物不同结构分界处的两侧;

④烟囱、水塔等高耸构筑物基础轴线的对称部位,且每一构筑物不得少于 4 个点;

⑤基础底板的四角和中部;

⑥有裂缝时,布设在建筑物裂缝两侧。

(2)沉降观测标志应稳固埋设,高度以高于室内地坪(±0.00 面)0.20～0.50m 为宜。对于建筑立面后期有贴面装饰的建(构)筑物,宜预埋螺栓式活动标志。

(3)高层建筑施工期间的沉降观测周期,应每增加 1～2 层观测 1 次;建筑物封顶后,应每 3 个月观测一次,观测期为一年。如果最后两个观测周期的平均沉降速率小于 0.02mm/d,可以认为整体趋于稳定,如果各点的沉降速率均小于 0.02mm/d,即可终止观测。否则,应继续每 3 个月观测一次,直至建筑物稳定为止。工业厂房或多层民用建筑的沉降观测总次数,不应少于 5 次。竣工后的观测周期,可根据建(构)筑物的稳定情况确定。

15)日照变形观测

当建(构)筑物因日照引起的变形较大或工程需要时,应进行日照变形观测且符合下列规定:

(1)变形观测点,宜设置在监测体受热面不同的高度处。

(2)日照变形的观测时间,宜选在夏季的高温天进行。一般观测项目,可在白天时间段观测,从日出前开始定时观测,至日落后停止。

(3)在每次观测的同时,应测出监测体向阳面与背阳面的温度,并测定即时的风速、风向和日照强度。

(4)观测方法,应根据日照变形的特点、精度要求、变形速率及建(构)筑物的安全性等指标确定,可采用交会法、极坐标法、激光准直法、正倒垂线法等。

16)水坝坝体变形观测点的布设规定

(1)坝体的变形观测点,宜沿坝轴线的平行线布设。点位宜设置在坝顶和其他能反映坝体变形特征的部位;在关键断面、重要断面及一般断面上,应按断面走向相应布点。

(2)混凝土坝每个坝段,应至少设立1个变形观测点;土石坝变形观测点,可均匀布设,点位间距不应超过50m。

(3)有廊道的混凝土坝,可将变形观测点布设在基础廊道和中间廊道内。

(4)水平位移与垂直位移变形观测点,可共用同一桩位。

17)水坝变形监测的周期

(1)坝体施工过程中,应每半个月或每个月观测1次。

(2)坝体竣工初期,应每个月观测1次;基本稳定后,宜每3个月观测1次。

(3)土坝宜在每年汛前、汛后各观测1次。

(4)当出现下列情况之一时,应及时增加观测次数:

①水库首次蓄水或蓄水排空;

②水库达到最高水位或警戒水位;

③水库水位发生骤变;

④位移量显著增大;

⑤对大坝变形影响较大的高低温气象天气;

⑥库区发生地震。

18)隧道变形监测的规定

(1)隧道的变形监测,应对距离开挖面较近的隧道断面、不良地质构造、断层和衬砌结构裂缝较多的隧道断面的变形进行监测。

(2)隧道内的基准点,应埋设在变形区外相对稳定的地方或隧道横洞内。必要时,应设立深层钢管标。

(3)变形观测点应按断面布设。当采用新奥法施工时,其断面间距宜为10～50m,点位应布设在隧道的顶部、底部和两腰,必要时可加密布设,新增设的监测断面宜靠近开挖面。当采用盾构法施工时,监测断面应选择并布设在不良地质构造、断层和衬砌结构裂缝较多的部位。

(4)隧道拱顶下沉和底面回弹,宜采用水准测量方法。

(5)衬砌结构收敛变形,可采用极坐标法测量,也可采用收敛计进行监测。

19)滑坡监测变形观测点位的布设规定

(1)对已明确主滑方向和滑动范围的滑坡，监测网可布设成十字形和方格形，其纵向应沿主滑方向，横向应垂直于主滑方向；对主滑方向和滑动范围不明确的滑坡，监测网宜布设成放射形。

(2)点位应选在地质、地貌的特征点上。

(3)单个滑坡体的变形观测点不宜少于3点。

(4)地表变形观测点，宜采用有强制对中装置的墩标，困难地段也应设立固定照准标志。

20)变形观测数据及其数据处理工作

(1)变形观测数据类型

变形观测的数据可分为以下两种。

①监测网的周期观测数据。每期建筑变形观测结束后，依据测量误差理论和统计检验原理对观测数据进行平差计算和处理，计算各种变形量，进行参考点稳定性检验和周期间的叠合分析，从而得到目标点的位移。

②监测点上某一种特定的形成时间序列的监测数据。如应力、应变、温度、气压、水位、渗流、渗压、扬压力等，对它们进行回归分析、相关分析、时序分析和统计检验，确定变形过程和趋势。

(2)变形观测数据处理工作

①观测资料整理；

②平差计算，计算测点坐标和变形量；

③变形几何分析，分析变形的显著性、规律和成因等；

④变形建模与预报。

21)资料分析的常用方法

(1)作图分析，即将观测资料绘制成各种曲线；

(2)统计分析，即用数理统计方法分析计算各种观测物理量的变化规律；

(3)对比分析，不同环境下的数据对比与分析；

(4)建模分析，常用的数学模型有统计模型、确定性模型、混合模型。

22)监测项目的变形分析

监测项目的变形分析，对于较大规模的或重要的项目，宜包括下列内容；较小规模的项目，至少应包括前三项内容。

(1)观测成果的可靠性；

(2)监测体的累计变形量和两相邻观测周期的相对变形量分析；

(3)相关影响因素(荷载、气象和地质等)的作用分析；

(4)回归分析；

(5)有限元分析。

23)变形监测项目成果整理与提交

(1)变形监测方案技术设计书。

(2)监测点位置分布图、建筑裂缝位置及观测点分布图。

(3)变形监测仪器检验报告。

(4)变形监测成果表。

(5)沉降曲线图、沉降变化速度曲线图(包括地表沉降和建筑物沉降)。

(6)相关影响因素(施工进度、荷载、气象和地质等)的作用分析,有关荷载、施工进度、时间、沉降量相关曲线图。

(7)变形监测总结报告。

### 3.1.6 地下管线探测案例分析要点

1)地下管线图测量的内容

地下管线图测量内容,包括管线线路、管线附属设施和地上相关的主要建(构)筑物等。

2)地下管线的种类

地下管线按其物理特性分为以下三类:

(1)金属管线,由铸铁、钢材构成,如给水管、燃气管、供热管;

(2)电缆,由铜、铝材料构成,如电力电缆、路灯电缆、通信电缆;

(3)非金属管线,由水泥、陶瓷、塑料材料或砖砌,如排水管道、人防通道。

3)地下管线探测的方法

(1)井中调查与开挖样洞相结合的方法;

(2)仪器探测与井中调查相结合的方法,这是目前应用最为广泛的方法。

4)物探方法

物探方法有电磁法、电磁波法(地质雷达)、磁测、地震波法、直流电法和红外辐射法等。其中,电磁法是管线探测工程中最经济有效、最常用和具有较高探测精度的方法;地质雷达(又称探地雷达),可用于探测金属或非金属管道。

5)地下管线探测的流程

(1)踏勘;

(2)方法技术的选择;

(3)管线定位;

(4)点位测量;

(5)资料整理及编制成果图件。

6)地下管线调查方法

(1)对明显管线点,实地调查。

(2)对隐蔽管线点,仪器探查。

(3)对疑难点位,采用开挖方法确定管线的测量点位。

注:对需要建立地下管线信息系统的项目,还应对管线的属性做进一步的调查。

7)管线点测量的精度要求

明显管线点,实地测量。管线点相对于邻近控制点的测量点位中误差不应大于 5cm,测量高程中误差不应大于 2cm。

8)隐蔽管线点探查的精度

隐蔽管线点探查的水平位置偏差 $\Delta S$ 和埋深较差 $\Delta H$,应分别满足式(3-5)、式(3-6)的要求：

$$\Delta S \leqslant 0.10 \times h \tag{3-5}$$

$$\Delta H \leqslant 0.15 \times h \tag{3-6}$$

式中：$h$——管线埋深(cm)，当 $h$<100cm 时，按 100cm 计。

9)对隐蔽管线探查的规定

(1)探查作业，应按仪器的操作规定进行。

(2)作业前，应在测区的明显管线点上进行比对，确定探查仪器的修正参数。

(3)对于探查有困难或无法核实的疑难管线点，应进行开挖验证。

(4)对隐蔽管线点探查结果，应采用重复探查和开挖验证的方法进行质量检验，并分别满足下列要求：

①重复探查的点位应随机抽取，点数不宜少于探查点总数的 5%，计算平面位置中误差 $m_H$ 和埋深中误差 $m_V$，应不超限。

②开挖验证的点位应随机抽取，点数不宜少于隐蔽管线点总数的 1%，且不应少于 3 个点；所有点的平面位置误差和埋深误差，应不超限。

10)地下管线信息系统应具有的基本功能

(1)地下管线图数据库的建库、数据库管理和数据交换；

(2)管线数据和属性数据的输入和编辑；

(3)管线数据的检查、更新和维护；

(4)管线系统的检索查询、统计分析、量算定位和三维观察；

(5)用户权限的控制；

(6)网络系统的安全监测与安全维护；

(7)数据、图表和图形的输出；

(8)系统的扩展功能。

11)建立地下管线信息系统的内容

(1)地下管线图库和地下管线空间信息数据库；

(2)地下管线属性信息数据库；

(3)数据库管理子系统；

(4)管线信息分析处理子系统；

(5)扩展功能管理子系统。

### 3.1.7 精密工程测量案例分析要点

1)精密工程测量的特点

(1)精度高，测量精度要求达到 mm 级或相对精度优于 $10^{-5}$。

(2)从测量方案设计、实地施测到成果处理和利用的各个阶段中都要利用误差理论进行分析。

(3)常需设计和制造一些专用的仪器和工具。计量、激光、电子计算机、摄影测量、电子测量技术及自动化技术等也已应用于精密工程测量工作中。

2)高速铁路测量控制网的有关规定

(1)在平面控制测量工作开展之前,应首先采用 GPS 测量方法建立高速铁路框架控制网(CP0)。

(2)高速铁路工程测量平面控制网应在框架控制网(CP0)的基础上分三级布设:第一级为基础平面控制网(CPⅠ),主要为勘测、施工、运营维护提供坐标基准;第二级为线路平面控制网(CPⅡ),主要为勘测和施工提供控制基准;第三级为轨道控制网(CPⅢ),主要为轨道铺设和运营维护提供控制基准。

(3)高速铁路工程测量高程控制网分两级布设:第一级线路水准基点控制网,为高速铁路工程勘测设计、施工提供高程基准;第二级轨道控制网(CPⅢ),为高速铁路轨道施工、维护提供高程基准。

3)高速铁路 CPⅡ控制网(线路平面控制网)采用导线测量时应满足的要求

(1)导线应起闭于 CPⅠ控制点;导线附合长度 2km 以上时,应采用导线网方式布网,导线网的边数以 4～6 条为宜。

(2)水平角观测宜采用方向观测法,且应满足:0.5″级全站仪 4 测回,1.0″级全站仪 6 测回;测角中误差 1.8″;方位角闭合差 $3.6''\sqrt{n}$($n$ 为测站数)。

(3)边长测量应满足:测距相对中误差 1/150000;导线全长相对闭合差 1/55000。

(4)导线成果计算应在方位角闭合差及导线全长相对闭合差满足要求后,采用严密平差方法计算。

4)高速铁路 CPⅢ控制网(轨道控制网)平面测量要求

(1)CPⅢ平面网测量应采用自由测站边角交会法施测。

(2)CPⅢ平面网测量应在线下工程竣工并通过沉降变形评估后施测;CPⅢ测量前应对全线的 CPⅠ、CPⅡ控制网进行复测,并采用复测后合格的 CPⅠ、CPⅡ成果进行 CPⅢ控制网测设。

(3)CPⅢ平面网应附合于 CPⅠ、CPⅡ控制点上,每 600m 左右(400～800m)应联测一个 CPⅠ或 CPⅡ控制点,自由测站至 CPⅠ、CPⅡ控制点的距离不宜大于 300m;当 CPⅡ点位密度和位置不满足 CPⅢ联测要求时,应按同精度内插方式增设 CPⅡ控制点。

(4)CPⅢ点应设置强制对中标志,标志连接件的加工误差不应大于 0.05mm。

(5)CPⅢ平面网的测量仪器设备应使用具有自动目标搜索、自动照准、自动观测、自动记录功能的全站仪,其标称精度应满足:方向测量中误差不大于 1″,测距中误差不大于 $1\text{mm}+2\text{ppm}\times D$。

(6)观测前须按要求对全站仪进行检校,作业期间仪器须在有效检定期内。

(7)CPⅢ控制点号和自由测站的编号应唯一且便于查找。

(8)CPⅢ平面网观测的自由测站间距一般约为 120m,自由测站到 CPⅢ点的最远观测距离不应大于 180m;每个 CPⅢ点至少应保证有 3 个自由测站的方向和距离观测量。

5)高速铁路平面控制测量的成果与提交

(1)技术设计书;

(2)外业测量观测手簿;

(3)测量平差计算表;

(4)CP0、CPⅠ、CPⅡ点之记；

(5)控制点成果表；

(6)控制网联测示意图；

(7)测量技术总结报告。

6)高速铁路 CPⅢ控制网(轨道控制网)水准测量要求

(1)CPⅢ控制网水准测量应附合于线路水准基点，按精密水准测量技术要求施测，水准路线附合长度不得大于 3km。

(2)CPⅢ控制网水准测量可按矩形环单程水准网或往返测水准路线构网观测；CPⅢ水准网与线路水准基点联测时，应按精密水准测量要求进行往返观测。

(3)CPⅢ控制网水准测量应对相邻 4 个 CPⅢ点所构成的水准闭合环进行环闭合差检核，相邻 CPⅢ点的水准环闭合差不得大于 1mm。

(4)区段之间衔接时，前后区段独立平差重叠点高程差值应≤±3mm；满足该条件后，后一区段 CPⅢ网平差，应采用本区段联测的线路水准基点及重叠段前一区段连续 1～2 对 CPⅢ点高程成果进行约束平差。

(5)相邻 CPⅢ高差中误差不应大于±0.5mm。

7)高速铁路高程控制测量的成果与提交

(1)技术设计书；

(2)外业观测手簿及仪器鉴定证书；

(3)外业高差各项改正数计算资料；

(4)测量平差计算表；

(5)高程成果表；

(6)水准点点之记；

(7)水准路线联测示意图；

(8)技术总结报告。

## 3.2 工程测量案例分析例题

### 3.2.1 地形图测绘

1)工程概况

××省××县总面积 1985km²，辖××街道办事处 1 个，乡(镇)11 个，散落的村庄 118 个，以前的村镇规划所用的地形图都是指北针加小平板测绘，精度差，已不能适应当前的需要。新一轮的村镇规划就是要按照上级的部署，要高起点、高要求建设现代化新农村。测区位于××省中部偏北。测区内大部分为村镇密集居民区。测区地形以低山丘陵为主，年平均气温 18.5℃，年均降水量在 1700mm 左右。测区内有铁路、国道和省道，交通尚属方便。

2)测量项目目标

(1)利用 C 级 GPS 控制网点 0014、0036、077$P$、078$P$，在所测量的村镇建立 D 级 GPS 控制网。

(2)按先乡(镇),后村庄,急用先测的原则完成地形测量。

(3)采用全站仪测图方法,地形图比例尺为1∶500。

(4)争取"十二五"前期完成各乡、镇所在地及部分村庄地形图。

(5)力争"十二五"后期全面完成新农村地形测量工作,做到"一县一图,一乡一图,村村有图"。

3)已有资料的利用

(1)总参测绘局测制的1∶5万地形图;

(2)××省测绘局测制的1∶1万地形图;

(3)××测绘院测绘的1∶1000地形图(指北针加小平板测绘方法);

(4)C级GPS控制网点0014、0036、077*P*、078*P*平面坐标成果(成果属1980西安坐标系,高斯—克吕格投影3°带坐标,中央子午线为117°);

(5)C级GPS控制网点0037、077*P*高程成果(成果属1985国家高程基准)。

4)作业依据

(1)《全球定位系统(GPS)测量规范》(GB/T 18314—2009);

(2)《工程测量规范》(GB 50026—2007);

(3)《国家比例尺地图图式　第1部分:1∶500 1∶1000 1∶2000地形图图式》(GB/T 20257.1—2007);

(4)《1∶500 1∶1000 1∶2000外业数字测图技术规程》(GB/T 14912—2005)。

5)问题

(1)简述地形图的基本内容。

(2)简述大比例尺地形图的作业流程。

(3)全站仪测图的仪器安置及测站检核要求。

### 3.2.2 施工控制网建立

1)工程概述

××核电二期工程是中国自行设计建造的大型商用压水堆核电项目,是国家重点工程。总装机容量2×600MW,包括核岛、常规岛及BOP三部分,工程总占地面积365km²,总建筑面积175603m²。其厂址位于××省××县城西南约10km的××镇。在施工控制网建立前夕,现场土石方开挖及场地平整已完成,通视条件较好。厂区周边地带可供使用的测量控制点共有4个,为前期勘察时建立,点号分别为Ⅲ-15,Ⅲ-17,Ⅲ-19和Ⅲ-20。现有的控制点虽基本上覆盖了施工厂区,但相互间距离太远,精度较低,数量也无法满足施工需要。因此,为保证工程建设需要,厂区应及时建立二期施工测量控制网。

2)施工控制网的布设要求

二期施工控制网采用三等平面控制网,高程控制网采用二等水准测量方法。建成后的二期施工控制网应同时满足以下条件:

(1)控制点的点位布置合理,其精度及数量应满足工程建设的需要。

(2)控制点间应保持良好的通视条件,每一控制点应有两个以上控制点与之相互通视。

(3)控制点应稳定可靠,施工期内不发生自身的位移、沉降变形。

(4)为方便施工，施工控制网一般采用独立坐标系和自由边角网，以保证控制网的相对定位精度。

3)平面控制网观测方案选择

(1)平面控制网网形

为便于工程建筑的安装施工，二期施工控制网采用独立工程坐标系。为保证控制网的相对精度，控制网采用自由边角网，其网形如图3-2所示。其中，起算点C1由原首级网的Ⅲ-17、Ⅲ-19、Ⅲ-20三点(成果为1980西安坐标系)，通过三角形插点的方法确定，同时以C1为测站点，与首级网联测C1—C10的方位角，作为控制网的起算方位角。

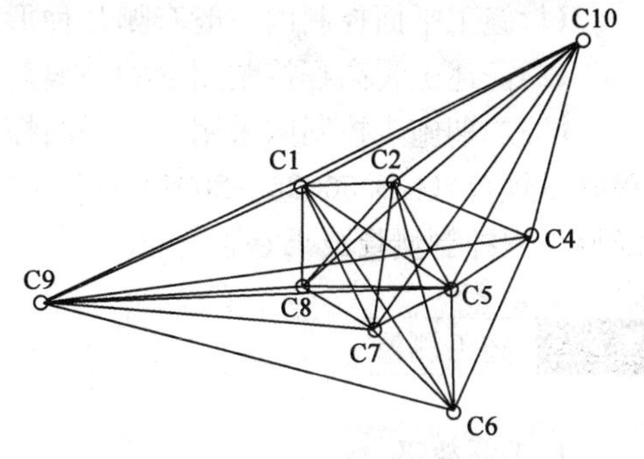


图3-2　控制网点位的平面布置示意图

(2)平面控制网观测仪器的选用

从施工控制网的精度确定可以看到，由于控制网的测角及测边精度要求都很高，观测难度较大，同时考虑到在工程建设中，还要依据施工控制网建立精度更高的安装基准点及进行局部高精度的施工放样工作，因此本工程选用了精度相对较高的TCA 2003全站仪，其测角精度为0.5″，测距标称精度为1mm＋1ppm×$D$。

(3)控制网观测测回数的确定

二期工程施工控制网角度观测测回数是根据实际采用的仪器精度、现场控制点布设特点，以及角度和边长测量应达到的精度，并参考《工程测量规范》(GB 50026—2007)中二、三等三角测量测角中误差及测回数确定原则确定的。本施工控制网角度及边长观测测回数均定为6测回，其中边长观测要进行往返观测。

4)高程控制网的布设与精度确定

与平面控制点相比，高程控制点具有相对独立性。二期工程高程控制网以远离施工区的原首级控制点Ⅳ27号点为起算点(成果为1985国家高程基准)，布设一条二等闭合水准路线，以保证安装施工及厂区变形观测的精度要求。测量仪器采用WILDN3＋线条式因瓦合金水准尺。按《工程测量规范》(GB 50026—2007)中二等水准测量规定实施，进行分段往返观测。

5)平面控制网的外业观测及平差结果

二期施工控制网共计观测了77个三角形，最大闭合差－5.51″，最小0.02″，平均闭合差1.78″，按菲列罗公式计算的三角形测角中误差$m_\beta$＝±1.3″。测距边共计32条，测距中误差$m_d$＝0.73mm，最弱边边长相对中误差为1/134000。

在控制网各外业观测完毕，且观测值满足各项观测限差后，即可进行控制网平差计算。平差结果:测角中误差$m_\beta$＝1.09″，测距中误差$m_s$＝0.96mm，最大点位中误差$m_p$＝1.5mm，最小点位中误差$m_p$＝0.5mm，平均点位中误差$m_p$＝0.8mm。

6)高程控制网外业观测及平差结果

与平面控制网相比，高程控制网外业观测及数据处理较为简单。高程控制网外业观测共分9段，往返测最大较差－1.01mm，最小较差为0mm，往返测平均较差为0.31mm。线路C1—C8—C5—C4—C3—C2—C1闭合差为0.38mm(线路长1.2km)，每公里高差中数偶然中误差$m$＝±0.46mm。

7)问题

(1)施工平面控制网一般有哪几种形式?简述工程控制测量平面控制网的布设原则。

(2)简述工程高程控制测量的一般规定。

(3)二期施工控制网采用三等平面控制网,高程控制网采用二等水准测量方法,请列出《工程测量规范》(GB 50026—2007)三等三角形网测量限差要求和二等水准测量限差要求,并判断该工程控制测量成果是否合格。

### 3.2.3 施工测量

1)工程概况

××新城3号地块1号楼,包括地下2层、主体32层,建筑总高度101.60m,地下2层面积3012m$^2$,地上32层面积46080m$^2$,总建筑面积约49092m$^2$。结构形式为高层剪力墙、框架结构。±0.00标高相当于黄海高程标高26.5m。

××建筑工程有限公司通过竞标获得该项目的建设权,为了保证工程的质量,业主方委托某甲级测绘单位对该项目进行第三方检测。

2)检测工作内容

检测工作内容包括平面控制网建立、建筑物施工放样测量、工程高程控制测量、建筑物垂直度控制(内控制)、建筑物主体工程沉降监测、建筑物主体工程日周期摆动。

3)问题

(1)简述建筑物高程控制测量的规定。

(2)建筑物施工放样应具备哪些资料?

(3)超高层建筑物垂直度控制形式主要是内控制,请简述内控制实施步骤。

(4)建筑物主体工程日周期摆动测量有哪些方法?

### 3.2.4 隧道施工变形监测

1)工程概况

××地铁一期工程南北线(玄武门站至许府巷站)区间圆形隧道(左、右线)与××公路隧道在新模范马路与中央路的丁字路口立体交叉,××公路隧道从地铁区间隧道的上方穿越,并先于地铁盾构隧道施工。××公路隧道在城墙西段采用明挖顺作法施工,围护结构采用SMW工法,主体结构在与地铁隧道相交段为钢筋混凝土箱体结构。主体结构底板为850mm厚钢筋混凝土,垫层为200mm厚素混凝土,并沿××公路隧道纵向设抗拔桩。

地铁第一台盾构机第一次从许府巷站南端头左线出发向玄武湖站方向掘进,并于同年10月中旬反向从地铁右线再次穿过××公路隧道。在立体交叉段,地铁盾构与××公路隧道的净间距约为1~2m。由北向南,地铁隧道左线与××公路隧道净间距为1.053~1.760m,右线与××公路隧道净间距仅为1.004~1.711m。在××公路隧道和地铁盾构隧道交叉段,两者之间的最小净距仅为1.004m,最大净距也不过1.760m。当该段××公路隧道建好后,地铁盾构从××公路隧道下面穿过,将会扰动周围土体,××公路隧道底板的地基反力会有变化,从而影响××公路隧道主体结构受力,可能会产生不利的后果。根据××公路隧道建设指挥部要求,需在地铁盾构穿过××公路隧道时,实时监测地铁盾构施工对××公路隧道的影响,从而指导施工,做到信息化施工。

2)监测项目

(1)地表沉降监测;

(2)××公路隧道底板沉降。

3)监测方法

(1)地表沉降监测

①监测目的。

掌握盾构推进时地表沉降规律,盾构推进对地表和地面周围环境的影响程度和影响范围,以指导施工和确保施工安全。

②测点布设。

距××公路隧道结构边线30m范围(重点监控地段)、金川河地段沿盾构隧道轴线纵向每隔10m布设一个地表测点,其余地段每隔20m布设一个监测点(有房屋地段在空地处布设)。同时,在盾构隧道两侧(约17m)范围内布设地表横向沉陷槽测点,沿××公路隧道中线和金川河边各布设一组。测点埋设主要为工作基点与测点的埋设。工作基点埋设在沉降影响范围以外的稳定区域,并在视野开阔的地方,以利于观测,至少埋设2个工作基点,以便于工作基点互相检核,并且工作基点应与附近水准点联测取得原始高程。

(2)××公路隧道底板监测

①监测目的。

通过实时监测,掌握盾构推进××公路隧道底板的沉降和隆起情况,以指导施工和保证施工安全。监测要求为:当地铁盾构掘进距××公路隧道结构线50m范围内时,实时监测××公路隧道底板下地基反力和土体位移、底板面位移及底板应力变化情况。控制的标准为:隆起值为10mm,允许沉降值为30mm。以控制标准的70%作为预警值。

②监测点布设。

工作基点布设:工作基点是沉降和隆起测试的基础,本次测试共埋设3个工作基点,距离地铁盾构左线中线50m以外。其中,BM0为隧道施工的水准点,与BM1、BM2一起构成首级控制网并提供原始高程。工作基点和观测点的埋设均采用在隧道底板钻孔,然后埋入直径16~18mm、长100~200mm的膨胀螺栓或半圆头钢筋制成。

本次沉降和隆起观测的观测点重点布设在××公路隧道底板上。在隧道的南、北线上分别布设三个断面,断面号从北到南分别为NⅠ、NⅡ、NⅢ和SⅠ、SⅡ、SⅢ,每个断面上从西到东的观测点分别用1~13表示。各个断面上的点布设在以地铁盾构为中心的两侧。观测点布设总数为13×6=78个点。

4)问题

(1)简述变形监测工作的特点。

(2)简述变形监测网的网点布设要求。

(3)变形观测数据可分为哪几种?简述变形观测数据处理工作内容。

### 3.2.5 竣工测量

1)工程概述

××房地产开发公司,计划在××市××规划小区拟建4栋6层住宅楼,楼号为9号、10

号、11号、12号。拟建工程位于××以东，××以北，两者交叉口东北。××公司承担了住宅楼的岩土工程勘察任务。

场地地形基本平坦，最高地面高程38.24m，最低地面高程36.90m，平均地面高程37.45m。该区地貌形态单一，为山前冲洪积平原。根据野外钻探资料，勘探深度范围内岩土层主要为第四系全新统地层和白垩系王氏群泥质砂岩层。根据其成因类型、岩性特征及物理力学性质，将场区地基土范围内岩土层自上而下分为6主层和2亚层。在勘察深度范围内地下水有两层。其中第一层含水层为第③$_1$层粉质黏土，地下水类型系上层滞水，主要补给来源是依靠大气降水，排泄以蒸发为主；第二层主要含水层为第⑤层粗砾砂，地下水类型属第四系孔隙微承压水，勘察期间实测稳定水位标高在35.07～35.80m之间。主要补给来源是邻区补给，排泄以地下径流为主。据调查，第二层地下水水位年变化幅在2.0m左右。由于水位高于基础，设计和施工时应考虑地下水的影响，采取必要的措施。上层滞水随季节变化较大，水位不一，建议施工期间注意处理。

通过招标，××测绘单位承担了该建筑工地的测绘任务。

2)测量工作

测量的主要工作有以下内容：

(1)施工平面控制测量；

(2)施工高程控制测量；

(3)建筑物放样测量；

(4)竣工测量。

3)问题

(1)简述建立建筑物施工平面控制网的有关规定。

(2)编绘竣工总图应收集哪些资料？

(3)简述竣工建筑物测量的精度要求。

(4)简述竣工测量成果整理与提交的内容。

### 3.2.6 建筑物变形监测

1)工程概述

××站—××站区段盾构施工属于××地铁×号线一期工程，由一条盾构区间和两座车站组成。区间盾构隧道左、右线长度分别为2135m和2121m。区间盾构和车站采取平行施工。区间安排两台盾构机，从盾构始发井始发，向南掘进。本次始发两台盾构机将先后间隔100m，左线先行。

右线在里程K16+254.21m处将旁边一栋12层高的建筑物，即南小街8号居民楼。由于此楼使用时间较长，楼体多处有拉裂现象，存在安全隐患。因此，在盾构穿越期间要对其进行变形监测，以确保安全。

2)工程地质条件

南小街8号居民楼地面标高约38.8m，其地层(工程勘探结果)自上而下依次为：

(1)粉土填土①层，杂填土①$_1$层；层厚1.8～5.3m。

(2)粉土③层，粉质黏土③$_1$层；层厚3.6～7.4m。

(3)粉质黏土⑥层，粉土$⑥_2$层，中粗砂$⑦_1$层，粉细砂$⑦_2$层；层厚7.0～14.5m。

(4)粉质黏土⑧层，卵石圆砾⑦层，中粗砂$⑨_1$层，黏土$⑩_1$层；层厚10m～11.7m。

3)监测项目

(1)地表沉降监测

在北小街8号楼前—南小街8号楼(从K16＋000～K16＋450范围内)沿每条盾构隧道中线，每隔5m布设一个地面沉降测点。每隔25m布设一个小断面，每个断面布设5个点；每隔50m布设一个大断面，每个大断面布设10个点。

(2)建筑物沉降监测

根据设计资料，在南小街8号居民楼和北小街8号居民楼上各布设6个建筑物沉降点。在南小街8号居民楼的附近再增加布设地面沉降点12个。

4)监测实施方案

(1)监测仪器：电子水准仪DL-101C、铟钢条形码尺，仪器标称精度为±0.4mm/km。

(2)监测实施方法。

①基点布设：在远离施工区相对稳定区域布设水准基点4个，在靠近施工区域布设工作基点6个。水准基点与工作基点构成闭合水准环线进行联测，严密平差取得基准点高程成果。

②地表沉降测点埋设：在开挖前15天用冲击钻在地表路面钻孔，要求穿透混凝土路面，然后根据路面混凝土层厚度打入长10～40cm、直径16mm钢筋测点(在较坚硬的地面可选用膨胀螺栓)，并用水泥砂浆回填密实，在穿过混凝土路面层部分使用套管隔离，保证钢筋与下部土体固结而与上部路面分离，在不影响交通的情况下测点可高出地面2～5mm。测点周围用红油漆做标记，并用红油漆编号做出测点标志。

③建筑物沉降测点埋设：用冲击钻在建筑物的基础或墙上钻孔，然后放入直径20～30mm，长200～300mm的半圆头弯曲钢筋，四周用水泥砂浆填实。测点的埋设高度应方便观测，对测点应采取保护措施，避免在施工过程中受到破坏。周围用红油漆做标记，并用红油漆编号做出观测标志。

④测量方法：采用精密水准测量方法。观测时各项限差应严格控制在规定额度之内，对不在水准路线上的观测点，一个测站不宜超过3个，超过时应重读后视点读数，以作核对。首次观测应对测点进行连续3次观测，3次高程之差应小于±0.5mm，取平均值作为初始值。

⑤监测频率：当开挖面与量测面距离＜$2B$时($B$为隧道宽度)，1次/天；当开挖面与量测面距离＜$5B$时，1次/2天；当开挖面与量测面距离＞$5B$时，1次/周。

5)拟提交成果清单

(1)地表沉降变化曲线图、沉降变化速度曲线图。

(2)建筑物沉降变化曲线图、沉降变化速度曲线图。

6)问题

(1)变形监测包括几何量监测和物理量监测，简述几何量监测的内容。

(2)简述变形监测方案设计的内容。

(3)各期的变形监测应满足哪些要求？

(4)本工程拟提交成果清单是否齐全？如不齐全，请补充完善。

### 3.2.7 地下管线测量

1)工程概况

随着城市的进一步发展,××市的地下管线越来越多。由于历史原因,早期的地下管线没有管线图,在城市建设过程中,很容易遭到破坏。为了摸清管线的分布情况,建立全市的地下管线信息系统,为规划、建设、管理部门提供信息,决定开展全市的地下管线测量工作。某甲级测绘单位通过竞标获准承接该项目的测量工作。

2)测量工作内容

测量的主要工作内容,包括地下管线调查、地下管线测绘、建立地下管线信息管理系统。

3)问题

(1)简述地下管线图测量的内容。

(2)对于地下隐蔽管线点,其探查的精度有何要求?

(3)简述对隐蔽管线探查的有关规定。

(4)建立地下管线信息系统的内容有哪些?

### 3.2.8 贯通工程测量

1)工程概况

××矿井田位于××中部黄土高原区,地形为低山丘陵或沙滩,海拔1680~1900m;区内河流无常年性流水,沙河及冲沟有季节性流水。矿区地势东北高、西南低。气候特征为大陆性干旱气候。全区均被第四系黄土覆盖,地形起伏较大,以黄土丘陵居多。区内有专用铁路和公路分别与××铁路和××国道连接,交通便利。

该矿是1972年建成投产,设计能力21万t/年,矿井曾连续三年产量达30万t/年。由于超生产能力服务和小窑破坏,使老采区资源枯竭。为了矿井接续,经原矿务局研究决定,对××矿实施深部接替改造设计。为此需将三矿主井筒继续延伸,使之与××矿三采区轨道上山贯通,从而解决矿井延伸后的总回风、提升等问题。该贯通测量工程属一矿副井与三矿主井两井间贯通,属重要贯通工程。两主井井口相距2100m,井下导线长度约2700m。

2)作业依据

(1)《全球定位系统(GPS)测量规范》(GB/T 18314—2009)。

(2)《工程测量规范》(GB 50026—2007)。

3)已有资料利用

本设计所采用的起始数据为1968年××地质局测量六队的三角点成果和1997年9月××公司地质队提交的三角点成果联测到井下的导线点成果资料,属1954年北京坐标系,1956年黄海高程系。经对已知点进行检查核实,起始资料正确可靠。

4)仪器设备

(1)SET22D防爆智能全站仪,技术指标:

测距精度:±(2mm+2ppm×$D$)

测角精度：±2″

测程：井下大于500m，地面2400m（一块棱镜）

（2）HD8200E型GPS接收机，技术指标：

平面定位精度：静态测量±（5mm＋1ppm×$D$）

高程精度：静态测量±（10mm＋2ppm×$D$）

（3）陀螺经纬仪，在洞内导线测量中加测陀螺定向边是提高贯通测量精度的一项重要措施。

（4）S3型水准仪，高程测量。

5）地面平面控制测量

鉴于GPS测量具有精度高、施测简便的特点，本设计采用GPS网建立地面独立平面控制，并与矿区原有控制点进行联测。为此按照《工程测量规范》（GB 50026—2007）中四等GPS测量要求施测。

（1）布网原则：GPS网应根据测区实际需要和交通状况进行设计；GPS网的点与点之间不要求通视，但应考虑其应用，每点应有一个以上的通视方向。

（2）点位选择：点位的选择应符合《全球定位系统（GPS）测量规范》（GB/T 18314—2009）要求，并有利于其他测量手段进行扩展与联测；点位的基础应坚实稳定，易于长期保存，并有利于安全作业；点位应便于安置接收设备和操作，视野应开阔。点位应远离大功率无线电发射源，并应远离高压输电线（距离大于50m），点位周围不应有强烈干扰卫星信号的物体，并避开大面积水域，不宜选在山坡、山谷和盆地中，以防止多路径效应。

（3）观测方法及要求：用广州中海达HD8200E型GPS接收机三台套，以静态定位法施测GPS控制网。新购置GPS接收机应按规定进行全面检验，合格后方可参加作业。

（4）数据处理：数据后处理用HD8200E随机软件HDS2003进行。

6）地面高程控制测量

两井间的地面高程控制测量按三等水准测量规定进行。采用S3型水准仪，配以区格式水准尺，独立施测两次，取两次测得的高程平均值作为最终值，以求得水准点和井口水准基点的标高。

7）洞内控制测量

（1）洞内平面控制测量，采用导线测量方法，采用全站仪施测，用陀螺经纬仪加测陀螺定向边。

（2）洞内高程控制测量，采用S3型水准仪，按四等水准测量规定进行。

8）贯通工程测量技术总结

技术总结编写提要如下：

（1）贯通工程略图。

（2）贯通工程概况：贯通巷道的用途、长度、施工方式、施工日期及施工单位。

（3）测量工作情况：参加测量的单位、人员，完成的测量工作量及完成日期。

（4）地面控制测量情况：GPS控制网的施测时间、单位，观测方法和精度要求，观测成果的精度评定，联测GPS近井网时所用三角点的精度，点位的完好情况等。

（5）井下测量情况：贯通导线施测情况及实测精度的评定，高程测量的施测情况及实测精度的评定。

（6）贯通精度情况：贯通工程的允许偏差值，贯通实际偏差值。

（7）应附全部贯通测量资料明细表及附图。

9)问题

(1)简述建立隧道洞外平面控制网的有关规定。

(2)简述建立隧道洞内平面控制网的有关规定。

(3)简述隧道高程控制测量的有关规定。

(4)隧道的贯通误差分为哪几个部分?

## 3.2.9 滑坡变形监测

1)滑坡体介绍

××滑坡体位于长江左岸,前缘高程 139m,后缘高程 400m,滑坡面积约 30 万 $m^2$。1954 年该滑坡临江地带 200m 高程以下部分曾崩滑入江,之后每遇特大暴雨即有崩滑迹象。2002 年以来,滑体 300~400m 高程地段出现多条横向裂缝,最长约 100m,40 余户农户被迫于 2003 年 7 月搬出。

2)滑坡 GPS 监测网布设

GPS 监测网由基准网和变形网构成。首级网为监测系统的基准网,二级网由滑坡监测点组成。在基准网控制下,比较滑坡监测点各期观测量与首期观测值的坐标差值,即可判断滑坡稳定性。

滑坡监测点根据滑坡体特点来选择,这些点要能反映滑坡体整体变形方向和变形量,又要能反映滑坡体范围变形速率。同时,每个点还要考虑接收卫星信号情况,测点上空不要有大面积遮挡物。为此,根据对现场条件的野外勘察,按照布网原则布设了如图 3-3 所示的 GPS 变形监测网。其中,ZG101~ZG102 为布设在该滑坡体以外稳定基岩上的基准点,ZG201~ZG206 为布设在本滑坡体外上的 6 个监测点。各点之间的平均距离为 280.3m,最长距离为 558.562m,最短距离为 46.285m。基准点和监测点上都埋设了观测墩,并配有强制对中装置。

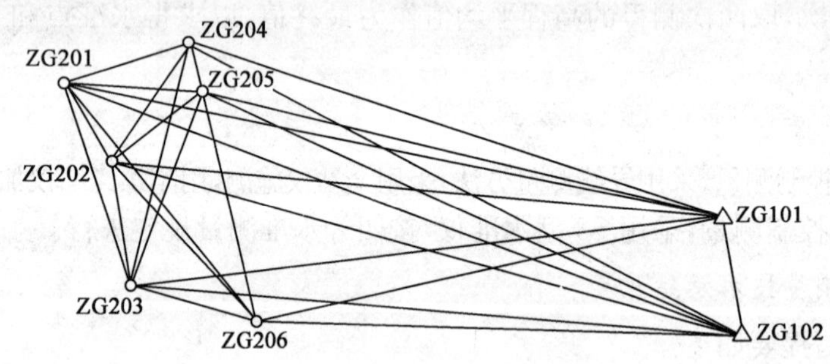


图 3-3 GPS 变形监测网示意图

3)数据采集与数据处理

在对该滑坡进行监测过程中,分别在 2008 年 9 月和 2008 年 11 月对其进行了两期监测。外业观测的仪器:基准点用 2 台双频 GPS 接收机,监测点用 6 台单频 GPS 接收机。观测方法:采用静态相对定位的方法进行野外数据采集,数据采样率为 15s。观测时,基准点上观测 3 个时段,每时段 4h;监测点上连续观测 2h。

观测完毕后,利用随机软件进行解算。数据的解算包括闭合环的检验和 GPS 网平差等。本监测网两期观测数据经约束平差后的各项精度指标都能达到预期目标,在精度、可靠性和置信度三个方面均达到了预期的设计要求。

4)监测结果分析

得到滑坡监测点两期观测坐标后,可得到该滑坡两期变形信息,统计结果如表 3-4 所示。从表 3-4 中数据可以看出:该滑坡的 6 个监测点均发生了不同程度的变形,其中变形最大的位移点为 ZG202(d$x$=－18mm,d$y$=7mm)。同时,由图 3-4 可以看出该滑坡 6 个监测点的变形方向基本一致(与长江水流方向垂直),有向南滑动的趋势。

**点位位移统计表**(单位:mm)　表 3-4

| 点　名 | d$x$ | d$y$ |
|---|---|---|
| ZG101 | 0 | 0 |
| ZG102 | 0 | 0 |
| ZG201 | －18 | 4 |
| ZG202 | －18 | 7 |
| ZG203 | －15 | 8 |
| ZG204 | －15 | 4 |
| ZG205 | －18 | 1 |
| ZG206 | －13 | 5 |

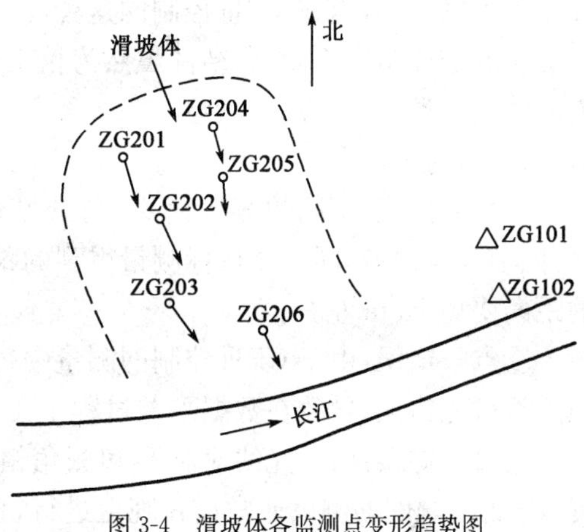

图 3-4　滑坡体各监测点变形趋势图

5)问题

(1)变形监测有哪些方法?

(2)简述滑坡监测变形观测点位的布设规定。

(3)变形观测资料分析的常用方法有哪些?

(4)出现何种异常情况应即刻通知建设单位、施工单位和有关管理部门?

## 3.2.10 精密工程施工测量

1)高速铁路 CPⅢ控制网

对于采用高速铁路设计的城际铁路而言,CPⅢ控制网测量精度的程度直接决定着铁路运行的时效性、舒适度及平稳度,因此对 CPⅢ控制网的测量精度要求很高。而影响高速铁路 CPⅢ控制网测设精度的环节较多,由于要求精度高,任何一个环节出现微小的问题,都可能导致测量成果不合格。在这种情况下,需要认真分析确定误差的来源,从而可以提高测量成果的精度和可靠性,而且可以减少不必要的返工,提高工作效率与效益。

2)误差来源分析

高速铁路 CPⅢ控制网是通过全站仪自由设站后方交会的方式进行测量。例如,××客运专线,其 CPⅢ自由设站如图 3-5 所示。

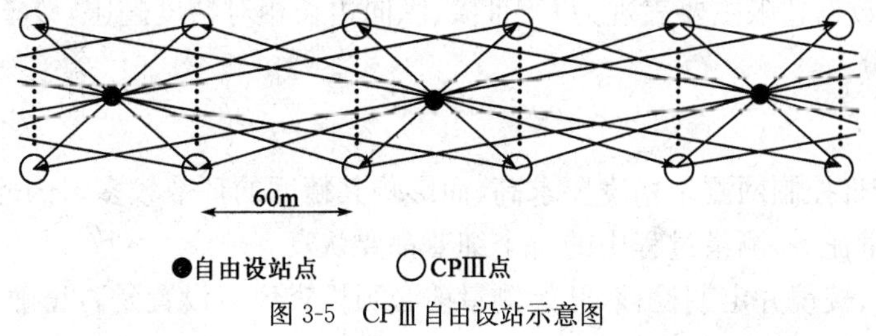

图 3-5　CPⅢ自由设站示意图

由于××客运专线 CPⅢ控制网测量标志联结件采用固定套筒,直杆轴螺旋式旋入的形式,因此影响测量精度的误差来源主要有以下几点。

(1)设备误差

①棱镜常数不同:由于棱镜的出厂批次、生产地点等的不同,导致使用同一台仪器不同的棱镜,对同一个位置测量得到的成果有微小的差别,在常规测量中,由于成果精度要求不高,这种差别可以忽略,但在 CPⅢ控制网这种高精度的测量过程中,这种差别显得尤为突出。

②联结件精度不同:联结件虽然为精工加工产品,但仍可能有个别联结件无法达到测量所需的精度要求。

(2)人为因素

①测量模式:不同的测量模式,测量得到的距离有可能是不同的,以 LeicaTCA1201+为例,同一台仪器,对同一个目标测量得到的距离,采用快速测量模式比采用标准测量模式得到的距离要短 1mm 左右。

②点号错误:由于 CPⅢ控制网测量中每个测站有 8~13 个测量目标,因此人工操作过程中点号可能错误,导致在数据平差过程中无法计算。

③目标错误:由于光线对测距和测角精度影响较大,同时也为了避免与其他施工发生冲突,CPⅢ控制网的测设通常选在晚上进行,且由于单个测站观测目标较多,这就导致在测量过程中可能有个别点位测量错误。

④联结件安置错误:采用直杆轴螺旋式旋入的形式安置棱镜,由于丝纹较长,在安置的过程中可能出现螺杆、棱镜未安置到位情况。

(3)起算数据精度

CPⅢ控制网具有很高的内符合精度,在平差过程中需要选用合适的投影面和中央子午线,且成果一致的起算数据进行平差计算。

3)误差检核

根据《高速铁路工程测量规范》(TB 10601—2009)要求 CPⅢ平面自由网平差后方向、距离改正数应满足表 3-5 要求。CPⅢ平面网约束平差后主要精度指标应满足表 3-6 要求。

**CPⅢ平面自由网平差后方向、距离改正数限差** 表 3-5

| 控制网名称 | 方向改正数 | 距离改正数 |
|---|---|---|
| CPⅢ平面网 | ±3″ | ±2mm |

**CPⅢ平面网约束平差后主要精度指标** 表 3-6

| 控制网名称 | 与 CPⅠ、CPⅡ联测 | | 与 CPⅢ联测 | | 点位中误差 |
|---|---|---|---|---|---|
| | 方向改正数 | 距离改正数 | 方向改正数 | 距离改正数 | |
| CPⅢ平面网 | ≤±4.0″ | ≤±4mm | ≤±3.0″ | ≤±2mm | 2mm |

CPⅢ平面网数据超限主要表现为 CPⅢ横、纵向边长相对精度超限,改正数超限和点位相对精度超限三部分。

4)小结

高速铁路 CPⅢ控制网测量精度要求高,而影响其精度的环节较多。因此,为保证高精度、高效率的完成测量任务,测量过程中的每个细节都要认真。

(1)爱护仪器、棱镜并定期检核,开始测量前必须检查仪器设置是否正确及棱镜是否合格;

(2)CPⅢ棱镜安置、CPⅡ对中要认真仔细；

(3)气压、温度、湿度在测量过程中要随时关注；

(4)尽量选择无风的阴天进行或夜间进行；

(5)测量人员与计算人员间要保持良好的沟通，这样才能在出现问题的第一时间准确判断产生问题的原因，并作出正确、妥善的处理。

5)问题

(1)高速铁路测量平面控制网有CP0，CPⅠ，CPⅡ和CPⅢ。请说明各级平面控制网的名称及其作用。

(2)简述高速铁路CPⅢ控制网(轨道控制网)平面测量的要求。

(3)高速铁路平面控制测量完成后应提交的成果资料有哪些？

### 3.2.11 地形图修测

1)工程概况

位于华北平原的××新城为完成总体规划修编工作，需要对规划范围内老城区1∶2000地形图进行修测，并测绘新城区和开发区的1∶2000地形图，建立基础信息数据库。测区范围西至龙凤河道左堤；北至龙凤新河右堤；东至京津塘高速公路；南至京山铁路，总面积约为70km$^2$，测区地势平坦，海拔高程4～7m。

项目工期为1年，在××××年××月××日之前完成测区1∶2000地形图测绘，××××年××月完成数据更新工作。

2)测区已有资料

(1)测区周围有二等三角点4个，分别为“罗锅判”、“南马房”、“渔霸口”、“农资仓库”；坐标成果为1980西安坐标系。

(2)测区内有一等水准点1个，为“兴武34-1甲上”；二等水准点15个；高程成果为1985国家高程基准。

(3)经实地踏勘，以上这些点标石保存完好，可作为本项目首级控制测量的起算成果。

3)作业依据

(1)《工程测量规范》(GB 50026—2007)。

(2)《全球定位系统城市测量技术规程》(CJJ/T 13—2010)。

(3)《国家比例尺地图图式　第1部分：1∶500　1∶1000　1∶2000地形图图式》(GB/T 20257.1—2007)。

(4)《基础地理信息要素数据字典　第1部分：1∶500　1∶1000　1∶2000基础地理信息要素数据字典》(GB/T 20258.1—2007)。

(5)《1∶500　1∶1000　1∶2000外业数字测图技术规程》(GB/T 14912—2005)。

(6)《数字测绘成果质量检查与验收》(GB/T 18316—2008)。

(7)《国家三、四等水准测量规范》(GB/T 12898—2009)。

4)测图比例尺与图形分幅及编号

地形图比例尺为1∶2000，图幅采用50cm×50cm正规分幅；图幅号采用图幅西南角坐标$x$、$y$的千米数表示，$x$坐标在前，$y$坐标在后，中间以短线相连；图号由东往西、由南往北用阿拉伯数字按顺序采用3位数字编号,即001,002,003,……

5)测图方法

拟采用GPS-RTK方法测图。

6)问题

(1)简述修测地形图的有关规定。

(2)本工程采用GPS-RTK方法测图,简述流动站的作业规定。

(3)数字地形图的编辑检查内容有哪些?

## 3.2.12 自动化变形监测

1)工程概况

××市××大厦基坑北侧与××地铁1号线隧道相邻,最近水平距离约9m。为了确保基坑支护顺利施工,保证××市地铁1号线正常运营,需对地铁1号线隧道进行变形监测,实时了解和掌握在基坑开挖过程中地铁隧道的变形情况,确保地铁隧道的安全。同时,可为基坑支护施工提供及时的反馈信息,为信息化施工提供科学的监测数据和报告。

××地铁1号线运营时间一般从早6:00到晚23:00,由于在运营时间测量人员无法下隧道测量,只能在夜间停运后测量。而白天是基坑施工的主要时间,也是监测的关键时间,因此,工程选择了基于自动全站仪开发的无接触式自动测量系统,实现了对运营地铁隧道结构三维变形位移的自动监测系统。

2)基准点及工作基点设置

(1)基准点的布设

监测区间线路离××车站及××车辆段均较近。本监测项目的基准点考虑选择在××车站内,选择采用有强制归心装置的观测墩。左出入段线和左线各设置3个基准点。为保证成果的可靠性,定期检测基准点的稳定性。

(2)工作基点的布设

为方便测量机器人自动搜寻目标,以及保证各监测点精度均匀,工作基站拟设置于监测范围中部的隧道侧墙上,托架伸出长度约400mm,左出入段线和左线各设置1个工作基点。基点网点可与地铁原基标控制系统联测或采用独立坐标系统。

(3)变形监测点的布设

变形监测点设计要求的断面按每20m左右布设,每个断面在轨道附近的道床上布设2个监测点,即每个测断面布设2个监测点,全段线共布设6个观测断面。各断面观测点用连接件配小规格反射棱镜,用膨胀螺栓及云石胶锚固于监测位置的侧壁及道床的混凝土中,棱镜反射面指向工作基点,见图3-6。

3)测量机器人自动化监测

测量机器人自动化监测系统以基于1台测量机器人的有合作目标(照准棱镜)的变形监测系统为基本单元,可以由多个基本单元通过Internet联结起来组合而形成一个测量机器人远程网络监测系统,系统提供有线和无线两种组网方式。

(1)系统组成

远程无线遥控测量机器人变形监测和分析系统主要由3个单元组成:控制单元、无线通信单元和数据采集单元。控制单元一般安放在办公室内，通过具有固定IP的万维网发送指令和接收数据；无线通信单元与数据采集单元通过有线形式连接，将控制单元的指令转发给数据采集单元并将数据采集单元的数据简单处理后转发给控制中心；数据采集单元置于作业现场，根据控制单元的指令采集相应数据。

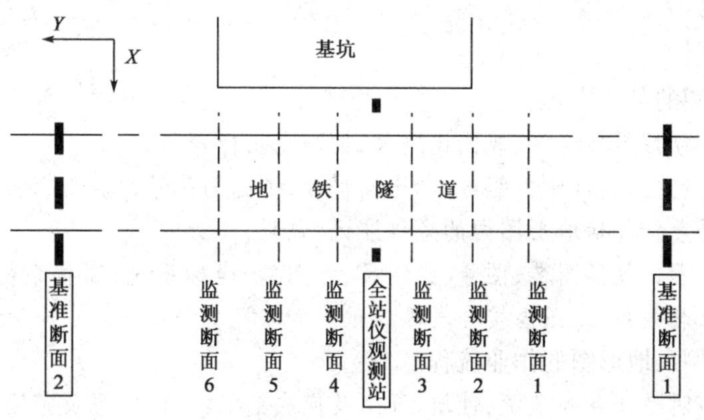


图3-6　监测设备布置图

(2)硬件构成

远程无线遥控测量机器人变形监测和分析系统硬件主要由以下几项构成：

①测量机器人。测量机器人具有发动机驱动和目标自动识别等功能。测量机器人选用TS30，其静态测角精度为±0.5″，测距精度为±(0.35mm+0.7ppm×$D$)，自动目标识别的有效距离可达1000m，望远镜照准精度为2mm/500m。

②无线通信模块。实现系统控制中心与测量机器人之间的数据传输。

③系统控制中心。系统控制中心的主要任务之一是数据处理。

(3)软件构成

无线遥控测量机器人变形监测和分析系统软件主要由三部分组成：测量机器人机载软件、无线通信软件模块和控制中心软件包。

4)监测数据处理

测量机器人自动监测系统是根据全站仪的极坐标三维测量原理。由于该工程测量范围小，两端基准点之间的距离为150m左右，同时列车的运行，使得测量区域内的各点的气象条件较为一致。因此，通过一定的观测数据处理方法，可以消除由于不同测量周期测量时的气象变化所引起的测量误差。

5)小结

基于测量机器人的自动化监测系统，具有简便灵活、无人值守、实时动态的监测特点，克服了传统测量方法的不足，极大地提高了工作效率。监测系统为基坑开挖提供了准确、及时的地铁隧道变形数据，是运营地铁隧道变形监测的理想手段。随着我国城市地铁建设的大规模进行，自动监测已经成为必不可少的一种测量手段，发挥着日益重要的作用，随着地铁的发展，监测系统的前景应该不断发展和完善。

6)问题

(1)简述变形测量实施的程序与要求。

(2)简述全站仪自动跟踪测量的主要技术要求。

(3)监测项目的变形分析有哪些内容？

## 3.3 例题参考答案

### 3.3.1 地形图测绘

(1)简述地形图的基本内容。

①数学要素。包括坐标格网、成图比例尺、控制点坐标等。

②地形要素。包括地物(比例符号、非比例符号、半比例符号、地物注记)和地貌(等高线)。

③图内注记要素。包括地形图内的各种注记、说明。

④图内整饰要素。包括图名、图号、比例尺、外图廓、坐标系统、高程系统、测图方法、测图日期、测绘单位、三北关系图、图幅接合表等。

(2)简述大比例尺地形图的作业流程。

①接收任务。明确任务的来源、性质，开工及完成期限，测区位置及范围，成果坐标系和高程系统，比例尺及等高距等。

②资料收集。收集已有的控制成果和地形图。

③技术设计。确定作业方案、人员安排和主要技术依据。

④基本控制测量。一般平面控制采用导线测量或 GPS 网测量，高程控制采用水准测量或三角高程测量。

⑤图根控制测量。一般采用导线测量或 GPS-RTK 测量。

⑥碎部点采集。可采用测绘法或测记法。

⑦地形图编绘。

⑧资料的检查与验收。遵循“两级检查、一级验收”的要求，包括作业组 100%的过程检查；项目部检查或单位质检人员检查；验收由用户或其委托单位组织，包括概查和详查(5%～10%)。

⑨技术总结。应包括控制布点图、精度统计表和工作量统计表等。

⑩提交成果。

(3)全站仪测图的仪器安置及测站检核要求。

①仪器的对中偏差不应大于 5mm，仪器高和反光镜高的量取应精确至 1mm。

②应选择较远的图根点作为测站定向点，并施测另一图根点的坐标和高程，作为测站检核；检核点的平面位置较差不应大于图上 0.2mm，高程较差不应大于基本等高距的 1/5。

③作业过程中和作业结束前，应对定向方位进行检查。

### 3.3.2 施工控制网建立

(1)施工平面控制网一般有哪几种形式？简述工程控制测量平面控制网的布设原则。

施工平面控制网的形式一般有三角网、导线网、边角网和 GPS 网。现在 GPS 测量是建立施工控制网的主要手段。

工程控制测量平面控制网的布设原则：

①首级控制网的布设，应因地制宜，且适当考虑发展；当与国家坐标系统联测时，应同时考

虑联测方案。

②首级控制网的等级，应根据工程规模、控制网的用途和精度要求合理确定。

③加密控制网，可越级布设或同等级扩展。

**(2)简述工程高程控制测量的一般规定。**

①高程控制测量精度等级的划分，依次为二、三、四、五等；各等级高程控制宜采用水准测量，四等及以下等级可采用电磁波测距三角高程测量，五等也可采用GPS拟合高程测量。

②首级高程控制网的等级，应根据工程规模、控制网的用途和精度要求合理选择；首级网应布设成环形网，加密网宜布设成附合路线或结点网。

③测区的高程系统，宜采用1985国家高程基准；在已有高程控制网的地区测量时，可沿用原有的高程系统；当小测区联测有困难时，也可采用假定高程系统。

④高程控制点间的距离，一般地区应为1～3km，工业厂区、城镇建筑区宜小于1km；但一个测区及周围至少应有3个高程控制点。

**(3)二期施工控制网采用三等平面控制网，高程控制网采用二等水准测量方法，请列出《工程测量规范》(GB 50026—2007)三等三角形网测量限差要求和二等水准测量限差要求，并判断该工程控制测量成果是否合格。**

依据《工程测量规范》(GB 50026—2007)第3.4.1条规定，三等三角形网测量限差要求：测角中误差为1.8″，测边相对中误差为1/150000，最弱边边长相对中误差为1/70000，三角形最大闭合差为7″。

依据《工程测量规范》(GB 50026—2007)第4.2.1条规定，二等水准测量限差要求：每公里高差全中误差2mm，每公里高差中数偶然中误差1mm，往返较差、附合差或闭合差不大于$4\sqrt{L}$mm[$L$为水准路线长度(km)]。

经过核对，该工程控制测量的所有成果都满足限差要求，成果是合格的。

### 3.3.3 施工测量

**(1)简述建筑物高程控制测量的规定。**

①建筑物高程控制应采用水准测量；附合路线闭合差不应低于四等水准的要求。

②水准点可设置在平面控制网的标桩或外围的固定地物上，也可单独埋设；水准点的个数，不应少于2个。

③当场地高程控制点距离施工建筑物小于200m时，可直接利用。

**(2)建筑物施工放样应具备哪些资料？**

①总平面图；

②建筑物的设计与说明；

③建筑物的轴线平面图；

④建筑物的基础平面图；

⑤设备的基础图；

⑥土方的开挖图；

⑦建筑物的结构图；

⑧管网图；

⑨场区控制点坐标、高程及点位分布图。

(3)超高层建筑物垂直度控制形式主要是内控制，请简述内控制实施步骤。

在内控制中每一个投测段的施工测量实施步骤如下：

①在底层布置矩形或“十”形控制网，并转测至建筑物的±0.00层，复测检核；

②用铅垂仪(或全站仪十弯管目镜，或激光铅垂仪)在±0.00层控制点上作竖向传递，将控制点随施工进度传递到相应楼层；

③采用透明的刻有“十”形的接收靶(有机玻璃)，在玻璃上做上投点标记；

④为了消除仪器的轴系误差，则可以在0°、90°、180°、270°共4个方位投点中取其中点作为最终结果；

⑤当全部投测完成后，再用钢尺或全站仪测量投点间的水平距离作检核。

注：由于超高层建筑物受日照、风力、温差等多种动态因素的影响，建筑物处于偏摆运动状态，投点工作一般选择在夜间、风力小的时段进行。

(4)建筑物主体工程日周期摆动测量有哪些方法？

测量方法主要有测量机器人自动测量、数字正垂仪自动测量、GPS测量。

## 3.3.4 隧道施工变形监测

(1)简述变形监测工作的特点。

①周期性观测；

②精度要求高，对不同的任务，变形监测所要求的精度不同；

③综合应用各种观测方法；

④数据处理要求严密；

⑤需要多学科知识的配合。

(2)简述变形监测网的网点布设要求。

变形监测网的网点分为基准点、工作基点和变形观测点。其布设应符合下列要求。

①基准点，应选在变形影响区域之外稳固可靠的位置。每个工程至少应有3个基准点。大型的工程项目，其水平位移基准点应采用带有强制归心装置的观测墩，垂直位移基准点宜采用双金属标或钢管标。

②工作基点，应选在比较稳定且方便使用的位置。设立在大型工程施工区域内的水平位移监测工作基点宜采用带有强制归心装置的观测墩，垂直位移监测工作基点可采用钢管标。对通视条件较好的小型工程，可不设立工作基点，在基准点上直接测定变形观测点。

③变形观测点，应设立在能反映监测体变形特征的位置或监测断面上，监测断面一般分为：关键断面、重要断面和一般断面。需要时，还应埋设一定数量的应力、应变传感器。

(3)变形观测数据可分为哪几种？简述变形观测数据处理工作内容。

变形观测的数据可分为以下两种：

①监测网的周期观测数据，每期建筑变形观测结束后，依据测量误差理论和统计检验原理对观测数据进行平差计算和处理，计算各种变形量，进行参考点稳定性检验和周期间的叠合分析，从而得到目标点的位移。

②监测点上某一种特定的形成时间序列的监测数据。如应力、应变、温度、气压、水位、渗流、渗压、扬压力等，对它们进行回归分析、相关分析、时序分析和统计检验，确定变形过程和趋势。

变形观测数据处理工作包括观测资料整理、平差计算、计算测点坐标和变形量、变形几何分析、分析变形的显著性、规律和成因、变形建模与预报等。

### 3.3.5 竣工测量

(1)简述建立建筑物施工平面控制网的有关规定。

①控制点,应选在通视良好、土质坚实、利于长期保存、便于施工放样的地方。

②控制网加密的指示桩,宜选在建筑物行列线或主要设备中心线方向上。

③主要的控制网点和主要设备中心线端点,应埋设固定标桩。

④控制网轴线起始点的定位误差,不应大于2cm;两建筑物(厂房)间有联动关系时,不应大于1cm,定位点不得少于3个。

⑤水平角观测的测回数,应根据测角中误差的要求来确定。

⑥矩形网的角度闭合差,不应大于测角中误差的4倍。

⑦边长测量宜采用电磁波测距的方法,二级网的边长测量也可采用钢尺量距。

⑧矩形网应按平差结果进行实地修正,调整到设计位置;当增设轴线时,可采用现场改点法进行配赋调整;点位修正后,应进行矩形网角度的检测。

(2)编绘竣工总图应收集哪些资料?

①总平面布置图;

②施工设计图;

③设计变更文件;

④施工检测记录;

⑤竣工测量资料;

⑥其他相关资料。

(3)简述竣工建筑物测量的精度要求。

将地物根据其重要性分成三类,包括主要建(构)筑物、次要建(构)筑物、其他地形与地物。竣工建筑物是主要建筑物,其碎部点的测量精度应提高到图根点的精度±5cm(即1:500地形图的图上±0.1mm),其他地物的测量精度应与验收建筑相同。

(4)简述竣工测量成果整理与提交的内容。

①小区地形图;

②建筑物各层平面图和各层尺寸校核图;

③建筑物的平面位置校核图、建筑物的剖面图;

④竣工测量成果汇总表;

⑤各种计算资料及相关说明等。

### 3.3.6 建筑物变形监测

(1)变形监测包括几何量监测和物理量监测,简述几何量监测的内容。

几何量的监测,包括水平位移、垂直位移监测,倾斜、挠度、弯曲、扭转、振动、裂缝等。

(2)简述变形监测方案设计的内容。

①测量方法和设备的选择;

②监测网布设;

③测量精度和观测周期的确定。

(3)各期的变形监测应满足哪些要求？

①在较短的时间内完成；

②采用相同的图形(观测路线)和观测方法；

③使用同一仪器和设备；

④观测人员相对固定；

⑤记录相关的环境因素，包括荷载、温度、降水、水位等；

⑥采用统一基准处理数据。

(4)本工程拟提交成果清单是否齐全？如不齐全，请补充完善。

本工程拟提交成果清单不齐全。变形监测项目成果整理与提交清单如下：

①变形监测方案技术设计书。

②监测点位置分布图、建筑裂缝位置及观测点分布图。

③变形监测仪器检验报告。

④变形监测成果表。

⑤沉降曲线图、沉降变化速度曲线图(包括地表沉降和建筑物沉降)。

⑥相关影响因素(施工进度、荷载、气象和地质等)的作用分析，有关荷载、施工进度、时间、沉降量相关曲线图。

⑦变形监测总结报告。

## 3.3.7 地下管线测量

(1)简述地下管线图测量的内容。

地下管线图测量内容，包括管线线路、管线附属设施和地上相关的主要建(构)筑物等。

(2)对于地下隐蔽管线点，其探查的精度有何要求？

隐蔽管线点探查的水平位置偏差 $\Delta S$ 和埋深较差 $\Delta H$，应分别满足以下两式的要求：

$$\Delta S \leqslant 0.10 \times h$$

$$\Delta H \leqslant 0.15 \times h$$

式中：$h$——管线埋深(cm)，当 $h<100$cm 时，按 100cm 计。

(3)简述对隐蔽管线探查的有关规定。

①探查作业，应按仪器的操作规定进行。

②作业前，应在测区的明显管线点上进行比对，确定探查仪器的修正参数。

③对于探查有困难或无法核实的疑难管线点，应进行开挖验证。

④对隐蔽管线点探查结果，应采用重复探查和开挖验证的方法进行质量检验，并分别满足下列要求。

a. 重复探查的点位应随机抽取，点数不宜少于探查点总数的 5%，计算平面位置中误差 $m_{\mathrm{H}}$ 和埋深中误差 $m_{\mathrm{V}}$，应不超限。

b. 开挖验证的点位应随机抽取，点数不宜少于隐蔽管线点总数的 1%，且不应少于 3 个点；所有点的平面位置误差和埋深误差，应不超限。

(4)建立地下管线信息系统的内容有哪些?

建立地下管线信息应包括以下内容:

①地下管线图库和地下管线空间信息数据库;

②地下管线属性信息数据库;

③数据库管理子系统;

④管线信息分析处理子系统;

⑤扩展功能管理子系统。

### 3.3.8 贯通工程测量

(1)简述建立隧道洞外平面控制网的有关规定。

①控制网宜布设成自由网,并根据线路测量的控制点进行定位和定向。

②控制网可采用GPS网、三角形网或导线网等形式,并沿隧道两洞口的连线方向布设;在进、出口线路中线上布设进、出口点,进、出口再各布设3个定向点,进、出口点与相应的定向点之间要通视。

③隧道的各个洞口,均应布设2个以上且相互通视的控制点。

(2)简述建立隧道洞内平面控制网的有关规定。

①洞内的平面控制网宜采用导线形式,并以洞口投点为起始点沿隧道中线或隧道两侧布设成直伸的长边导线或狭长多环导线。

②导线的边长宜近似相等,直线段不宜短于200m,曲线段不宜短于70m;导线边距离洞内设施不小于0.2m。

③当双线隧道或其他辅助坑道同时掘进时,应分别布设导线,并通过横洞连成闭合环。

④当隧道掘进至导线设计边长的2～3倍时,应进行一次导线延伸测量。

⑤对于长距离隧道,可加测一定数量的陀螺经纬仪定向边。

⑥当隧道封闭采用气压施工时,对观测距离必须作相应的气压改正。

(3)简述隧道高程控制测量的有关规定。

①隧道洞内、外的高程控制测量,宜采用水准测量方法;

②隧道两端的洞口水准点、相关洞口水准点(含竖井和平洞口)和必要的洞外水准点,应组成闭合或往返水准路线;

③洞内水准测量应往返进行,结合洞内施工特点,每隔200～500m设立一对高程点以便检核。

(4)隧道的贯通误差分为哪几个部分?

隧道的控制测量的主要作用是保证隧道的正确贯通。隧道的贯通误差分为以下三个部分:

①贯通误差在线路中线方向上的投影称为纵向贯通误差;

②在垂直于中线方向上的投影称为横向贯通误差;

③在高程方向上的投影称为高程贯通误差。

### 3.3.9 滑坡变形监测

(1)变形监测有哪些方法?

①常规的大地测量方法:精密高程测量、精密距离测量、角度测量等;

②专门测量手段和技术：液体静力水准、准直测量、应变测量、倾斜测量等；

③空间测量技术：GPS测量、InSAR技术；

④摄影测量技术；

⑤激光三维扫描技术。

(2)简述滑坡监测变形观测点位的布设规定。

①对已明确主滑方向和滑动范围的滑坡，监测网可布设成十字形和方格形，其纵向应沿主滑方向，横向应垂直于主滑方向；对主滑方向和滑动范围不明确的滑坡，监测网宜布设成放射形。

②点位应选在地质、地貌的特征点上。

③单个滑坡体的变形观测点不宜少于3点。

④地表变形观测点，宜采用有强制对中装置的墩标，困难地段也应设立固定照准标志。

(3)变形观测资料分析的常用方法有哪些？

①作图分析，即将观测资料绘制成各种曲线；

②统计分析，即用数理统计方法分析计算各种观测物理量的变化规律；

③对比分析，不同环境下的数据对比与分析；

④建模分析，常用的数学模型有统计模型、确定性模型、混合模型。

(4)出现何种异常情况应即刻通知建设单位、施工单位和有关管理部门？

每期观测结束后，应及时处理观测数据。当数据处理结果出现下列情况之一时，必须即刻通知建设单位、施工单位和有关管理部门采取相应措施：

①变形量达到预警值或接近允许值；

②变形量出现异常变化；

③建(构)筑物的裂缝或地表的裂缝快速扩大。

## 3.3.10 精密工程施工测量

(1)高速铁路测量平面控制网有CP0,CPⅠ,CPⅡ和CPⅢ。请说明各级平面控制网的名称及其作用。

①在平面控制测量工作开展之前，应首先采用GPS测量方法建立高速铁路框架控制网(CP0)。

②高速铁路工程测量平面控制网应在框架控制网(CP0)的基础上分三级布设：第一级为基础平面控制网(CPⅠ)，主要为勘测、施工、运营维护提供坐标基准；第二级为线路平面控制网(CPⅡ)，主要为勘测和施工提供控制基准；第三级为轨道控制网(CPⅢ)，主要为轨道铺设和运营维护提供控制基准。

(2)简述高速铁路CPⅢ控制网(轨道控制网)平面测量的要求。

①CPⅢ平面网测量应采用自由测站边角交会法施测。

②CPⅢ平面网测量应在线下工程竣工并通过沉降变形评估后施测；CPⅢ测量前应对全线的CPⅠ、CPⅡ控制网进行复测，并采用复测后合格的CPⅠ、CPⅡ成果进行CPⅢ控制网测设。

③CPⅢ平面网应附合于CPⅠ、CPⅡ控制点上，每600m左右(400～800m)应联测一个CPⅠ或CPⅡ控制点，自由测站至CPⅠ、CPⅡ控制点的距离不宜大于300m；当CPⅡ点位密度和

位置不满足CPⅢ联测要求时，应按同精度内插方式增设CPⅡ控制点。

④CPⅢ点应设置强制对中标志，标志连接件的加工误差不应大于0.05mm。

⑤CPⅢ平面网的测量仪器设备应使用具有自动目标搜索、自动照准、自动观测、自动记录功能的全站仪，其标称精度应满足：方向测量中误差不大于1″，测距中误差不大于1mm+2ppm×$D$。

⑥观测前须按要求对全站仪进行检校，作业期间仪器须在有效检定期内。

⑦CPⅢ控制点号和自由测站的编号应唯一且便于查找。

⑧CPⅢ平面网观测的自由测站间距一般约为120m，自由测站到CPⅢ点的最远观测距离不应大于180m；每个CPⅢ点至少应保证有3个自由测站的方向和距离观测量。

(3)高速铁路平面控制测量完成后应提交的成果资料有哪些？

①技术设计书；

②外业测量观测手簿；

③测量平差计算表；

④CP0、CPⅠ、CPⅡ点之记；

⑤控制点成果表；

⑥控制网联测示意图；

⑦测量技术总结报告。

## 3.3.11 地形图修测

(1)简述修测地形图的有关规定。

①新测地物与原有地物的间距中误差，不得超过图上0.6mm。

②地形图的修测方法，可采用全站仪测图法和支距法等。

③当原有地形图图式与现行图式不符时，应以现行图式为准。

④地物修测的连接部分，应从未变化点开始施测；地貌修测的衔接部分应施测一定数量的重合点。

⑤除对已变化的地形、地物修测外，还应对原有地形图上已有地物、地貌的明显错误或粗差进行修正。

⑥修测完成后，应按图幅将修测情况作记录，并绘制略图。

(2)本工程采用GPS-RTK方法测图，简述流动站的作业规定。

①流动站作业的有效卫星数不宜少于5个，PDOP值应小于6，并应采用固定解成果。

②正确的设置和选择测量模式、基准参数、转换参数和数据链的通信频率等，其设置应与参考站相一致。

③流动站的初始化，应在比较开阔的地点进行。

④作业前，宜检测2个以上不低于图根精度的已知点；检测结果与已知成果的平面较差不应大于图上0.2mm，高程较差不应大于基本等高距的1/5。

⑤数字地形图的测绘，按有关规定执行。例如，当采用草图法作业时，应按测站绘制草图，并对测点进行编号；当采用编码法作业时，宜采用通用编码格式等。

⑥作业中，如出现卫星信号失锁，应重新初始化，并经重合点测量检查合格后，方能继续作业。

⑦结束前,应进行已知点检查。

⑧每日观测结束,应及时转存测量数据至计算机并做好数据备份。

(3)数字地形图的编辑检查内容有哪些?

①图形的连接关系是否正确,是否与草图一致、有无错漏等;

②各种注记的位置是否适当,是否避开地物、符号等;

③各种线段的连接、相交或重叠是否恰当、准确;

④等高线的绘制是否与地性线协调、注记是否适宜、断开部分是否合理;

⑤对图上间距小于0.2mm的不同属性线段,处理是否恰当;

⑥地形、地物的相关属性信息赋值是否正确。

### 3.3.12 自动化变形监测

(1)简述变形测量实施的程序与要求。

①按测定沉降或位移的要求,分别选定测量点,埋设相应标石标志,建立高程控制网、平面控制网。

②按确定的观测周期与总次数,对监测网进行观测。新建的大型和重要建筑,应以施工开始进行系统的观测,直至变形达到规定的稳定程度为止。

③对各周期观测成果及时处理,并选取与实际变形情况接近或一致的参考系进行严密平差计算和精度评定。对重要的监测成果,进行变形分析,并对变形趋势做出预报。

(2)简述全站仪自动跟踪测量的主要技术要求。

①测站应设立在基准点或工作基点上,并采用有强制对中装置的观测台或观测墩;测站视野应开阔无遮挡,周围应设立安全警示标志;同时应具有防水、防尘设施。

②监测体上的变形观测点宜采用观测棱镜,距离较短时也可采用反射片。

③数据通信电缆宜采用光缆或专用数据电缆,并应安全敷设,连接处应采取绝缘和防水措施。

④作业前应将自动观测成果与人工测量成果进行比对,确保自动观测成果无误后,方能进行自动监测。

⑤测站和数据终端设备应备有不间断电源。

⑥数据处理软件,应具有观测数据自动检核、超限数据自动处理、不合格数据自动重测的功能,观测目标被遮挡时,可自动延时观测处理和变形数据自动处理、分析、预报和预警等功能。

(3)监测项目的变形分析有哪些内容?

监测项目的变形分析,对于较大规模的或重要的项目,宜包括下列内容;较小规模的项目,至少应包括前三项内容。

①观测成果的可靠性。

②监测体的累计变形量和两相邻观测周期的相对变形量分析。

③相关影响因素(荷载、气象和地质等)的作用分析。

④回归分析。

⑤有限元分析。

# 4 房产测绘

## 4.1 房产测绘案例分析要点

对于房产测绘案例分析，建议读者仔细阅读《房产测量规范》(GB/T 17986.1—2000)；《房产图图式》(GB/T 17986.2—2000)，并重点关注以下内容：①技术设计书与技术总结；②工作流程；③各个环节的技术要求(包括限差要求)；④面积计算与分摊；⑤房产图制作；⑥测量成果检查内容；⑦提交成果清单等。

1)房产测量基本要求

(1)平面控制测量

①房产平面控制测量的精度要求末级相邻基本控制点的相对点位中误差不大于±2.5cm。

②房产平面控制点包括二、三、四等平面控制点和一、二、三级平面控制点。房产平面控制点均应埋设固定标志。

③房产测量一般不测高程，需要进行高程测量时，由设计书另行规定，高程测量采用1985国家高程基准。

④房产测量应采用1980西安坐标系或地方坐标系，采用地方坐标系时应和国家坐标系联测。投影变形小于2.5cm/km。

⑤二、三、四等平面控制网的计算应采用严密平差，并进行精度评定。四等以下平面控制网的计算可采用近似平差的评定精度。

(2)房产界址点的精度要求

房产界址点的精度要求参见表4-1。

**房产界址点的精度要求**(单位：m)　　表4-1

| 精度等级 | 间距误差和相对邻近控制点的点位误差 | |
|---|---|---|
| | 限差 | 中误差 |
| 一 | ±0.04 | ±0.02 |
| 二 | ±0.10 | ±0.05 |
| 三 | ±0.20 | ±0.10 |

(3)房产图的基本要求

①房产图的种类。

房产图分为房产分幅平面图、房产分丘平面图和房屋分户平面图三种。

②房产图的基本规格。

房产分幅图采用50cm×50cm正方形分幅。

建筑物密集区的分幅图一般采用1∶500比例尺，其他区域的分幅图可以采用1∶1000

比例尺。

房产分丘图的幅面可在787mm×1092mm的1/32～1/4之间选用。

房产分丘图的比例尺，根据丘面积的大小，可在1∶100～1∶1000之间选用。

房产分户图的幅面可选用787mm×1092mm的1/32或1/16等尺寸。

房产分户图的比例尺一般为1∶200，当房屋图形过大或过小时，比例尺可适当放大或缩小。

③房产图绘制精度要求。

对全野外采集数据或野外解析测量等方法所测的房地产要素点和地物点，相对于邻近控制点的点位中误差不超过±0.05m。

模拟方法测绘的房产分幅平面图上的地物点，相对于邻近控制点的点位中误差不超过图上±0.5mm。

利用已有的地籍图、地形图编绘房产分幅图时，地物点相对于邻近控制点的点位中误差不超过图上±0.6mm。

采用已有坐标或已有图件，展绘成房产分幅图时，展绘中误差不超过图上±0.1mm。

2)房产要素测量与房产信息数据采集

(1)房产要素测量

①房产要素属性和地理要素通过信息采集的方法获取。

②房产要素测量方法：野外解析、摄影测量、全野外数据采集。

③房产要素测量内容：界址、境界、房屋及附属设施、陆地交通、水域测量及其他相关地物测量。

(2)房屋用地测量草图内容

①平面控制网点及点号；

②界址点、房角点相应的数据；

③墙体的归属；

④房屋产别、房屋建筑结构、房屋层数；

⑤房屋用地用途类别；

⑥丘(地)号；

⑦道路及水域；

⑧有关地理名称、门牌号；

⑨观测手簿中所有未记录的测定参数；

⑩测量草图符号的必要说明；

⑪指北方向线；

⑫测量日期、作业员签名。

(3)房屋测量草图内容及要求

①房屋测量草图均按概略比例尺分层绘制；

②房屋外墙及分隔墙均绘单实线；

③图纸上应注明房产区号、房产分区号、丘(地)号、栋号、层次及房屋坐落，并加绘指北方向线；

④住宅楼单元号、室号，注记实际开门处；

⑤逐间实量，注记室内净空边长(以内墙面为准)、墙体厚度，数字取至厘米；

⑥室内墙体凸凹部位在0.1m以上者，如柱垛、烟道、垃圾道、通风道等均应表示；

⑦凡有固定设备的附属用房，如厨房、厕所、卫生间、电梯楼梯等均应实量边长，加必要的注记；

⑧遇有地下室、复式房、夹层、假层等应另绘草图；

⑨房屋外廓的全长与室内分段丈量之和(含墙身厚度)的较差在限差内时，应以房屋外廓数据为准，分段丈量的数据按比例配赋，超差须进行复量。

(4)界址点的编号

界址点的编号，以高斯投影的一个整公里格网为编号区，每个编号区的代码以该公里格网西南角的横纵坐标公里值表示。点的编号在一个编号区内从1～99999连续顺编。点的完整编号由编号区代码、点的类别代码、点的编号三部分组成，形式如下：

| 编号区代码 | 类别代码 | 点的编号 |
|---|---|---|
| (9位) | (1位) | (5位) |
| ********* | * | ***** |

①编号区代码由9位数组成，第1、2位数为高斯坐标投影带的带号或代号，第3位数为横坐标的百公里数，第4、5位数为纵坐标的千公里和百公里数，第6、7位和第8、9位数分别为横坐标和纵坐标的十公里和整公里数。

②类别代码用1位数表示。其中，3表示界址点。

③点的编号用5位数表示，从1～99999连续顺编。

(5)房屋面积测量

①房屋面积测量的内容：房屋建筑面积、房屋套内建筑面积、房屋使用面积。

②房屋面积测量的基本要求：各类面积测算必须独立测算两次，其较差应在规定的限差以内，取中数作为最后结果。量距应使用经检定合格的卷尺或其他能达到相应精度的仪器和工具。面积以平方米为单位，取至0.01$m^2$。

③房屋面积测量方法：坐标解析法、实地量距法、图解法。

(6)房产信息数据采集

房产信息数据采集的内容包括确认建筑物名称、坐落、产权人、产别、层数、所在层次、建筑结构、建成年份、房屋用途、墙体归属、权界线及绘制房屋权界线示意图、权源、产权纠纷和他项权利、楼号与房号、房屋分栋及栋号编注等，以及与建筑物有关的规划信息、产权人及委托人信息等。

3)房产面积测算

(1)房产面积的精度

房产面积的精度分为三级，各级面积的限差和中误差如表4-2所示。

**房产面积的精度要求** 表4-2

| 房产面积的精度等级 | 限　差 | 中　误　差 |
|---|---|---|
| 一 | $0.02S^{\frac{1}{2}}+0.0006S$ | $0.01S^{\frac{1}{2}}+0.0003S$ |
| 二 | $0.04S^{\frac{1}{2}}+0.002S$ | $0.02S^{\frac{1}{2}}+0.001S$ |
| 三 | $0.08S^{\frac{1}{2}}+0.006S$ | $0.04S^{\frac{1}{2}}+0.003S$ |

注：$S$为房产面积($m^2$)。

(2)计算全部建筑面积的范围

①永久性结构的单层房屋，按一层计算建筑面积；多层房屋按各层建筑面积的总和计算。

②房屋内的夹层、插层、技术层及其梯间、电梯间等其高度在 2.20m 以上部位计算建筑面积。

③穿过房屋的通道，房屋内的门厅、大厅，均按一层计算面积。门厅、大厅内的回廊部分，层高在 2.20m 以上的，按其水平投影面积计算。

④楼梯间、电梯(观光梯)井、提物井、垃圾道、管道井等均按房屋自然层计算面积。

⑤房屋天面上，属永久性建筑，层高在 2.20m 以上的楼梯间、水箱间、电梯机房及斜面结构屋顶高度在 2.20m 以上的部位，按其外围水平投影面积计算。

⑥挑楼、全封闭的阳台按其外围水平投影面积计算。

⑦属永久性结构有上盖的室外楼梯，按各层水平投影面积计算。

⑧与房屋相连的有柱走廊、两房屋间有上盖和柱的走廊，均按其柱的外围水平投影面积计算。

⑨房屋间永久性的封闭的架空通廊、按外围水平投影面积计算。

⑩地下室、半地下室及其相应出入口，层高在 2.20m 以上的，按其外墙(不包括采光井、防潮层及保护墙)外围水平投影面积计算。

⑪有柱或有围护结构的门廊、门斗，按其柱或围护结构的外围水平投影面积计算。

⑫玻璃幕墙等作为房屋外墙的，按其外围水平投影面积计算。

⑬属永久性建筑如有柱的车棚、货棚等按柱的外围水平投影面积计算。

⑭依坡地建筑的房屋，利用吊脚做架空层，有围护结构的，按其高度在 2.20m 以上部位的外围水平面积计算。

⑮有伸缩缝的房屋，若其与室内是相通的，按伸缩缝计算建筑面积。

(3)计算一半建筑面积的范围

①与房屋相连有上盖无柱的走廊、檐廊，按其围护结构外围水平投影面积的一半计算。

②独立柱、单排柱的门廊、车棚、货棚等属永久性建筑的，按其上盖水平投影面积的一半计算。

③未封闭的阳台、挑廊，按其围护结构外围水平投影面积的一半计算。

④无顶盖的室外楼梯按各层水平投影面积的一半计算。

⑤有顶盖不封闭的永久性的架空通廊，按外围水平投影面积的一半计算。

(4)不计算建筑面积的范围

①层高小于 2.20m 的夹层、插层、技术层和层高小于 2.20m 的地下室和半地下室。

②突出房屋墙面的构件、配件、装饰柱、装饰性的玻璃幕墙、垛、勒脚、台阶、无柱雨篷等。

③房屋之间无上盖的架空通廊。

④房屋的天面、挑台、天面上的花园、游泳池。

⑤建筑物内的操作平台、上料平台及利用建筑物的空间安置箱、罐的平台。

⑥骑楼、过街楼的底层用作道路街巷通行的部分。

⑦利用引桥、高架路、高架桥、路面作为顶盖建造的房屋。

⑧活动房屋、临时房屋、简易房屋。

⑨独立烟囱、亭、塔、罐、池、地下人防干、支线。

⑩与房屋室内不相通的房屋间伸缩缝。

4)共有面积分摊

(1)房屋共有面积的分类

房屋共有面积分为可分摊和不可分摊部位。

可分摊共有部位一般包括电梯井、管道井、楼梯间、垃圾道、变电室、设备间、公共门厅、过道、地下室、值班警卫室等，以及为整栋服务的公共用房和管理用房的建筑面积，以水平投影面积计算。共有建筑面积还包括套与公共建筑之间的分隔墙，以及外墙（包括山墙）水平投影面积一半的建筑面积。

不可分摊共有部位一般包括独立使用的地下室、车棚、车库、为多栋服务的警卫室，管理用房，作为人防工程的地下室都不计入共有建筑面积。

（2）房产共有面积分摊的基本模型

$$\delta S_i = K \cdot S_i$$

$$K = \frac{\sum \delta S_i}{\sum S_i}$$

式中：$K$——面积的分摊系数；

$S_i$——各单元参加分摊的建筑面积（$m^2$）；

$\delta S_i$——各单元参加分摊所得的分摊面积（$m^2$）；

$\sum \delta S_i$——需要分摊的分摊面积总和（$m^2$）；

$\sum S_i$——参加分摊的各单元建筑面积总和（$m^2$）。

5）房产变更测量

变更测量分为现状变更和权属变更测量。

（1）现状变更测量内容

①房屋的新建、拆迁、改建、扩建、房屋建筑结构、层数的变化；

②房屋的损坏与灭失，包括全部拆除或部分拆除、倒塌和烧毁；

③围墙、栅栏、篱笆、铁丝网等围护物，以及房屋附属设施的变化；

④道路、广场、河流的拓宽、改造，河、湖、沟渠、水塘等边界的变化；

⑤地名、门牌号的更改；

⑥房屋及其用地分类面积增减变化。

（2）权属变更测量内容

①房屋买卖、交换、继承、分割、赠与、兼并等引起的权属的转移；

②土地使用权界的调整，包括合并、分割、塌没和裁弯取直；

③征拨、出让、转让土地而引起的土地权属界线的变化；

④其他项权利范围的变化和注销。

（3）房地产编号的变更与处理

①丘号变更。

用地的合并与分割都应重新编丘号。新增丘号，按编号区内的最大丘号续编。组合丘内，新增丘支号按丘内的最大丘支号续编。

②界址点、房角点点号变更。

新增的界址点或房角点的点号，分别按编号区内界址点或房角点的最大点号续编。

③栋号变更。

房产合并或分割应重新编栋号，原栋号作废，新栋号按丘内最大栋号续编。

## 4.2 房产测绘案例分析例题

1)工程概况

(1)任务来源

为了满足产权登记的需要,××测绘技术公司受××公司委托,对××住宅小区进行房产测绘。该小区共有建筑 56 栋,规划建筑面积 22.5 万 $m^2$,有独栋、多层住宅、小高层和综合服务楼等多种建筑形式。

(2)测区范围

该项目测区位于××区,东起机场路,西至将军路,北临秦淮路,南达天源路。

(3)测绘工作量

测绘工作量主要包括房产平面控制测量、房产调查、房产要素测量、房产面积测算、房产图绘制、房产分户测量及成果资料检查与验收等。

2)已有资料

(1)测区附近的控制成果;

(2)本建筑项目的房屋用地文件;

(3)各建筑的规划审批、验收文件;

(4)各建筑物的设计文件;

(5)该项目房屋预售文件;

(6)其他相关文件资料。

3)引用技术文件

(1)《房产测量规范》(GB/T 17986.1—2000);

(2)《房产图图式》(GB/T 17986.2—2000);

(3)《测绘成果质量检查与验收》(GB/T 24356—2009);

(4)《城市测量规范》(CJJ/T 8—2011);

(5)《××市房产测绘规则》;

(6)本宗房屋相关的、有效的规划、城建、房地产主管部门批文或约定。

4)测量技术方案

(1)精度指标

本项目采用二级房产面积测算精度,具体指标如表 4-3 所示。

**二级房产面积测算精度** 表 4-3

| 类 别 | 等 级 | 限 差 | 中 误 差 |
|---|---|---|---|
| 界址点(m) | 二 | ±0.10 | ±0.05 |
| 面积测算($m^2$) | 二 | $\pm(0.04S^{\frac{1}{2}}+0.002S)$ | $\pm(0.02S^{\frac{1}{2}}+0.001S)$ |

注:$S$ 为房产面积($m^2$)。

(2)房产平面控制

①检核附近已有控制点,保证房产平面控制测量的精度要求末级相邻基本控制点的相对点位中误差不大于±2.5cm。

②加密控制点,保证房产平面控制点的密度在建筑物密集区的平均间距在 100m 左右,建

筑物稀疏区的控制点平均间距在 200m 左右。

(3)房产调查(参见规范,此处略)

(4)房屋要素测量

(5)房产图绘制

(6)房产面积测算

(7)权属备案

5)测量组织及工作计划

(1)人员安排

项目负责人 1 人;

两个测量小组队,每组配备技术人员 2 人。

(2)投入设备

全球定位 GPS-RTK 测量系统 2 台套;

莱卡手持式测距仪 4 台,设备编号:CJY0301～CJY0304;

便携式计算机 4 台;

作业车 1 辆。

(3)工作计划

测量任务工期 2 个月,具体安排如下:

2012 年 5 月 1 日—2012 年 5 月 31 日完成外业数据采集、调查工作;

2012 年 6 月 1 日—2012 年 6 月 30 日完成内业数据处理、面积计算及绘图工作。

6)提交成果资料

(1)房产测绘技术设计书。

(2)成果资料索引及说明。

(3)控制测量成果资料。

(4)房屋及房屋用地调查表、界址点坐标成果表。

(5)图形数据成果和房产原图(分幅、分丘、分户)。

(6)项目技术总结。

(7)检查验收报告。

(8)计算所依据的分摊文件、测算过程需要说明的文件。

(9)数据库文件(符合本市房产管理系统要求)。

(10)委托单位提供的其他文件。

7)问题

(1)现行房产测量规范对房产测绘的精度有哪些要求?

(2)简述商住楼共有建筑面积的分摊方法。

(3)房产变更测量的精度有哪些要求?

## 4.3 例题参考答案

(1)现行房产测量规范对房产测绘的精度有哪些要求?

①房产测量精度指标与限差。

规范规定以中误差作为评定精度的标准，以2倍中误差为限差。

②平面控制测量精度要求。

房产平面控制测量的精度要求末级相邻基本控制点的相对点位中误差不大于±2.5cm。

③房产界址点的精度要求见表4-1。

④房产图绘制精度要求。

a.对全野外采集数据或野外解析测量等方法所测的房地产要素点和地物点，相对于邻近控制点的点位中误差不超过±0.05m。

b.模拟方法测绘的房产分幅平面图上的地物点，相对于邻近控制点的点位中误差不超过图上±0.5mm。

c.利用已有的地籍图、地形图编绘房产分幅图时，地物点相对于邻近控制点的点位中误差不超过图上±0.6mm。

d.采用已有坐标或已有图件，展绘成房产分幅图时，展绘中误差不超过图上±0.1mm。

⑤房角点的精度要求。

需要测定房角点的坐标时，房角点坐标的精度等级和限差执行与界址点相同的标准。

⑥房产面积的精度要求。

房产面积的精度分为三级，各级面积的限差和中误差不超过表4-2计算的结果。

(2)简述商住楼共有建筑面积的分摊方法。

首先根据住宅和商业等的不同使用功能按各自的建筑面积将全栋的共有建筑面积分摊成住宅和商业两部分，即住宅部分分摊得到的全栋共有建筑面积和商业部分分摊得到的全栋共有建筑面积。然后住宅和商业部分将所得的分摊面积再各自进行分摊。

住宅部分：将分摊得到的栋共有建筑面积，加上住宅部分本身的共有建筑面积，依照按照规范规定的方法和公式，按各套的建筑面积分摊计算各套房屋的分摊面积。

商业部分：将分摊得到的栋共有建筑面积，加上本身的共有建筑面积，按各层套内的建筑面积依比例分摊至各层，作为各层共有建筑面积的一部分，加至各层的共有建筑面积中，得到各层总的共有建筑面积，然后再根据层内各套房屋的套内建筑面积按比例分摊至各套，求出各套房屋分摊得到的共有建筑面积。

(3)房产变更测量的精度有哪些要求？

据现行房产测量规范规定，变更测量的精度要求有以下方面。

①变更后的分幅、分丘图图上精度，新补测的界址点的精度都应符合本规范的规定。

②房产分割后各户房屋建筑面积之和与原有房屋建筑面积的不符值应在限差以内。

③用地分割后各丘面积之和与原丘面积的不符值应在限差以内。

④房产合并后的建筑面积，取被合并房屋建筑面积之和；用地合并后的面积，取被合并的各丘面积之和。

# 5 地 籍 测 绘

## 5.1 地籍测绘案例分析要点

对于地籍测绘案例分析，建议读者仔细阅读《第二次全国土地调查技术规程》(TD/T 1014—2007)，《城镇地籍调查规程》(TD/T 1001—2012)；《城镇变更地籍调查实施细则(试行)》(原国家土地管理局，1998 年)；《城镇地籍调查成果检查验收办法(试行)》(原国家土地管理局，1991 年)；并重点关注以下内容：①技术设计书与技术总结(详见《测绘综合能力》)；②工作流程；③各个环节的技术要求(包括限差要求)；④测量成果检查内容；⑤提交成果清单。

地籍测绘的内容包括地籍建立或地籍修测中的控制测量、地籍要素调查和测量、地籍图绘制、面积量算等。地籍测绘方法与地形测量方法基本一致。

1)地籍测绘的基本要求

(1)地籍控制网的等级及基本精度要求

①地籍平面控制点可分为二、三、四等和一、二、三级及图根级。

②四等网中最弱相邻点的相对点位中误差不大于 5cm；四等以下网最弱点的点位中误差不大于 5cm。

③地籍平面控制测量现在主要采用 GPS、导线测量方法，高程控制测量主要采用水准测量、GPS 测高和三角高程方法，其主要技术指标如表 5-1 和表 5-2 所示。

**静态卫星定位网主要技术指标** 表 5-1

| 等　级 | 平均距离(km) | $a$(mm) | $b$($1\times10^{-6}$) | 最弱边相对中误差 |
|---|---|---|---|---|
| 二等 | 9 | ≤5 | ≤2 | 1/120000 |
| 三等 | 5 | ≤5 | ≤2 | 1/80000 |
| 四等 | 2 | ≤10 | ≤5 | 1/45000 |
| 一级 | 1 | ≤10 | ≤5 | 1/20000 |
| 二级 | <1 | ≤10 | ≤5 | 1/10000 |

注：$a$ 为固定误差；$b$ 为比例误差。

水准测量和三角高程测量的技术指标参见相应等级的规范要求。

(2)界址点精度要求

城镇街坊外围及内部明显的界址点点位允许误差为 10cm，隐蔽的界址点点位允许误差为 15cm。

(3)地籍图的基本要求。

①地籍图的基本内容。

基本内容包括界址点、线，地块及编号，宗地或区的编号和名称，土地利用类别、土地等级，永久性建(构)筑物,各级行政边界线,平面控制点,道路和水系,地理名称和单位名称等。

**动态卫星定位网主要技术指标** 表 5-2

| 等级 | 相邻点距离(m) | 点位中误差(mm) | 测回数 | 方法 | 起算点等级 | 流动站到基准站距离(km) | 边相对中误差 |
|---|---|---|---|---|---|---|---|
| 一级 | ≥500 | ≤±50 | ≥4 | 网络 RTK | — | — | 1/20000 |
| 二级 | ≥300 | ≤±50 | ≥3 | 网络 RTK | — | — | 1/10000 |
| | | | | 单基站 RTK | 四等及以上 | ≤6 | |
| 三级 | ≥200 | ≤±50 | ≥3 | 网络 RTK | | | 1/6000 |
| | | | | 单基站 RTK | 四等及以上 | ≤6 | |
| | | | | | 二级以上 | ≤3 | |
| 图根 | ≥100 | ≤±50 | ≥2 | 网络 RTK | | | 1/4000 |
| | | | | 单基站 RTK | 四等及以上 | ≤6 | |
| | | | | | 三级以上 | ≤3 | |

②地籍图精度。

相邻界址点间距、界址点与邻近地物点关系距离的中误差不得大于图上±0.3mm。依勘丈数据装绘的上述距离的误差不得大于图上±0.3mm。

宗地内部与界址边不相邻的地物点,不论采用何种方法勘丈,其点位中误差不得大于图上±0.5mm;邻近地物点间距中误差不得大于图上±0.4mm。

③基本地籍图分幅编号。

按图廓西南角坐标(整 10m)数编码,$X$ 坐标在前,$Y$ 坐标在后,中间短线连接,当勘丈区已有相应比例尺地形图时,基本地籍图的分幅与编号方法亦可沿用地形图的分幅与编号。

2)宗地权属状况调查

宗地权属状况调查是指调查人员通过现场勘查对宗地的土地权利人、土地坐落、权属性质、土地用途(地类)、宗地四至情况、共有权利状况、权利限制条件等基本情况,结合申请人提交的土地权属来源证明资料,进行调查核实的过程。

(1)权属状况调查的内容

内容包括权利主体,土地权属来源情况,土地权属性质,土地用途、坐落、宗地四至及其他要素等。

(2)界址调查过程

指界⟶界址线设定⟶设定界址点。

(3)界址点编号

以街坊为单位,统一自西向东、自北向南,由"1"开始顺序编号。

(4)地籍编号

地籍编号以县级行政区为单位,按街道、街坊、宗三级编号,对于较大城市可按区、街道、街坊、宗四级编号。地籍编号是地籍档案管理的基础。

(5)宗地草图

宗地草图是描述宗地位置、界址点、线和相邻宗地关系的实地记录,是处理土地权属的原始资料,应在现场绘制,包含以下内容:

①本宗地号和门牌号；

②宗地使用者名称；

③本宗地界址点(包括相邻宗地落在本宗地界址线上的界址点)、界址点号及界址线，相邻宗地的宗地号、门牌号和使用者名称或相邻地物；

④在相应位置注记界址边长、界址点与邻近地物的相关距离和条件距离；

⑤确定宗地界址点位置、界址边方位所必需的或者其他需要的建筑物和构筑物；

⑥指北线、丈量者、丈量日期。

(6)地籍调查表

地籍调查表是确定权属界线的原始记录，其填写格式见《城镇地籍调查规程》(TD/T 1001—2012)。

(7)调查工作(底)图

用已有地籍图、航片、卫片及大比例尺地形图复制图作为调查工作图；无上述图件的地区，应按街坊或小区现状绘制宗地关系位置图作为调查工作图，避免重漏。

3)地籍要素测量

地籍要素测量包括界址点测量和地形要素测量。

(1)界址点精度

城镇街坊外围及内部明显的界址点点位允许误差为10cm，隐蔽的界址点点位允许误差为15cm。界址点测量方法有全站仪或GPS测量法、数字摄影测量法及解析法等。

(2)地形要素测量

地形要素指地形图要素，相关的地形要素包括地物(界标物、建筑物、道路、水系、电力线)、境界、地貌、地理名称等。

地籍测绘时地形要素测量方法与地形图地形测量方法相同。

4)地籍图与宗地图测绘

(1)地籍图测绘方法

地籍图测绘主要有地面数字测图方法和摄影测量方法。地面数字测图方法采用全站仪按极坐标法测量，也可采用距离测量按支距法、距离交会法测量。摄影测量方法主要用于大面积的地籍图测量。此外，也采用编绘和装绘法绘制地籍图。

(2)宗地图制作

①宗地图内容。包括图幅号、地籍号、坐落，单位名称、宗地号、土地分类号、占地面积，界址点和点号、界址线、界址边长，宗地内建筑物、构筑物，邻宗地宗地号及界址线，相邻道路、河流等地物及其名称，指北方向、比例尺、绘图和审核员、制作日期。

②宗地图图幅规格。根据宗地的大小选取，一般采用32开、16开、8开等。比例尺根据宗地的大小选定。

5)面积量算

(1)面积量算内容

内容包括各级行政管辖区的面积、地块面积、房屋面积、房屋用地面积及各种土地利用分类面积的汇总统计等。

(2)面积量算方法

①解析法；

②图解法。

(3)面积量算精度

①坐标解析法面积量算精度。

面积中误差按式(5-1)计算：

$$M_p = \pm M_j \sqrt{\frac{1}{8}\sum_{i=1}^{n}[(X_{i+1}-X_{i-1})^2+(Y_{i+1}-Y_{i-1})^2]} \tag{5-1}$$

式中：$M_p$——面积中误差($m^2$)；

$M_j$——相应等级界址点规定的点位中误差(m)。

②实地量距法面积量算精度。

实地量距法面积中误差按式(5-2)计算：

$$M_p = \pm(0.04\sqrt{P}+0.003P) \tag{5-2}$$

式中：$P$——量算的面积($m^2$)。

③在地籍铅笔原图上量算面积时，两次量算的较差应满足式(5-3)：

$$\Delta_p \leqslant 0.0003M\sqrt{P} \tag{5-3}$$

式中：$P$——量算的面积($m^2$)；

$M$——地籍铅笔原图比例尺分母。

凡地块面积在图上小于 $5cm^2$ 时，不宜采用求积仪量算。

面积量算单位为 $m^2$，计算取值到小数后一位。

(4)面积汇总统计

面积汇总统计以表格的形式提供，主要包括界址点成果表、宗地面积计算表、宗地面积汇总表、地类面积汇总表。

6)变更地籍调查

(1)变更地籍调查内容

内容包括权属调查和地籍勘丈(测绘)。

(2)变更权属调查内容

变更权属调查内容包括重新标定土地权属界址点、绘制宗地草图、调查土地用途、填写变更地籍调查表等工作。

(3)变更地籍测绘内容

内容包括界址未发生变化宗地、界址发生变化宗地、新增宗地。

(4)测量成果资料更新内容

更新内容包括宗地面积变更、地籍图、宗地图变更。

当在一幅图内或一个街坊内宗地变更面积超过 1/2 时，应对该图幅或街坊进行基本地籍图的更新勘丈。

(5)其他资料变更

包括界址点坐标册、面积汇总表、统计表变更及相邻宗地变更等。

7)地籍测绘成果

地籍测绘成果，包括使用过的控制点、地形图成果，以及测量完成的控制点、界址点、量算面积、地籍图、宗地图、地籍册等；还包括相应的技术设计书、技术总结、验收书和协议书等。

8)地籍测绘成果检查验收内容

(1)地籍控制测量;

(2)地籍要素测量;

(3)地籍图;

(4)宗地图;

(5)面积量算与统计;

(6)实地检测点位中误差。

9)土地利用现状调查成果资料

(1)调查底图及《农村土地调查记录手簿》;

(2)地籍平面控制测量、地籍测量原始记录;

(3)土地权属有关成果;

(4)田坎系数测算成果;

(5)图幅理论面积与控制面积接合图表;

(6)土地调查数据库及管理系统;

(7)统计汇总表;

(8)土地利用现状图、地籍图、宗地图;

(9)基本农田、耕地坡度分级等专题图;

(10)工作报告、技术报告、成果分析报告及有关专题报告等。

## 5.2 地籍测绘案例分析例题

### 5.2.1 地籍调查与数据库建设

1)工程概况

××测绘院受××市国土资源局的委托,承担该市××镇地籍调查及数据库建设工作。该项目的目的是为了加快城市土地管理信息化建设步伐,科学管理国土资源信息,充分实现国土资源信息共享,更有效地进行国土资源的监测和保护,合理开发和利用土地,建设现代化的国土资源信息化系统,满足日常土地管理与更新工作的需要。

测区范围约 110km$^2$,其中 100km$^2$ 的范围重新测量,原有 10km$^2$ 初始地籍调查进行变更调查,对于新变化的进行补充调查。

测区全境为东、西两部,东部为低山丘陵区,西部为湖滨平原,地势自东南向西北递降。纵观全市,水域辽阔,湖泊棋布,沃野平畴,耕地连片,土宜稻棉,泽足鱼蒲。整体地貌组合为平原占 44.40%,岗地占 12.59%,丘陵占 1.51%,水面占 41.50%。测区属中亚热带季风湿润气候,湿润多雨,四季分明。年平均气温 17.0℃,年平均降雨量 1500.0mm,年平均日照时数 1800h,无霜期 270 天左右。

2)已有资料情况

(1)平面控制资料

经踏勘本测区内有 C 级 GPS 控制点 4 个,点位保存完好,将其作为 GPS-D 级平面网起算数据,可以满足控制测量精度要求。

(2)高程控制资料

调查范围内有国家二等水准点三个，现场踏勘点位保存完好，可作为四等水准路线起算依据，为1985国家高程基准成果。

(3)图件资料

调查范围有1:10000地形图可作为设计和制作工作底图用。1996年测量的地籍图可作为权属调查使用。调查范围内原有埋石点可作为路线联测使用，利用其标石施测新坐标。

(4)地籍档案资料

对于已发土地证的宗地档案资料，对地形没有变化的宗地在数字化调查底图上可根据宗地的档案资料绘出界址点(必要时需到实地指界和实地进行界址点标记)，可参考利用原有勘丈边长资料。原有的土地权属界线图、边界接合图等资料，可作为此次地籍调查的参考资料。已完成土地权属调查的、未变化的地籍权属资料应充分利用。

3)测量项目目标

(1)控制测量

①完成110km$^2$的D级GPS控制网测量，约30个点；

②完成新城区四等水准测量，约85km；

③完成新城区一级控制测量，约120个点。

(2)权属调查(由甲方组织实施，乙方配合技术性工作)

(3)地籍测量

①对调查区范围内的每一宗地的界址、地籍要素和地形要素进行全解析测量；地籍图成图比例尺为1:500。

②对地籍调查范围内的宗地进行面积计算、汇总与统计。

③编制地籍调查范围内的宗地图。

(4)数据库建设

①利用MapGIS软件进行地籍历史库建设，面积约10km$^2$。

②新城区地籍现状库建设，面积约20km$^2$。

4)主要法律法规与技术依据

(1)《中华人民共和国土地管理法》；

(2)《中华人民共和国房地产管理法》；

(3)《中华人民共和国土地管理法实施条例》；

(4)《集体土地所有权调查技术规定》(国土资源部，2001年)；

(5)《第二次全国土地调查技术规程》(TD/T 1014—2007)；

(6)《城镇地籍调查规程》(TD/T 1001—2012)；

(7)《城镇变更地籍调查实施细则(试行)》(原国家土地管理局，1998年)；

(8)《城镇地籍调查成果检查验收办法(试行)》(原国家土地管理局，1991年)；

(9)《中华人民共和国行政区划代码》(GB/T 2260—2007)；

(10)《地理空间数据交换格式》(GB/T 17798—2007)；

(11)《城市测量规范》(CJJ/T 8—2011)；

(12)《卫星定位城市测量规范》(CJJ/T 73—2010)；

(13)《国家三、四等水准测量规范》(GB/T 12898—2009)；

(14)《数字测绘成果质量检查与验收》(GB/T 18316—2008)；

(15)《国家基本比例尺地图图式 第1部分：1∶500 1∶1000 1∶2000 地形图图式》(GB/T 20257.1—2007)；

(16)《测绘成果质量检查与验收》(GB/T 24356—2009)；

(17)《城镇地籍数据库标准》(TD/T 1015—2007)；

(18)《土地利用现状分类》(GB/T 21010—2007)。

5)平面坐标、高程系统及地籍分幅图参数

(1)平面坐标采用1980西安坐标系。1980西安坐标系参考椭球基本几何参数为：

$$\text{长半轴 } a = 6378140\text{m},\text{短半轴 } b = 6356755.2882\text{m},\text{扁率 } \alpha = 1/298.257$$

$$\text{第一偏心率平方 } e^2 = 0.006694384999588$$

$$\text{第二偏心率平方 } e'^2 = 0.006739501819473$$

(2)高程系统：采用1985国家高程基准。基本等高距为1m。

(3)地籍分幅图比例尺为1∶500。采用矩形分幅，图幅尺寸为40cm×50cm，每幅图以较为出名的地理名称或单位名称作为图名。

6)选择软件

(1)控制测量

①GPS基线解算与平差处理软件：接收机随机软件和中海达GPS自带平差软件。

②常规测量平差采用清华山维"NASEW V3.0"严密平差程序进行平差。

(2)成图软件

采用南方CASS 7.1版成图软件和相应的符号库。

(3)建库软件

采用科技部推荐的中地公司产品MAPGIS 6.5版进行数据库建设。

7)上交成果资料

(1)技术设计书；

(2)技术总结、工作报告、检查报告；

(3)仪器检定资料；

(4)平面、高程控制资料(观测数据、计算成果、点之记等)；

(5)各等级控制点展点图；

(6)权属调查资料；

(7)地籍图、宗地图；

(8)地籍数据库相关资料。

8)问题

(1)简述基本地籍图的主要内容。

(2)简述地籍测量的主要作业步骤。

(3)变更地籍调查时，宗地分割或合并的编号有何要求？

(4)简述地籍数据库管理系统的主要功能需求与设计。

### 5.2.2 土地利用调查

1)工程概况

××测绘院受××市国土资源局的委托，承担该市土地利用现状更新调查及数据库建设工作。测区为全市范围，约 4000km²。2009 年已经完成全市土地利用现状调查工作，并已完成初步建库工作。此次更新测量主要采用土地利用分类现场调查，边界定位采用网络 RTK 方式进行。

2)已有资料情况

测区有较完备的第二次全国土地调查档案资料，包括平面控制资料、高程控制资料、图件资料、地籍档案资料。

3)测量项目目标

(1)部分控制点检测；

(2)权属变更调查(由甲方组织实施，乙方配合技术性工作)；

(3)土地利用现状变更调查；

(4)数据库更新。

4)主要法律法规与技术依据

(1)《中华人民共和国土地管理法》；

(2)《土地利用现状分类》(GB/T 21010—2007)；

(3)《中华人民共和国土地管理法实施条例》；

(4)《集体土地所有权调查技术规定》(国土资源部，2001 年)；

(5)《第二次全国土地调查技术规程》(TD/T 1014—2007)；

(6)《城镇地籍调查规程》(TD/T 1001—2012)；

(7)《城镇变更地籍调查实施细则(试行)》(原国家土地管理局，1998 年)；

(8)《城镇地籍调查成果检查验收办法(试行)》(原国家土地管理局，1991 年)；

(9)《中华人民共和国行政区划代码》(GB/T 2260—2007)；

(10)《地理空间数据交换格式》(GB/T 17798—2007)；

(11)《城市测量规范》(CJJ/T 8—2011)；

(12)《卫星定位城市测量规范》(CJJ/T 73—2010)；

(13)《国家三、四等水准测量规范》(GB/T 12898—2009)；

(14)《数字测绘成果质量检查与验收》(GB/T 18316—2008)；

(15)《国家基本比例尺地图图式　第 1 部分：1∶500　1∶1000　1∶2000 地形图图式》(GB/T 20257.1—2007)；

(16)《测绘成果质量检查与验收》(GB/T 24356—2009)；

(17)《城镇地籍数据库标准》(TD/T 1015—2007)。

5)问题

(1)土地利用调查的数学基础有哪些？

(2)土地利用现状怎样分类？

(3)城镇土地调查数据库及管理系统总体要求有哪些？

(4)城镇土地调查数据库建库的主要工作有哪些?

(5)土地利用现状变更方法及要求有哪些?

## 5.3 例题参考答案

### 5.3.1 地籍调查与数据库建设

(1)简述基本地籍图的主要内容。

地籍图的基本内容包括界址点、线,地块及编号,宗地或区的编号和名称,土地利用类别、土地等级,永久性建(构)筑物,各级行政边界线,平面控制点,道路和水系,地理名称和单位名称等。

(2)简述地籍测量的主要作业步骤。

地籍测量作业的主要步骤:①地籍控制测量;②基本地籍图测绘;③界址点测量;④宗地图绘制;⑤面积量算;⑥质量检查;⑦成果整理与提交等。

(3)变更地籍调查时,宗地分割或合并的编号有何要求?

变更地籍调查时无论宗地分割或合并,原宗地号一律不得再用。分割后的各宗地以原编号的支号顺序编列;数宗地合并后的宗地号以原宗地号中的最小宗地号加支号表示。如108号宗地分割成三块宗地,分割后的编号分别为108-1,108-2,108-3;如108-2号宗地再分割成2宗地,则编号为108-4,108-5;如108-4号宗地与100号宗地合并,则编号为100-1,如108-5号宗地与205号宗地合并,则编号为108-6。

(4)简述地籍数据库管理系统的主要功能需求与设计。

地籍数据库管理系统的主要功能与通用管理系统功能需求与设计基本一样,主要包括数据录入(观测数据、图形)、入库检查、视图管理、查询检索、输入输出、数据分析、地籍图、宗地图绘制、分发服务、数据更新、数据库维护、数据库安全管理等。

### 5.3.2 土地利用调查

(1)土地利用调查的数学基础有哪些?

土地利用调查的数学基础主要包括坐标系统、投影方式和高程系统。

①农村土地调查采用“1980西安坐标系”。城镇土地调查自行确定。

②高程系统采用“1985国家高程基准”。

③标准分幅采用高斯—克吕格投影:

a. 1∶500、1∶2000标准分幅图或数据按1.5°分带(可任意选择中央子午线);

b. 1∶5000、1∶10000标准分幅图或数据按3°分带;

c. 1∶50000标准分幅图或数据按6°分带。

(2)土地利用现状怎样分类?

土地利用现状采用二级分类,其中一级类12个,二级类57个。具体分类编码、名称及含义参见《土地利用现状分类》(GB/T 21010—2007)。

(3)城镇土地调查数据库及管理系统总体要求有哪些?

城镇土地调查数据库主要包括土地权属、土地登记、土地利用、基础地理、影像等信息。其总体要求有：

①系统以 GIS 平台为基础，满足土地登记需要。

②系统应满足矢量、栅格和与之关联的属性数据的管理，具有数据输入、编辑处理、查询、统计、汇总、制图、输出及更新等功能。

**(4)城镇土地调查数据库建库的主要工作有哪些?**

①图形数据采集。检查已有的电子数据，包括野外采集的数据和已建数据库，导入数据库；对纸质地籍图，通过矢量化采集数据。

②图形数据编辑处理。包括图形编辑、坐标系变换、图幅接边及拓扑关系建立等。

③属性数据采集。根据外业调查结果录入属性信息，与图形数据挂接。扫描纸质申请书、调查表、审批表、土地证，以及权属来源证明文件等资料，并与属性信息挂接。审批表等电子文件可直接挂接。

④数据检核与入库。检查数据完整性、准确性、逻辑一致性，以及数据分层和文件命名的规范性等，满足要求的转入数据库。

**(5)土地利用现状变更方法及要求有哪些?**

①一般地区采用实地补测的方法。方法与地物补测相同。

②有条件的地区，制作最新遥感正射影像图，采用内业提取变化、实地调查的方法。

③城镇内部采用解析法。

④行政界线未发生变化时，土地调查控制面积不得改动。

# 6　行政区域界线测绘

## 6.1　行政区域界线测绘案例分析要点

对于行政区域界线测绘案例分析，建议读者仔细阅读《行政区域界线测绘规范》(GB/T 177—2009)、《数字测绘成果质量检查与验收》(GB/T 18316—2008)，并重点关注以下内容：①技术设计书与技术总结；②界线测绘工作流程；③各个环节的技术要求(包括限差要求)；④边界测量数据处理与精度评定；⑤边界协议书附图及边界位置说明；⑥测量成果检查内容；⑦提交成果清单等。

1)界线测绘的基准

界线测绘宜采用国家统一的2000国家大地坐标系和1985国家高程基准。

2)界线测绘的比例尺

边界地形图和边界协议书附图的比例尺视以下情况选用：

(1)同一地区，勘界工作用图和边界协议书附图应采用相同比例尺；

(2)同条边界，协议书附图应采用相同比例尺；

(3)省级行政区选用1:5万或1:10万比例尺；

(4)省级以下行政区采用1:1万比例尺；

(5)地形地物较少地区可适当缩小比例尺，地形地物稠密地区可适当放大比例尺。

3)界桩点的精度

界桩点平面位置中误差一般不应大于相应比例尺地形图图上±0.1mm。界桩点高程中误差一般不大于相应比例尺地形图上平地、丘陵、山地(高山地)1/10基本等高距(特殊困难地区可放宽1/2中误差)。资源开发利用价值较高地区可执行地籍测绘规范中界址点精度的规定。

4)边界协议书附图的精度

边界协议书附图中界桩点的最大展点误差不超过相应比例尺地形图图上±0.2mm，补调的与确定边界有关的地物点相对于邻近固定地物点的间距中误差不超过相应比例尺地形图图上±0.5mm。

5)界桩的编号

界桩点分为单立、同号双立和同号三立三种，其编号按如下要求执行：

(1)省级界线的界桩编号以每一条边界线为一个编号单元，在一个编号单元内一般沿边界线由西向东或由北向南用阿拉伯数字从001开始按顺序编号。界桩完整编号共8位，由边界线的编号、界桩序号及类型码三部分组成，完整编号形式如表6-1所示。

边界线的编号、界桩序号及类型码组成 表 6-1

| 边界线的编号 | 界桩序号 | 类型码 |
|---|---|---|
| ×××× | ××× | × |
| (4位) | (3位) | (1位) |

(2)类型码的规定：同号双立界桩的类型码分别用 A、B 表示，同号三立界桩的类型码分别用 C、D、E 表示，单立界桩的类型码用 Q。同号双立界桩的类型码根据省简码赋予值，省级码小的为 A，大的为 B；同号三立界桩的类型码当一方只有一颗桩时，该桩类型码为 C，其他桩类型码顺时针依次为 D、E。如 5253005Q 为贵州省和云南省边界上的 5 号单立界桩。

(3)三省(自治区、直辖市)边界线交汇处(以下简称三交点)界桩的完整编号亦由三部分组成。前 6 位由界线交汇处三省(自治区、直辖市)的省简码组成，省简码按数值大小由小至大顺序排列；第 7 位为界桩序号；第 8 位为等级码，用“S”表示。三省(自治区、直辖市)边界线只存在唯一交汇处时，界桩序号为“O”；交汇处不唯一时，则按由西向东或由北向南的顺序用阿拉伯数字自 1 开始顺编。

省以下行政区域的界桩编号，一般情况下遵循省级行政区域界桩编号原则，具体编排方法由省以下政区域双方共同商定。

6)界桩点测量方法

界址点的平面坐标宜采用卫星定位系统(GPS)定位测量、光电测距附合导线、支导线、测边测角交会等方法进行测定。

界址点的高程宜采用水准测量、三角高程或 GPS 大地水准面拟合计算等方法测定。

7)界桩点方位物测绘

每个界桩的方位物不少于 3 个；界桩点至方位物的距离一般应在实地量测，要求量至 0.1m。界桩点相对于邻近固定地物点间距误差不大于±2.0m。

8)特殊边界点的测绘

对在边界线两侧设置界桩而边界点本点未设桩的边界点，除按规定测定界桩的坐标与高程外，对同号双立的界桩还应测绘每一界桩至该双立界桩连线与边界线的交点的距离；对于同号三立桩，应测绘每一界桩至该边界线交叉口处转折点的距离。距离量测的误差限差不大于±2.0m。

9)界桩登记表填写

界桩登记表的内容主要包括边界线编号、界桩编号、界桩类型、界桩材质、界桩所在地(两处或三处)、界桩与方位物的相互位置关系、界桩的直角坐标、界桩的地理坐标和高程、界桩位置略图，备注及双方(或三方)负责人签名等。

界桩登记表中的界桩位置略图应标绘出边界线、界桩点、界桩方位物、边界线周边地形等。

10)边界线标绘的精度

界桩点、界线转折点及界线经过的独立地物点相对于邻近固定地物点的平面位置中误差一般不应大于图上 ±0.4mm。

11)边界协议书附图的基本要求

(1)边界协议书附图是以地图形式反映边界线走向和具体位置，并经由界线双方政府负责人签字认可的重要界线测绘成果；界桩点、边界点展绘、边界线标绘、界线附近地形要素的调绘或修测、各种说明注记等，均应经过采集、符号化编辑，整理制成边界协议书附图。

(2)边界协议书附图应以双方共同确定的边界地形图为底图，根据量测的边界点坐标或相关数据、协商确定或裁定的边界线及边界线的标绘成果、地物调绘成果整理、绘制而成。

(3)边界协议书附图的内容应包括边界线、界桩点及相关的地形要素、名称、注记等，各要素应详尽表示。

12)边界协议书附图制图及印刷

利用标绘好的边界协议书附图数据作底图，进行矢量化跟踪、采集，在规定的制图软件中进行分层编辑、符号化、要素关系处理，最后制成数字边界协议书附图。

将数字边界协议书附图制成 EPS 文件，按《地图印刷规范》(GB/T 14511—2008)规定印刷成图。

13)行政区域边界协议书附图集的编纂

《中华人民共和国省级行政区域边界协议书附图集》内容包括图例、图幅结合表、边界协议书附图、编制说明、界桩坐标表等。

《中华人民共和国省级行政区域边界协议书附图集》的编排包括封面、编制说明、图例、示意图、边界协议书附图、坐标表、版权页、封底等。

14)边界点位置和边界线走向说明要求

(1)边界点位置说明的要求

①边界点位置说明应描述边界点的名称、位置、与边界线的关系等内容。

②对埋设界桩的边界点还应描述界桩号、类型、材质、界桩坐标和高程、界桩与边界线的关系、界桩与方位物的关系、界桩与周围地形要素的关系等内容。

(2)边界线走向说明的要求

①边界线走向说明是对边界线走向和边界点位置的文字描述，是边界协议书的核心内容。

②边界线走向说明的编写以明确描述边界线实地走向为原则。叙述应简明清楚，采用通用的名词术语，地名准确，译名规范，并与边界协议书附图和实地情况相一致。

③边界线走向说明应根据界线所依附的参照物编写，参照物包括各种界线标志(如界墙、界桩、河流、山脉、道路等)、地形点、地形线等。

④边界线走向说明根据界线所依附的参照物实际情况分为若干条，每条分为若干自然段。每一自然段一般是对相邻两界桩间边界线情况的文字描述。

⑤边界线走向说明中的距离及界线长度等数据，均以米(m)为单位，实地测量的距离精确到 0.1m，图上量取的距离精确到图上 0.1mm。

⑥边界线走向说明的编写内容一般包括每段边界线的起讫点、界线延伸的长度、界线依附的地形、界线转折的方向、两界桩间界线长度、界线经过的地形特征点等。

⑦边界线走向方位的描述涉及的方向，采用 16 方位制(以真北方向为基准)描述。

15)界线测绘成果

界线测绘成果包括界桩登记表、界桩成果表、控制测量中各种计算表格、边界点成果表、边界点位置和边界走向说明、边界协议书、边界地形图、边界协议书附图等。

16)成果资料的检查、验收与归档

界线测绘成果资料必须接受测绘主管部门的质量监督检验。检查验收按测绘主管部门的有关规定执行，并须由界线双方指定的负责人签字。

界线测绘成果资料的归档管理应按《行政区域界线管理条例》第十三条执行，即勘定行政区域界线，行政区域界线管理中形成的协议书、工作图、界线标志记录、备案材料、批准文件，以及其他与勘界记录有关的材料，应当按照有关档案管理的法律、行政法规的规定立卷归档，妥善保管。

## 6.2 行政区域界线测绘案例分析例题

1)工程概况

受××省国土资源厅和民政厅的委托，××测绘院承担该省更新地市级、县级市的境界并建库的测绘任务。成图比例尺为1∶1万，主要内容有数据采集、数据处理、图形编辑、数据库建库、成果提交等。

2)设计、作业和检查验收依据

(1)《中华人民共和国行政区划代码》(GB/T 2260—2007)；

(2)《行政区域界线测绘规范》(GB/T 177—2009)；

(3)《基础地理信息要素分类与代码》(GB/T 13923—2006)；

(4)《国家基本比例尺地形图分幅和编号》(GB/T 13989—2012)；

(5)《数字测绘成果质量检查与验收》(GB/T 18316—2008)；

(6)《地理信息　元数据》(GB/T 19710—2005)；

(7)《1∶5000　1∶10000　1∶25000　1∶50000　1∶100000 地形图航空摄影规范》(GB/T 15661—2008)；

(8)《国家基本比例尺地图图式　第2部分：1∶5000　1∶10000 地形图图式》(GB/T 20257.2—2006)；

(9)《测绘技术设计规定》(CH/T 1004—2005)；

(10)《测绘技术总结编写规定》(CH/T 1001—2005)；

(11)《××省市县级行政区域界线测绘管理办法》；

(12)本专业设计书。

3)数据规格及技术指标

(1)坐标系统与高程基准

平面坐标：2000国家大地坐标系。高程基准：1985年国家高程基准。

(2)地形图分幅与编号

采用国家基本比例尺地形图分幅方法。

(3)变更界址点

采用实地测量，其他界址点采用测区内最新、比例尺最大的数字地图(DLG)进行境界数据采集。上交数据必须符合ARC/INFOE00格式的要求。

(4)界线、界址点数据分层及属性项

界线、界址点数据分层及属性项定义参见表6-2。

界线、界址点数据分层及属性项 表 6-2

| 层　名 | 内　容 | 几何类型 | 属性项 | | 属性项描述 |
|---|---|---|---|---|---|
| | | | PAT 表 | AAT 表 | |
| BOUNT | 县级行政区域 | 面 | PAC | | 行政区划代码 |
| | | | NAME | | 行政区划名称 |
| | 行政界线 | 线 | | GB | 国标码 |
| BOUPT | 界桩、碑 | 点 | GB | | 国标码 |
| | | | BNO | | 界桩碑号 |

4)现有测绘成果资料

(1)覆盖全测区的 GPS C 级控制点资料(2000 国家坐标系);

(2)全测区的市、县各级行政界线资料;

(3)全测区最新的 1∶1万地形图(DLG);

(4)第二次全国土地调查档案资料;

(5)其他相关资料。

5)提交成果

(1)测区专业设计书;

(2)界址点更新成果数据;

(3)界址点、界址线相关图表

(4)数据库文件;

(5)数据库使用说明;

(6)项目检查报告;

(7)项目技术总结等。

6)问题

(1)简述编写边界点位置说明的要求。

(2)简述编写边界线走向说明的要求。

(3)如何进行省级界线的界桩编号?

(4)界线测绘中元数据文件制作有哪些要求?

## 6.3　例题参考答案

(1)简述编写边界点位置说明的要求。

①边界点位置说明应描述边界点的名称、位置、与边界线的关系等内容。

②对埋设界桩的边界点还应描述界桩号、类型、材质、界桩坐标和高程、界桩与边界线的关系、界桩与方位物的关系、界桩与周围地形要素的关系等内容。

(2)简述编写边界线走向说明的要求。

①边界线走向说明是对边界线走向和边界点位置的文字描述,是边界协议书的核心内容。边界线走向说明与边界协议书附图配合使用。

②边界线走向说明的编写以明确描述边界线实地走向为原则。叙述应简明清楚,采用通

用的名词术语，地名准确，译名规范，并与边界协议书附图和实地情况相一致。

③边界线走向说明应根据界线所依附的参照物编写，参照物包括各种界线标志（如界墙、界桩、河流、山脉、道路等）、地形点、地形线等。

④边界线走向说明根据界线所依附的参照物的实际情况分为若干条，每条可分为若干自然段。每一自然段一般是对相邻两界桩间边界线情况的文字描述。

⑤边界线走向说明中的距离及界线长度等数据，均以米（m）为单位，实地测量的距离精确到0.1m，图上量取的距离精确到图上0.1mm。

⑥边界线走向说明的编写内容一般包括每段边界线的起讫点、界线延伸的长度、界线依附的地形、界线转折的方向、两界桩间界线长度、界线经过的地形特征点等。

⑦边界线走向方位的描述涉及的方向，采用16方位制（以指北方向为基准）描述。

**(3)如何进行省级界线的界桩编号?**

①省级界线的界桩编号以每一条边界线为一个编号单元，在一个编号单元内一般沿边界线由西向东或由北向南用阿拉伯数字从001开始按顺序编号。

②界桩完整编号共8位，由边界线的编号、界桩序号及类型码三部分组成，完整编号形式如表6-1所示。

③省级界线的编号使用4位数字，由相邻两省（自治区、直辖市）的省级行政区域代码的前两位数字（以下简称省简码）组成，数值小的省简码排列在前。各省（自治区、直辖市）的行政区域代码按照《中华人民共和国行政区划代码》（GB/T 2260—2007）规定执行。

**(4)界线测绘中元数据文件制作有哪些要求?**

①元数据是关于数据的数据，是数据和信息资源的描述性信息。如有关数据源、数据的标识、覆盖范围、数据质量、数据更新、空间和时间模式、空间参考系和分发等信息。

②元数据文件录入的具体内容执行《地理信息　元数据》（GB/T 19710—2005）。在制作边界地形图、协议书附图过程中，都应有一个元数据文件，由作业人员在系统中通过人机交互方式填写生成。

# 7　测绘航空摄影

## 7.1　测绘航空摄影案例分析要点

对于测绘航空摄影相应的案例分析，建议读者仔细阅读《1∶500 1∶1000 1∶2000 地形图航空摄影规范》(GB/T 6962—2005)，并重点关注以下内容：①技术设计书与技术总结(详见《测绘综合能力》)；②工作流程；③各个环节的技术要求(包括限差要求)；④测量成果检查内容；⑤提交成果清单；⑥具体工程案例计算能力(如重叠度、分区航线条数、航线影像数计算等)。

1)航摄仪的鉴定要求

(1)鉴定要求

航摄仪凡有下列情况之一者必须进行鉴定：

①距前次鉴定时间超过 2 年；

②快门曝光次数超过 2 万次；

③经过大修或主要部件更换以后；

④在使用或运输过程中产生剧烈振动以后。

(2)鉴定项目

航摄仪鉴定项目包括：

①鉴定主距；

②径向畸变差；

③最佳对称主点坐标；

④自准直主点坐标；

⑤CCD 面阵坏点。

2)航摄分区计算

(1)计算相对航高。

$$H = m \times f \tag{7-1}$$

式中：$m$——摄影比例尺；

$f$——航摄仪的主距(mm)。

(2)根据“分区内的地形高差一般不小于 1/4 相对航高，当航摄比例尺大于或等于 1∶7000 时，一般不应大于 1/6 相对航高”的要求，计算分区内的地形高差的极限值。一般取 1/4 相对航高或 1/6 相对航高。

(3)根据测区的高低点情况划分摄影分区。

3)根据像片要求的重叠度计算像片数量

(1)像片重叠的要求

航向重叠度为 $p\%$，旁向重叠度为 $q\%$。

(2)计算摄影基线和航线间隔

$$\begin{cases} B = L_x m(1 - p\%) \\ D = L_y m(1 - q\%) \end{cases} \tag{7-2}$$

式中：$L_x$——摄影像片像幅的宽度；

$B$——摄影基线；

$L_y$——摄影像片像幅的高度；

$D$——航线间隔。

(3)计算分区内航线条数

$$\text{分区内航线条数} = \text{分区宽度}/D \tag{7-3}$$

(4)计算每航线像片数量

$$\text{每航线像片数量} = \text{航线长度}/B \tag{7-4}$$

4)成果整理与提交的内容

(1)硬盘存储高分辨率真彩色影像数据1套；

(2)硬盘存储低分辨率真彩色影像数据1套；

(3)真彩色像控片1份；

(4)像片缩略图及数据文件1份；

(5)航摄像机鉴定表文本及数据文件各1份；

(6)成果资料登记表文本及数据文件各1份；

(7)航摄技术设计书文本及数据文件各1份；

(8)航摄技术报告书文本及数据文件各1份。

5)航摄成果检查的主要内容

航摄成果检查的主要内容包括像片重叠度、像片倾斜角、像片旋偏角、航线弯曲度、航高差、航摄范围覆盖、航线偏差、航摄漏洞、影像质量等。

## 7.2 测绘航空摄影案例分析例题

1)工程概况

××市地处山地和平原结合部，东西长30km，南北长15km。西部为丘陵地区，最高点90m，最低点30m；东部地势较平坦，最高点50m，最低点10m。为了满足××市经济发展和建设的需要，现对该市进行1:3000的数字航空摄影。选用高精度数码航摄仪DMC2001，焦距为120mm，像幅92mm×166mm。

2)摄影要求

像片航向重叠度要求为60%，最大不超过75%，最小不少于55%。旁向重叠度要求为30%，最小不少于15%。

3)问题

(1)航摄仪在什么情况下必须进行鉴定？鉴定的项目有哪些？

(2)根据工程概况给出的数据分别计算：相对航高，摄影分区及各分区的摄影基准面、绝对航高，摄影基线和航线间隔，估算摄区像片总数及模型数。

(3)航摄成果检查主要包括哪些内容?

(4)摄影成果包括哪些资料?

## 7.3 案例参考答案

(1)航摄仪在什么情况下必须进行鉴定?鉴定的项目有哪些?

航摄仪凡有下列情况之一者必须进行鉴定:

①距前次鉴定时间超过2年;

②快门曝光次数超过2万次;

③经过大修或主要部件更换以后;

④在使用或运输过程中产生剧烈振动以后。

航摄仪鉴定项目包括:

①鉴定主距;

②径向畸变差;

③最佳对称主点坐标;

④自准直主点坐标;

⑤CCD面阵坏点。

(2)根据工程概况给出的数据分别计算:相对航高,摄影分区及各分区的摄影基准面、绝对航高,摄影基线和航线间隔,估算摄区像片总数及模型数。

计算过程如下:

①相对航高的计算:

$$H = f \times m = 120\text{mm} \times 3000 = 360\text{m}$$

②摄影分区:根据"分区内的地形高差一般不小于1/4相对航高,当航摄比例尺大于或等于1:7000时,一般不应大于1/6相对航高"的要求,本摄区内航高差不得大于60m,将摄区分为东西两个摄区。两个摄区的航高计算如下:

西摄区最高点90m,最低点30m,基准面高60m,绝对航高420m;

东摄区最高点50m,最低点10m,基准面高30m,绝对航高390m。

③摄影基线 $B=0.092\times(1-0.6)\times3000=110.4\text{m}$

航线间隔 $D=0.166\times(1-0.3)\times3000=348.6\text{m}$

④航线条数=15000÷348.6=43条

每航线像片数=30000÷110.4=272张

摄区像片总数=43×272=11696张

摄区模型数=43×(272-1)=11653个

(3)航摄成果检查主要包括哪些内容?

航摄成果检查主要包括:像片重叠度、像片倾斜角、像片旋偏角、航线弯曲度、航高差、航摄范围覆盖、航线偏差、航摄漏洞、影像质量等。

(4)摄影成果包括哪些资料?

摄影成果包括以下内容:

①硬盘存储高分辨率真彩色影像数据1套;

②硬盘存储低分辨率真彩色影像数据1套;

③真彩色像控片 1 份；
④像片缩略图及数据文件 1 份；
⑤航摄像机鉴定表文本及数据文件各 1 份；
⑥成果资料登记表文本及数据文件各 1 份；
⑦航摄技术设计书文本及数据文件各 1 份；
⑧航摄技术报告书文本及数据文件各 1 份。

# 8　摄影测量与遥感

## 8.1　摄影测量与遥感案例分析要点

摄影测量与遥感是每年的考试重点，对于相应的案例分析，建议读者仔细阅读《1∶500 1∶1000 1∶2000 地形图航空摄影测量外业规范》(GB/T 7931—2008)、《1∶500 1∶1000 1∶2000 地形图航空摄影测量内业规范》(GB/T 7930—2008)等技术规范文件，并重点关注以下内容：①技术设计书与技术总结（详见《测绘综合能力》）；②工作流程；③各个环节的技术要求（包括限差要求）；④测量成果检查内容；⑤提交成果清单。

本章包括五个案例，分别为数字空中三角测量、立体测图、数字地面模型、数字正射影像图和基于卫星影像的数字正射影像图生产。

### 8.1.1　数字空中三角测量案例分析要点

1)数字空中三角测量基本流程

数字空中三角测量基本流程见图 8-1。

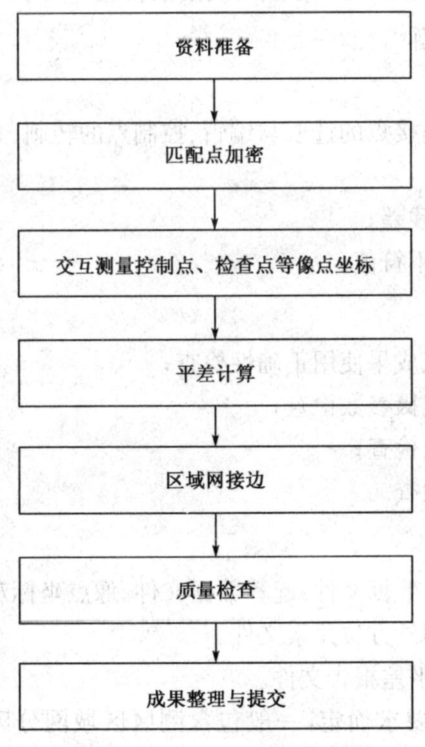


图 8-1　数字空中三角测量基本流程图

2)外业像片控制点的布设

(1)平坦地区:航向上每 4 条基线布设 1 个平高点,旁向上每 2 条航线布设 1 排平高控制点。

(2)丘陵地区:在平坦地区布设要求的基础上,在航带每 2 排平高控制点之间增加 1 排高程控制点。

(3)接边处的外业控制点互相转刺,保证所有同名公共控制点均得到公用。

3)内业加密点的要求

(1)每个像对不少于 6 个内业加密点;

(2)在像片条件允许的情况下,确保标准点位 1、2、3、4、5、6 都要有加密点;

(3)加密点距离像片边缘不小于 1.5cm;

(4)相邻像对、相邻航带、相邻区域网间的同名公共点均要转刺;当航向重叠和旁向重叠过大时,隔像对、隔航带的同名点也要转刺。

4)像点坐标的量测

(1)测量内容

①加密点像点坐标量测;

②野外像片控制点像点坐标量测;

③相邻航带间所有同名公共点坐标量测;

④相邻区域网中相邻航带间所有同名公共点坐标量测。

(2)像点坐标测量精度要求

内定向误差不大于 0.01mm,同一像点两次读数较差不大于 0.01mm。

5)空中三角测量平差计算

(1)工作内容

主要工作包括内定向、连接点的选取与编辑、控制点的转刺、光束法平差解算。

(2)精度要求

①区域网内基本定向点残差;

②区域网内多余控制点不符值。

6)质量检查的内容

(1)外业控制点和检查点成果使用正确性检查;

(2)航摄仪鉴定参数与航摄参数检查;

(3)各项平差计算的精度检查;

(4)提交成果的完整性检查。

7)成果整理与提交

(1)观测与平差计算成果数据文件:起算数据文件、像点坐标观测文件、整体平差后的像点大地坐标文件、区域内影像的外方位元素文件。

(2)精度评定文件:整体平差报告文件。

(3)辅助成果:视用户的要求而定,一般包含测区区域网分区图、区域网略图、技术总结报告。

## 8.1.2 立体测图案例分析要点

1)立体测图生产流程

立体测图生产流程见图 8-2。

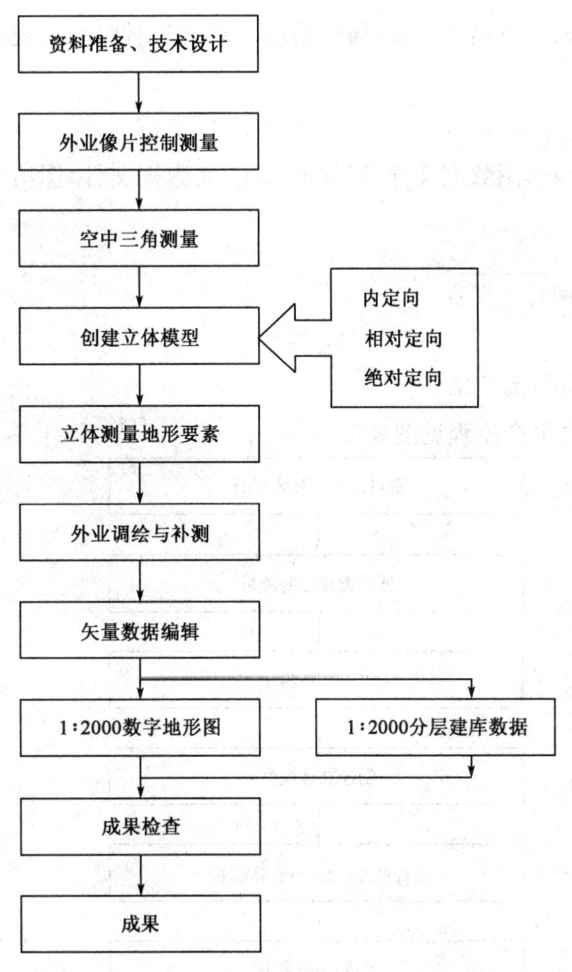


图 8-2 立体测图生产流程图

2)精度要求

(1)图上地物点相对最近野外控制点的平面位置中误差不得大于表 8-1 的规定。

**图上地物点相对最近野外控制点的平面位置中误差**(单位:mm) 表 8-1

| 地形类型 | 平地、丘陵地 | 山地、高山地 |
| --- | --- | --- |
| 加密点平面位置中误差 | 0.35 | 0.50 |
| 地物点平面位置中误差 | 0.50 | 0.75 |

(2)高程注记点相对于最近野外控制点的高程中误差不得大于表 8-2 的规定。

图上高程注记点相对于最近野外控制点的高程中误差(单位:mm)　　表 8-2

| 地形类别 | 平地 | 丘陵地 | 山地 | 高山地 |
|---|---|---|---|---|
| 加密点高程中误差 | 0.3 | 0.35 | 0.8 | 1.2 |
| 注记点高程中误差 | 0.4 | 0.5 | 1.2 | 1.5 |
| 等高线高程中误差 | 0.5 | 0.7 | 1.5 | 2.0 |

3)质量检查的内容

包括空间参考系检查、位置精度检查、属性精度检查、完整性检查、逻辑一致性检查、表征质量检查、附件质量检查。

4)成果整理与提交

包括地形图接合表、地形图数据文件、回放地形图、元数据文件、图历簿、检查验收报告和技术总结。

## 8.1.3 数字地面模型案例分析要点

1)数字地面模型(DEM)生产流程

数字地面模型(DEM)生产流程见图 8-3。

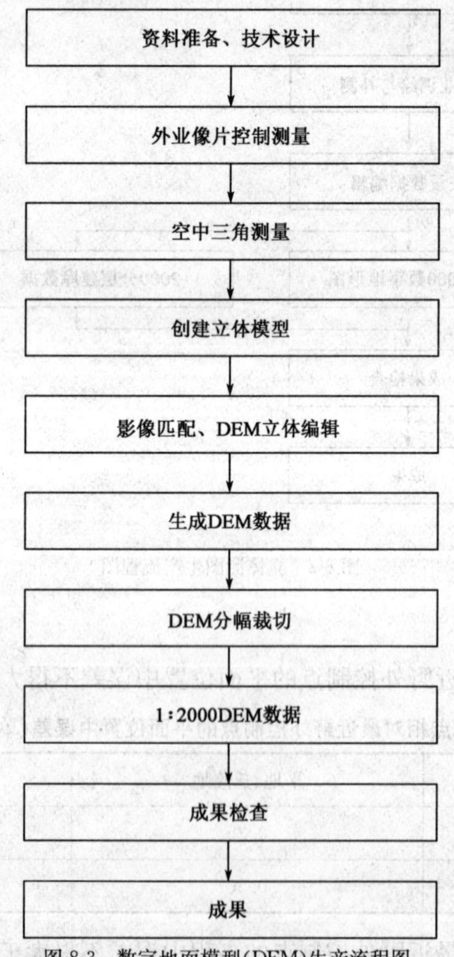


图 8-3　数字地面模型(DEM)生产流程图

2)DEM 精度要求

(1)格网尺寸要求:依据比例尺选择,通常 1:500～1:2000 的格网尺寸不应大于地图比例尺分母的 0.001,1:5000～1:10 万不应大于地图比例尺的 0.0005。

(2)DEM 格网点相对于临近野外控制点的高程中误差不得大于表 8-3 的规定。

**DEM 格网点相对于临近野外控制点的高程中误差**(单位:m) 表 8-3

| 地 形 类 别 | 数字线划图基本等高距 | 格网点高程中误差 |
|---|---|---|
| 平地、丘陵地 | 1 | 1.0 |
| 山地、高山地 | 2 | 2.4 |

3)DEM 质量检查的内容

包括空间参考系检查、高程精度检查、逻辑一致性检查、附件质量检查。

4)成果整理与提交

包括 DEM 数据文件,原始特征点、线数据文件,元数据文件,DEM 数据文件接合表,质量检查记录,质量检查报告,技术总结报告。

## 8.1.4 数字正射影像图案例分析要点

1)数字正射影像图(DOM)生产流程

数字正射影像图(DOM)生产流程见图 8-4。

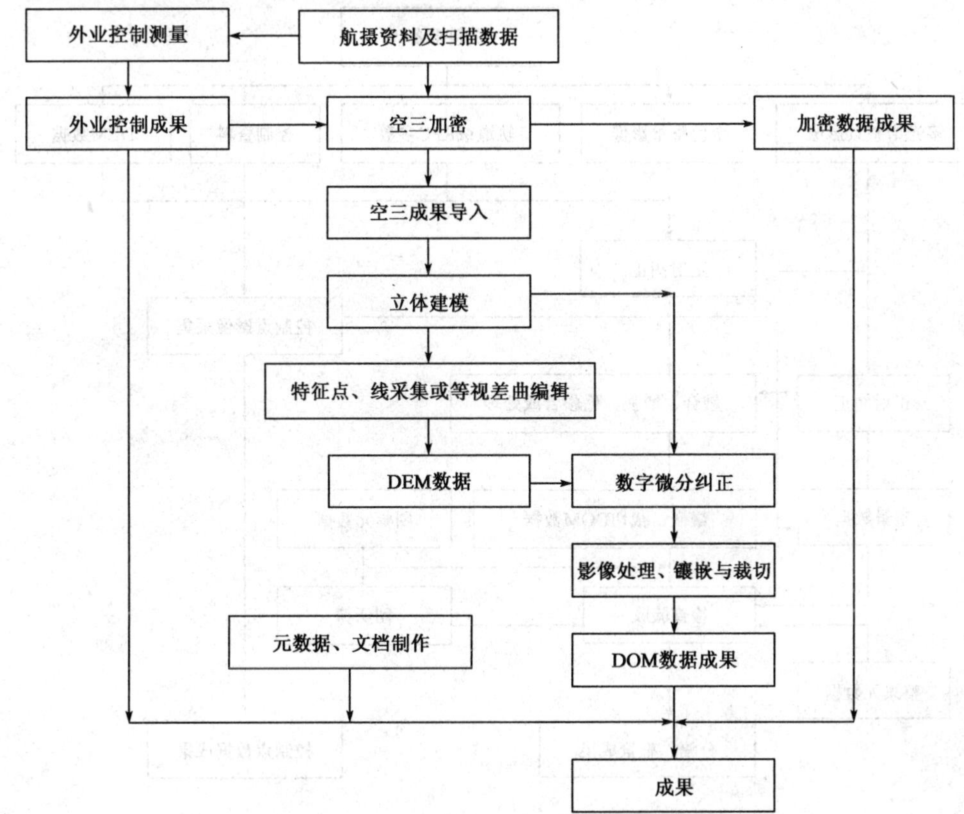


图 8-4 数字正射影像图(DOM)生产流程图

2)影像镶嵌的主要步骤

(1)按图幅范围选取需要镶嵌的数字正射影像。

(2)在相邻数字正射影像之间选绘、编辑镶嵌线;在选绘镶嵌线时,需保证所镶嵌的地物影像完整。

(3)按镶嵌线对所选的单片正射影像进行裁切,完成单片正射影像之间的镶嵌工作。

3)图幅裁切

按照内图廓线对镶嵌好的正射影像数据进行裁切,也可根据设计的具体要求外扩一排或多排栅格点影像进行裁切,裁切后生成 DOM 成果。

4)质量检查

包括空间参考系检查、精度检查、影像质量检查、逻辑一致性检查、附件质量检查。

5)成果整理与提交

包括 DOM 数据文件、DOM 定位文件、DOM 数据文件接合表、元数据文件、质量检查记录、质量检查报告、技术总结报告。

## 8.1.5 基于卫星影像的数字正射影像图生产案例分析要点

1)基于卫星影像的数字正射影像图(DOM)生产流程

基于卫星影像的数字正射影像图(DOM)生产流程见图 8-5。

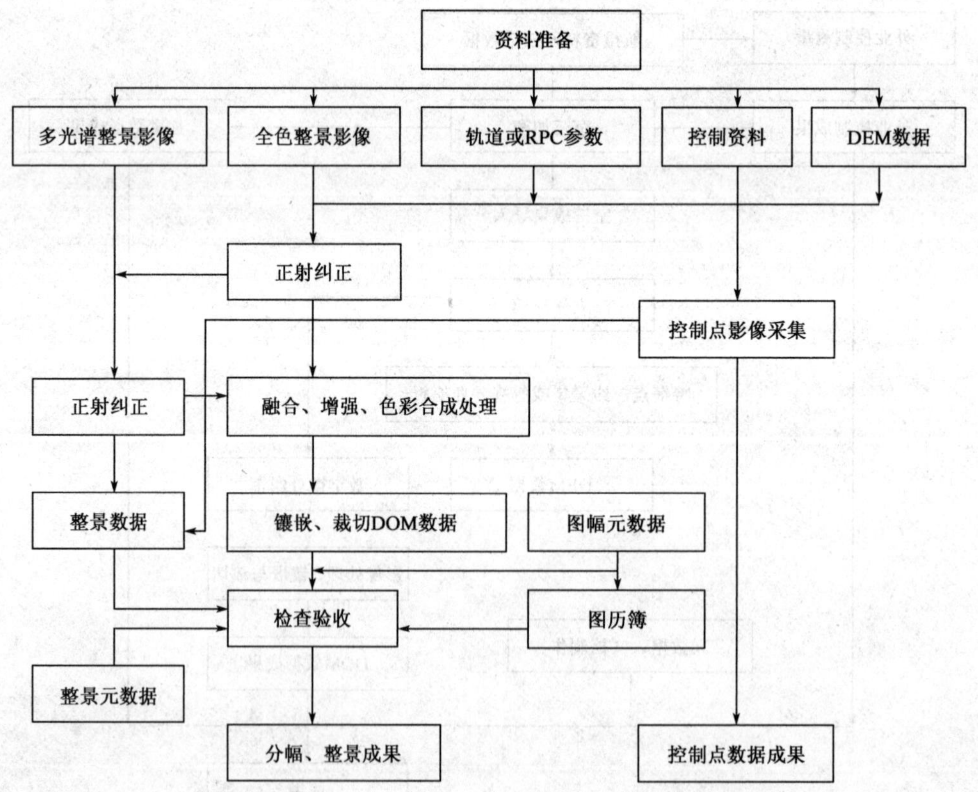


图 8-5 基于卫星影像的数字正射影像图(DOM)生产流程图

2)基于卫星影像的DOM生产主要技术环节

包括资料的准备,技术路线设定,定向建模,影像纠正,色彩调整,影像融合,影像镶嵌、裁切,质量检查,成果质量与提交。

3)成果整理与提交

包括DOM数据文件、DOM定位文件、DOM数据文件接合表、元数据文件、质量检查记录、质量检查报告、技术总结报告。

# 8.2 摄影测量与遥感案例分析例题

## 8.2.1 数字空中三角测量

1)工程概况

为满足××市数字城市建设的需要,计划生产该地区的1:2000比例尺数字地形图(DLG)、数字地面模型(DEM)和数字正射影像图(DOM)。项目前期已于××××年××月完成了全部测区的航空摄影工作和区域网外业控制点的布设与测量工作,现阶段的工作是完成测区的空三加密任务。

2)测区概况

测区为华中地区的一个地级市,总面积约3200km²。测区内以丘陵为主,最低海拔高度为40m,最高海拔高度为120m。

3)主要技术依据

(1)《1:500 1:1000 1:2000地形图航空摄影规范》(GB/T 6962—2005);

(2)《1:500 1:1000 1:2000地形图航空摄影测量外业规范》(GB/T 7931—2008);

(3)《1:500 1:1000 1:2000地形图航空摄影测量内业规范》(GBT 7930—2008);

(4)《数字测绘成果质量要求》(GB/T 17941—2008);

(5)《数字测绘成果质量检查与验收》(GB/T 18316—2008);

(6)平面系统采用1980西安坐标系;

(7)高程系统采用1985国家高程基准。

4)航摄资料

采用传统的胶片航空摄影方式,摄影比例尺为1:8000,航摄仪型号为RC-30,像幅为23cm×23cm,航摄焦距为152mm,影像扫描分辨率为0.02mm,相片类型为真彩色。

航摄总面积为3200km²,设计航高为1216m,设计航向重叠度为65%,设计旁向重叠度为35%。摄影基线$B$=644m,航线间隔$D$=1196m。测区共布设34条航线,每条航线125张航片,东西方向飞行。测区航片总数为4250张。

航空摄影成果已通过质检部门的检查验收,其飞行质量和影响质量均满足规范和设计要求,所有航空摄影成果资料已完成提交。

5)区域网外业像片控制点情况

整个测区的区域网外业控制点的布设与测量工作已全部完成,按丘陵地区布设方案实施,其基本情况如下：

(1)航线按每 4 条基线在其周边布设 8 个平高点。

(2)接边处的外业控制点已互相转刺，保证所有同名公共点均得到共用。

(3)区域网外业像片控制点的精度和成果质量均符合规范和技术设计的要求，质检部门已经同意将该成果交给解析空中三角测量和立体测图工序使用。

6)问题

(1)数字空中三角测量(空三加密)需要哪些起算数据?

(2)画出数字空中三角测量的主要工作流程图。

(3)数字空中三角测量内业加密点的选刺点要求有哪些?

(4)数字空中三角测量的质量检查内容有哪些?

(5)数字空中三角测量提交的成果主要有哪些?

## 8.2.2 立体测图

1)工程概况

为满足××市数字城市建设的需要，计划生产该地区的 1∶2000 比例尺数字地形图(DLG)。项目前期分别完成了全部测区的航空摄影工作、区域网外业控制点的布设与测量主作和测区的空三加密任务。现阶段的任务是完成测区 1∶2000 比例尺数字地形图(DLG)的测绘工作。

2)测区概况

测区为华中地区的一个地级市，总面积约 3200km$^2$。测区内以丘陵为主，最低海拔高度为 40m，最高海拔高度为 120m。

3)主要技术依据

(1)《1∶500 1∶1000 1∶2000 地形图航空摄影测量外业规范》(GB/T 7931—2008)；

(2)《1∶500 1∶1000 1∶2000 地形图航空摄影测量内业规范》(GBT 7930—2008)；

(3)《1∶500 1∶1000 1∶2000 地形图航空摄影测量数字化测图规范》(CB/T 15967—2008)；

(4)《数字地形图产品基本要求》(GB/T 17278—2009)；

(5)《数字测绘成果质量要求》(GB/T 17941—2008)；

(6)《数字地形图系列和基本要求》(GB/T 18315—2001)；

(7)《基础地理信息要素分类和代码》(GB/T 13923—2006)；

(8)《数字测绘成果质量检查与验收》(GB/T 18316—2008)；

(9)《测绘成果质量检查与验收》(GB/T 24356—2009)。

4)航摄资料

采用传统的胶片航空摄影方式，摄影比例尺尺为 1∶8000，航摄仪型号为 RC-30，像幅为 23cm×23cm，航摄焦距为 152mm，影像扫描分辨率为 0.02mm，相片类型为真彩色。

航摄总面积为 3200km$^2$，设计航高为 1216m，设计航向重叠度为 65%，设计旁向重叠度为 35%。摄影基线 $B$=644m，航线间隔 $D$=1196m。测区共布设 34 条航线，每条航线 125 张航片，东西方向飞行。测区航片总数为 4250 张。

5)控制点资料

在外业控制点的布设与测量工作已经完成的基础上，利用数字空中三角测量进行了全测区的空三加密工作，空三成果已通过质量检查和验收。

6)问题

(1)立体测图内业包括哪几个主要步骤？

(2)画出立体测图的生产流程图。

(3)立体测图应提交的资料有哪些？

### 8.2.3 数字地面模型

1)工程概况

为满足××市数字城市建设的需要，计划生产该地区的 1∶2000 比例尺数字地面模型(DEM)。项目前期分别完成了全部测区的航空摄影工作、区域网外业控制点的布设与测量主作和测区的空三加密任务。现阶段的任务是完成测区 1∶2000 比例尺数字地面模型(DEM)的生产工作。

2)测区概况

测区为华中地区的一个地级市，总面积约 3200km$^2$。测区内以丘陵为主，最低海拔高度为 40m，最高海拔高度为 120m。

3)主要技术依据

(1)《1∶500 1∶1000 1∶2000 地形图航空摄影测量外业规范》(GB/T 7931—2008)；

(2)《1∶500 1∶1000 1∶2000 地形图航空摄影测量内业规范》(GBT 7930—2008)；

(3)《1∶500 1∶1000 1∶2000 地形图航空摄影测量数字化测图规范》(CB/T 15967—2008)；

(4)《数字地形图产品基本要求》(GB/T 17278—2009)；

(5)《数字测绘成果质量要求》(GB/T 17941—2008)；

(6)《数字地形图系列和基本要求》(GB/T 18315—2001)；

(7)《基础地理信息要素分类和代码》(GB/T 13923—2006)；

(8)《数字测绘成果质量检查与验收》(GB/T 18316—2008)；

(9)《测绘成果质量检查与验收》(GB/T 24356—2009)。

4)航摄资料

采用传统的胶片航空摄影方式，摄影比例尺为 1∶8000，航摄仪型号为 RC-30，像幅为 23cm×23cm，航摄焦距为 152mm，影像扫描分辨率为 0.02mm，相片类型为真彩色。

航摄总面积为 3200km$^2$，设计航高为 1216m，设计航向重叠度为 65%，设计旁向重叠度为 35%。摄影基线 $B$=644m，航线间隔 $D$=1196m。测区共布设 34 条航线，每条航线 125 张航片，东西方向飞行。测区航片总数为 4250 张。

5)控制点资料

在外业控制点的布设与测量工作已经完成的基础上，利用数字空中三角测量进行了全测区的空三加密工作，空三成果已通过质量检查和验收。

6)例题

(1)画出数字地面模型(DEM)的生产流程图。

(2)数字地面模型(DEM)质量检查的内容有哪些?

(3)数字地面模型生产应提交的资料有哪些?

## 8.2.4 数字正射影像图

1)工程概况

为满足××市数字城市建设的需要,计划生产该地区的1:1万比例尺数字正射影像图(DOM)。项目前期分别完成了全部测区的航空摄影工作、区域网外业控制点的布设与测量主作、测区解析空中三角测量加密工作和1:1万数字地面高程模型(DEM)生产。现阶段的任务是完成测区1:1万比例尺数字正射影像图(DOM)的生产工作。

2)测区概况

测区为华中地区的一个地级市,总面积约3200km²。测区内以丘陵为主,最低海拔高度为40m,最高海拔高度为120m。

3)主要技术依据

(1)《1:5000 1:10000 地形图航空摄影测量外业规范》(GB/T 13977—2012);

(2)《1:5000 1:10000 地形图航空摄影测量内业规范》(GB/T 13990—2012);

(3)《国家基本比例尺地图图式 第2部分:1:5000 1:10000 地形图图式》(CB/T 20257.2—2006);

(4)《基础地理信息数字成果 1:5000 1:10000 1:25000 1:50000 1:100000 数字正射影像图》(CH/T 9009.3—2010);

(5)《数字测绘成果质量检查与验收》(GB/T 18316—2008);

(6)《数字测绘成果质量要求》(GB/T 17941—2008);

(7)《测绘成果质量检查与验收》(GB/T 24356—2009)。

4)航摄资料

采用传统的胶片航空摄影方式,摄影比例尺为1:2万,航摄仪型号为RC-30,像幅为23cm×23cm,航摄焦距为152mm,影像扫描分辨率为0.02mm,相片类型为真彩色。

航摄总面积为3200km²,设计航高为3040m,设计航向重叠度为65%,设计旁向重叠度为35%。摄影基线$B$=1610m,航线间隔$D$=2990m。测区共布设14条航线,每条航线50张航片,东西方向飞行。测区航片总数为700张。

5)控制点资料

整个测区的解析空中三角测量、数字地面高程模型采集的工作已全部完成,其成果质量符合规范和技术设计的要求,并已全部通过质检部门的检查验收,同意移交给下一工序使用。

6)问题

(1)生产数字正射影像图(DOM)需要哪些已知数据?

(2)画出数字正射影像图(DOM)的生产流程图。

(3)数字正射影像图(DOM)质量检查的内容有哪些?

(4)数字正射影像图(DOM)生产应提交的资料有哪些?

### 8.2.5 基于卫星影像的数字正射影像图生产

1)工程概况

为满足××市数字城市建设的需要,计划利用卫星影像数据生产该地区的1∶5万比例尺数字正射影像图(DOM)。前期已经完成了该地区SPOT 5、ALOS卫星遥感全色波段影像(地面分辨率2.5m)及多光谱影像(地面分辨率10m),作为制作1∶5万比例尺数字正射影像图(DOM)的基础影像。

2)主要技术依据

(1)《国家1∶50000数据库更新工程——数字正射影像数据规定》(2版,国家测绘局,2007年);

(2)《国家1∶50000数据库更新工程——航空数字正射影像数据、卫星影像正射数据生产技术规定》(2版,国家测绘局,2007年);

(3)《国家基本比例尺地形图分幅与编号》(GB/T 13989—2012);

(4)《基础地理信息数据产品1∶10000 1∶50000生产技术规程 第3部分:数字正射影像图(DOM)》(CH/T 1015.3—2007);

(5)《1∶25000 1∶50000 1∶100000地形图航空摄影测量内业规范》(GB/T 12340—2008);

(6)《数字测绘成果质量要求》(GB/T 17941—2008);

(7)《数字测绘成果质量检查与验收》(GB/T 18316—2008)。

3)控制点资料

外业控制成果平面坐标系统采用1980西安坐标系,高程系统采用1985国家高程基准。该成果作为卫星影像纠正的基础控制资料。

4)1∶5万DEM数据

整个测区有相关单位提供的DEM数据。该数据平面坐标系统采用1980西安坐标系,高程系统采用1985国家高程基准。格网间隔为25m,精度为7m。

5)1∶5万DRG数据

整个测区有相关单位提供的DRG数据,格式为GEOTIF。该数据平面坐标系统采用1980西安坐标系,高程系统采用1985国家高程基准。

6)问题

(1)卫星遥感影像与常规航空影像有哪些不同?

(2)画出基于卫星影像的数字正射影像图(DOM)的生产流程图。

(3)基于卫星影像的数字正射影像图(DOM)生产应提交的资料有哪些?

## 8.3 例题参考答案

### 8.3.1 数字空中三角测量

(1)数字空中三角测量(空三加密)需要哪些起算数据?

起算数据包括航空像片原始扫描数据、航摄仪鉴定成果数据、区域网外业控制点成果表、区域网外业像片控制点刺点片等。

(2)画出数字空中三角测量的主要工作流程图。

数字空中三角测量的工作流程见图 8-1。

(3)数字空中三角测量内业加密点的选刺点要求有哪些?

①每个像对不少于 6 个内业加密点;

②在像片条件允许的情况下,确保标准点位 1、2、3、4、5、6 都要有加密点;

③加密点距离像片边缘不小于 1.5cm;

④相邻像对、相邻航带、相邻区域网间的同名公共点均要转刺,当航向重叠和旁向重叠过大时,隔像对、隔航带的同名点也要转刺。

(4)数字空中三角测量的质量检查内容有哪些?

数字空中三角测量的质量检查内容包括:

①外业控制点和检查点成果使用正确性检查;

②航摄仪鉴定参数与航摄参数检查;

③各项平差计算的精度检查;

④提交成果的完整性检查。

(5)数字空中三角测量提交的成果主要有哪些?

数字空中三角测量提交的成果主要有:

①观测与平差计算成果数据文件:起算数据文件、像点坐标观测文件、整体平差后的像点大地坐标文件、区域内影像的外方位元素文件。

②精度评定文件:整体平差报告文件。

③辅助成果:视用户的要求而定,一般包含测区区域网分区图、区域网略图、技术总结报告。

## 8.3.2 立体测图

(1)立体测图内业包括哪几个主要步骤?

立体测图内业包括内定向、相对定向、绝对定向和地物地貌的测绘四个主要步骤。

(2)画出立体测图的生产流程图。

立体测图的生产流程图见图 8-2。

(3)立体测图应提交的资料有哪些?

立体测图应提交的资料包括地形图接合表,地形图数据文件,回放地形图,元数据文件、图历簿,检查验收报告和技术总结。

## 8.3.3 数字地面模型

(1)画出数字地面模型(DEM)的生产流程图。

数字地面模型(DEM)的生产流程图见图 8-3。

(2)数字地面模型(DEM)质量检查的内容有哪些?

包括空间参考系检查、高程精度检查、逻辑一致性检查、附件质量检查。

(3)数字地面模型生产应提交的资料有哪些?

包括 DEM 数据文件、原始特征点、线数据文件、元数据文件、DEM 数据文件接合表、质量检查记录、质量检查报告、技术总结报告。

## 8.3.4 数字正射影像图

**(1)生产数字正射影像图(DOM)需要哪些已知数据?**

生产数字正射影像图的数据包括航摄资料及扫描数据、外业控制点数据资料及刺点片、内业空三加密数据资料和加密点转刺图片、DEM数据资料等。

**(2)画出数字正射影像图(DOM)的生产流程图。**

数字正射影像图(DOM)的生产流程图见图8-4。

**(3)数字正射影像图(DOM)质量检查的内容有哪些?**

数字正射影像图(DOM)质量检查内容包括空间参考系检查、精度检查、影像质量检查、逻辑一致性检查、附件质量检查。

**(4)数字正射影像图(DOM)生产应提交的资料有哪些?**

包括DOM数据文件、DOM定位文件、DOM数据文件接合表、元数据文件、质量检查记录、质量检查报告、技术总结报告。

## 8.3.5 基于卫星影像的数字正射影像图生产

**(1)卫星遥感影像与常规航空影像有哪些不同?**

①卫星影像一般是基于推扫成像,垂直轨道方向是中心投影,沿轨道方向不满足中心投影的成像原理,而航片则满足中心投影;

②卫星影像的外方位元素可以提供严格成像模型或RPC参数,航空影像通常提供满足共线方程的严格成像模型;

③卫星影像的信息一般通过多光谱和全色分离获取,全色影像分辨率高,多光谱影像分辨率相对较低,需要通过融合处理获取彩色高分辨率的影像。

**(2)画出基于卫星影像的数字正射影像图(DOM)的生产流程图。**

基于卫星影像的数字正射影像图(DOM)的生产流程图见图8-5。

**(3)基于卫星影像的数字正射影像图(DOM)生产应提交的资料有哪些?**

基于卫星影像的数字正射影像图(DOM)生产应提交的资料有DOM数据文件、DOM定位文件、DOM数据文件接合表、元数据文件、质量检查记录、质量检查报告、技术总结报告。

# 9 地图制图

## 9.1 地图制图案例分析要点

地图制图案例分析建议读者仔细阅读《国家基本比例尺地图编绘规范》第1、2、3部分(GB/T 12343.1—2008、GB/T 12343.2—2008、GB/T 12343.3—2009),并重点关注以下内容:

①根据项目需求,确定地图内容、表示方法、投影方式和比例尺、图面分幅设计;

②根据技术设计和制图区域的实际情况,收集、分析并合理利用有关制图资料,按照地图编制原则和要求,编绘普通地图(或集、册)、专题地图(或集、册)和电子地图;

③收集、处理有关地理信息数据,制作符合技术设计要求的地图数据或地图数据库;

④设计普通地图、专题地图、地图集或电子地图等产品制作的工艺流程;

⑤对制图项目过程质量进行控制,并对项目成果进行整理、检查、验收和归档。

### 9.1.1 普通地图编制案例分析要点

普通地图编制的一般过程,包括地图制图资料收集、地图设计、地图数据处理、地图数据编辑和制作等。其中,重点内容包括地图设计、制图工艺方案设计、地图数据处理和地图制作。

1)地图制图资料收集、分析和利用

(1)地图制图资料的质量对于确保新编地图质量、加快成图速度、降低成本等有着重要影响,是编制地图的基础。

(2)根据收集的资料,分析、确定基本资料、补充资料和参考资料。编绘中需明确各种资料的用途。

2)地图分幅设计

(1)以经纬线分幅的统一分幅地图设计

主要考虑合幅、破图廓或设计补充图幅、设置重叠边带。

(2)以矩形分幅的统一分幅地图设计

需考虑纸张、印刷机的规格及使用等因素。

(3)内分幅地图的分幅设计原则

①顾及纸张规格;

②顾及印刷条件;

③主区在图廓内基本对称,并顾及与外围地区的联系;

④各图幅的印刷面积尽可能平衡;

⑤顾及主区内重要地物的完整;

⑥顾及图面配置的要求;

⑦大幅地图的内分幅，应考虑局部地区组合成新的完整图幅。

此外应注意分幅数尽量少，色层多的区域集中在尽可能少的图幅上。

(4)内分幅地图设计的方法

①在工作底图上量取区域范围的尺寸；

②换算成新编图上的长度并与纸张和印刷机的规格相比较；

③确定分幅线的位置和每幅图的尺寸。

(5)图幅拼接规定

一般为上幅压下幅、左幅压右幅，受压幅绘出 10mm 的重叠区域。

(6)地图版面

一般由主区、邻区、图例、附图、图名、比例尺和图外要素组成。对于具体的地图，可根据图纸的大小、图例的多少等调整其位置。国家基本比例尺地形图有统一的分幅和图面配置规定。

3)地图设计的要求

(1)设计或选择一个适合于新编地图的地图投影(确定变形性质，标准纬线或中央经线的位置、经纬线密度、范围等)，确定地图比例尺和地图的定向等。

(2)地图投影设计应考虑制图区域的位置、大小和区域形状；地图用途；地图投影的特点(如变形性质、变形大小分布、地球极点表象及特殊线段的形状等)。

(3)我国分省(区)地图宜采用的投影：正轴等角割圆锥投影(必要时也可采用等面积和等距圆锥投影)，宽带高斯—克吕格投影(经差可达 9°)。

(4)中国全图常用投影：斜轴等面积方位投影、斜轴等角方位投影、彭纳投影、伪方位投影等。

(5)中国全图(南海诸岛作插图)常用投影：正轴等面积割圆锥投影、正轴等角割圆锥投影等。

(6)地图比例尺的形式：数字式、文字式及图解式(包括直线比例尺和复式比例尺)。

(7)地形图平面坐标系统采用 2000 国家大地坐标系。地形图平面直角坐标网格规定如表 9-1 所示。

**地形图平面直角坐标网格的规定** 表 9-1

| 比例尺 | 1:1万 | 1:2.5万 | 1:5万 | 1:10万 | 1:25万 |
|---|---|---|---|---|---|
| 图内千米网间隔 | 10 | 4 | 4 | 4 | 4 |
| 实地长(km) | 1 | 1 | 2 | 4 | 10 |

(8)1:50 万、1:100 万地形图上不绘出直角坐标，1:25 万图上经纬网只绘十字线。

(9)地形图高程系统：1985 国家高程基准。

(10)1:2.5 万～1:10 万地形图精度，如表 9-2 所示。

**1:2.5万～1:10万地形图精度** 表 9-2

| 地形类别 | 地物点平面位置中误差(mm) | 等高线高程中误差(m) | | |
|---|---|---|---|---|
| | | 1:2.5万 | 1:5万 | 1:10万 |
| 平地 | ±0.5(图上) | ±1.5 | ±3.0 | ±6.0 |
| 丘陵 | | ±2.5 | ±5.0 | ±10.0 |
| 山地 | ±0.75(图上) | ±4.0 | ±8.0 | ±16.0 |
| 高山地 | | ±7.0 | ±14.0 | ±28.0 |

4)地图内容的选择与表示

根据地图的用途、制图资料及制图区域的特点，选择地图内容，确定分类、分级、表达的指标体系及表示方法，并依此要求设计图式符号并建立符号库。

(1)普通地图

普通地图按其比例尺和用途及其详细程度，可分为地形图、地形一览图和普通地理图(或一览图)三类。

①地形图的内容。根据其相应规范和图式，包括测量控制点，居民地，独立地物，管线及垣栅，境界，道路，水系，地貌及土质，植被，注记，图外整饰。

我国国家基本比例尺地形图一般包括1:500、1:1000、1:2000、1:5000、1:1万、1:2.5万、1:5万、1:10万、1:25万、1:50万和1:100万共11种比例尺地形图。

②地形一览图亦称地形地理图。我国省、地、县地图就是其典型代表。主要内容与地形图基本相同。所不同的是：用作挂图，符号尺寸适当放大；居民地按其图面积大小用街区(套色)或轮廓图形(套色)或不同大小、不同图形的圈形符号表示(区分行政意义与人口数量)；用等高线表示的地貌，其等高距适当加大，也可采用变距等高距。

我国省、地、县地图常用比例尺如表9-3所示。

**我国省、地、县地图常用比例尺** 表9-3

| 类别 | 省级地图 | 地市级地图 | 县级地图 |
|---|---|---|---|
| 比例尺 | 1:25万～1:100万 | 1:15万～1:25万 | 1:5万～1:25万 |

③普通地理图主要有三种形式，即单幅或拼幅挂图(通常比例尺较大)，地图集中普通地图(小比例尺)，非制图作品中的附图(比例尺往往较小)。

普通地理图表示的内容，包括水系、地貌、土质植被、居民地、交通网和行政区划界线等。与地形图相比，地图内容的详细性有了很明显的降低，只表示最主要的内容和分类分级概略。各种独立地物、管线、低等级道路、小居民地等均随地图比例尺缩小而大量删减或不再表示。

(2)水系

①水系要素表示的内容包括陆地水系和海洋水系两大部分。

②陆地水系包括河流、湖泊与水库、沟渠与运河、井、泉等。

③海洋水系要素包括海岸、海底地貌和其他海洋要素。

④水系综合的要求。地图上要正确反映不同地区的水系类型和形状特征。正确表示河流主支流关系、岸线弯曲程度及河渠网、湖泊的形状特征、分布特点和不同地区的密度对比；充分表示水利设施；正确反映海岸的类型，显示出海底地貌的基本形态和岛礁分布，表示海底性质和其他海洋要素；处理好水系与其他要素的关系。

我国地图上河流选取的标准如表9-4所示。

(3)地貌

①地貌综合的要求。地图上应正确表示各类地貌的基本形态特征，保持地貌结构线、特征点位置和名称注记的正确，处理好地貌与其他要素的关系。

②地貌在地图上的表示最常用的是等高线法、分层设色法和晕渲法。

③地貌编绘常用的指标如表9-5～表9-8所示。

**我国地图上河流选取标准** 表 9-4

| 河网密度分区 | 密度系数(km/km²) | 河流选取标准(cm) | |
|---|---|---|---|
| | | 平均值 | 临界标准 |
| 极稀区 | <0.1 | 基本全部选取 | |
| 较稀区 | 0.1～0.3 | 1.4 | 1.3～1.5 |
| 中等密度区 | 0.3～0.5 | 1.2 | 1.0～1.4 |
| | 0.5～0.7 | 1.0 | 0.8～1.2 |
| | 0.7～1.0 | 0.8 | 0.6～1.0 |
| 稠密区 | 1.0～2.0 | 0.6 | 0.5～0.8 |
| 极密区 | >2.0 | 不超过 0.5 | |

**地形图上等高距**(单位:m) 表 9-5

| 比例尺 | 1:1万 | 1:2.5 万 | 1:5万 | 1:10 万 | 1:25 万 | 1:50 万 |
|---|---|---|---|---|---|---|
| 一般等高距 | 2 | 5 | 10 | 20 | 50 | 100 |
| 扩大等高距 | | 10 | 20 | 40 | 100 | 200 |

**1:100 万变距高度表**(单位:m) 表 9-6

| 高程 | <200 | 200～3000 | >3000 |
|---|---|---|---|
| 等高线 | 0:50 | 200 倍数 | 250 倍数 |

**谷 口 间 距**(单位:mm) 表 9-7

| 地 貌 类 型 | 1:2.5 万 | 1:5万 | 1:10 万 | 1:25 万 | 1:50 万 | 1:100 万 |
|---|---|---|---|---|---|---|
| 中山、高山 | 4～8 | | 4～6 | 4～6 | 5～7 | 4～6 |
| 丘陵、低山 | 3～6 | | 3～5 | 3～5 | 4～6 | 3～5 |
| 黄土、风成 | 2～4 | | 2～4 | 2～3 | 3～5 | 2～4 |

**高程点及等高线数量选取指标**(单位:个/100cm²) 表 9-8

| 比 例 尺 | 高程点数量 | | | | 等高线高程注记数量 | | | |
|---|---|---|---|---|---|---|---|---|
| | 平原 | 丘陵 | 山地 | 高山地 | 平原 | 丘陵 | 山地 | 高山地 |
| 1:2.5 万～1:10 万 | 10～20 | | 8～15 | | 5～10 | | | |
| 1:25 万 | 10 | 15～20 | | | 5～10 | | | |
| 1:50 万 | 约 10 | 10～15 | | | 5～10 | | | |
| 1:100 万 | 10～15 | 15～20 | | | 5～10 | 10～15 | | |

(4)居民地

①居民地综合的要求。应正确表示居民地及设施的位置、基本形状特征、通行情况、行政意义及名称,反映各地区居民地分布特征以及居民地密度的对比,处理好居民地与其他要素的关系。

②我国地图上居民地分为城镇式和农村式两大类。

③地图上应优先表示重要的居民地,注意名称注记的定级所采用的字体、字号。名称注记

配置一般采用水平字列，不要跨越线状符号配置名称注记，以免造成错觉。

④居民地综合的有关指标如表 9-9、表 9-10 所示。

**街区单元面积综合指标**（单位：$mm^2$） 表 9-9

| 比例尺 | 城镇式房屋密集区 | 城市外围房屋稀疏区、街区式农村居民地 |
|---|---|---|
| 1:2.5 万 | 16～50 | 4～16 |
| 1:5万、1:10 万 | 8～25 | 2～8 |

**居民地密度分区选取指标**（单位：个） 表 9-10

| 密度分区 | | 实地 100$km^2$ 内居民地数量 | 图上每 100$cm^2$ 选取数量 | | |
|---|---|---|---|---|---|
| | | | 1:25 万 | 1:50 万 | 1:100 万 |
| 极稀区 | 中小型 | <15 | <60 | <70 | <90 |
| 稀疏区 | 大中型 | <15 | <60 | 70～100 | 90～120 |
| | 中小型 | 16～35 | 60～80 | | |
| 中密区 | 大中型 | 16～60 | 60～80 | 100～130 | 120～160 |
| | 中小型 | 36～110 | 80～100 | | |
| 较密区 | 大中型 | 61～110 | 80～100 | 130～160 | 160～200 |
| | 中小型 | 111～200 | 100～115 | | |
| 稠密区 | 大中型 | >110 | 100～120 | 160～180 | 200～250 |
| | 中小型 | >200 | 115～130 | | |

(5)交通网

①交通网是各种交通运输的总称。地图上表示的交通网主要有陆地交通、水路交通、空中交通和管线运输等几类。

②交通网综合的要求。地图上应正确表示道路的类别、等级、位置，反映道路网的结构特征、通行状况和分布密度，表示水运、空运及其他交通设施，正确反映交通与其他要素的关系。

③道路综合时，应优先表示高等级道路，道路的表示应和居民地相适应。道路网格的大小如表 9-11 所示。

**道路网格大小**（单位：$cm^2$） 表 9-11

| 居民地密度分区 | 1:2.5 万 | 1:5万 | 1:10 万 | 1:25 万 | 1:50 万 | 1:100 万 |
|---|---|---|---|---|---|---|
| 稀疏区 | | | | >3 | >5 | >4 |
| 中密区 | 2～4 | | 2～4 | 2～4 | 3～5 | 2～4 |
| 稠密区和较密区 | >1 | | >1 | 1～3 | 2～4 | 1～3 |

(6)行政区划界线

①境界线是区域的范围线，包括政区境界和其他区域界线。

②我国地图上表示国界、未定国界，省、自治区、直辖市，自治州、盟及地级市界，县、自治县、旗、县级市界。

③境界综合的要求。地图上应正确反映境界的等级、位置，以及与其他要素的关系。不同等级的境界重合时应表示高等级境界符号，与其他地物不重合的境界线应连续表示；境界的交汇片和转折处应以点或实线表示。境界符号两侧的地物符号及其注记不应跨越境界线。

5)地图符号、色彩和注记设计

(1)地图符号的设计要求

地图符号的设计应具有图案化、象征性、清晰性、系统性、适应性及生产可行性。

(2)地图符号设计的步骤

①从地图使用要求出发,分析研究地图基本内容及其地图资料,拟定分类分级原则;

②确定各项内容在地图整体结构中的地位,排定各种符号的感受水平;

③选择适当的视觉变量(形状、尺寸、方向、颜色、亮度、密度)及变量组合方案;

④综合考虑比例尺、载负量和图面效果,对符号进行分析、评价和修改;

⑤建立地图符号文件,构成地图要素符号库。

(3)地图色彩设计的注意事项

①与地图的性质、用途相一致;

②与地图内容相适应;

③利用色彩的感觉与象征性;

④色彩和谐美观。

(4)地图色彩内容

点状色彩、线状色彩和面状色彩。面状符号分为质别底色、区域底色、色级底色和衬托底色。

(5)地貌设计

地貌分层设色、地貌晕渲的色彩设计应考虑地貌类型和地理景观特点来表达地貌立体。

(6)地图注记设计

地图注记设计包括字体、字号、字位、字列、字隔和字色。

6)全数字化地图制图工艺方案设计

(1)全数字化地图制图以数字原图为主要信息源,以彩色桌面出版技术(DTP)系统为平台,将地图设计、数据处理、地图编辑、印前准备融为一体。

(2)普通地图的生产工艺流程如图 9-1 所示。

7)地图数据处理

(1)地图制图的数据来源

地图制图的数据来源主要有地图资料(数据)、影像资料(数据)、统计资料和各种文字资料。

(2)地图数据的处理

地图数据的处理主要包括数据源内容的选取、投影变换、比例尺变换、数据格式转换等。

8)地图数据制作

(1)地图数据制作内容

一般包括数据处理与编辑、地图符号化、生僻汉字的处理与解决、数字环境下地图综合、地貌晕渲制作等方面。

(2)数字环境下的制图综合

包括选取和概括两种基本方法。实施制图综合时,根据各要素选取和概括的指标进行。

(3)分层设色

根据区域的地理特点,选用适当的设色原则,利用色彩的立体感觉给每层设色,设计合适的地貌高度表。

9)制图要素关系处理

(1)道路关系的处理

道路关系的处理包括:

①道路连接、相交时的关系处理;

②道路间冲突时的关系处理;

③道路弯曲程度的处理。

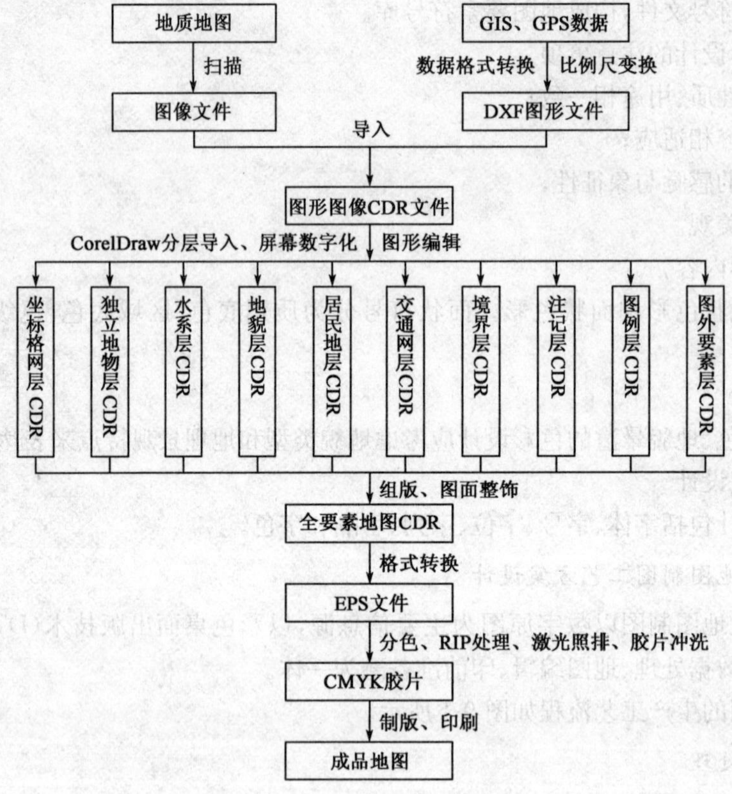


图 9-1　普通地图生产工艺流程图

(2)水系与其他要素关系的处理

水系与其他要素关系处理包括:

①河流与道路之间的关系处理;

②河流与境界之间的关系处理。

(3)居民地与其他要素关系的处理

以不同大小的圈形符号表示各级居民地,同线状要素具有相接、相切、相离三种关系;同面状要素具有重叠,相切、相离三种关系;同离散的点状符号只有相切、相离的关系。其中,与线状要素的关系最具有代表性。

10)图幅拼接、印前处理与质量控制

(1)图幅拼接

一般规定为上幅压下幅、左幅压右幅,受压幅绘出 10mm 的重叠要素。

(2)印前处理

①检查各要素符号的色彩模式(CMYK)和配色组成;

②检查数据的规范性(如数据冗余度、文字注记显示等);

③保证各分幅图间保留 10mm 的重叠区域。

(3)质量控制

质量控制贯穿于地图制图的全过程,包括地图设计要求、地图数据处理要求、地图制作要求、地图检查要求和保障地图质量的措施等。

## 9.1.2 专题地图编制案例分析要点

专题地图的特点是要先编制地理底图,然后在地理底图上添加专题要素内容。重点内容包括专题地图制作工艺方案设计、地理底图的设计与编制、专题要素的设计与编制。

1)投影的设计

(1)地图投影设计考虑因素包括制图区域的位置、大小和区域形状,地图用途,地图投影的特点等。

(2)地图投影的特点

地图投影的特点包括变形性质、变形大小分布、地球极点表象及特殊线段的形状等。

2)专题地图编制工艺方案设计

(1)专题地图生产的主要作业内容

包括:①数据录入;②地图符号、色彩、图面设计;③屏幕数字化,符号、注记的表达;④图面组版;⑤分色胶片输出。

(2)专题地图编制工艺流程

专题地图编制工艺流程见图 9-2。

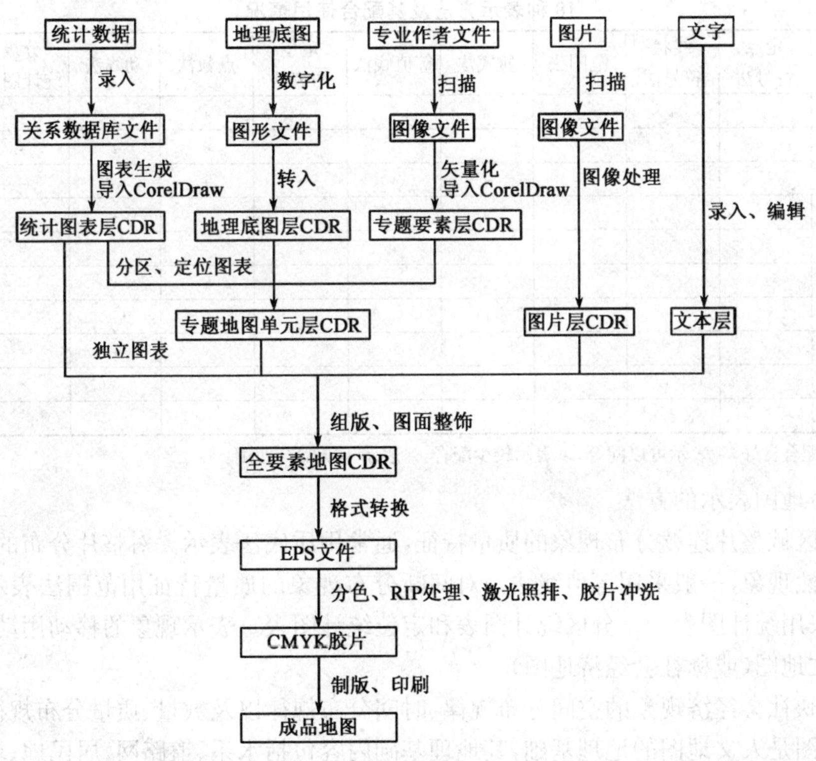


图 9-2　专题地图编制工艺流程图

3)专题地图的设计与编制

(1)地理基础底图的作用

①在编制专题地图时,作为转绘专题要素的基础;

②在使用专题地图时,用于地图的定向和专题要素的定位,并说明现象的分布与周围环境的关系,从而揭示现象的分布规律。

(2)地图基础底图表示的程度

既要表示某专题内容所发生的环境,有利于读图,又要清晰易读,不致干扰专题内容。影响专题地图地理基础内容选取和表示详细程度的因素包括地图的主题、用途、比例尺和区域特点。

(3)编制专题地图的地理基础

普通地图上的制图网、水系、地貌、居民地、道路、境界、土质植被等,是编制专题地图的地理基础。其中,制图网、水系和居民地几乎是任何专题地图上所必需的地理基础,其他要素视专题地图的用途不同,适当地加以选取。

(4)编制专题地图的工作程序

研究与所编专题地图有关的政府文件;收集、研究、分析原始资料和编写编图大纲;整理制图资料,进行资料的加工处理;图例设计,地图上所要表示的内容与表示方法设计;编制专题地图地理基础的底图;编制作者原图,并进行修改;编制编绘原图;印前准备和印刷工作。

(5)专题地图的10种表示方法

10种表示方法及其配合如表9-12所示。此外,专题地图表示方法有新的变种,扩充了表示方法的功能。例如,剖面法、解析图表法、金字塔图表法、伪等值线法和分级等密度区法、连续比率统计图等。

**10种表示方法及其配合使用情况** 表9-12

| 表示方法 | 定点符号法 | 线状符号法 | 范围法 | 质底法 | 等值线法 | 定位图表法 | 点数法 | 动线法 | 分级统计图法 | 分区统计图法 |
|---|---|---|---|---|---|---|---|---|---|---|
| 定点符号法 | + | + | √ | + | + | - | + | + | + | 不常用 |
| 线状符号法 | | + | √ | + | + | + | + | + | + | + |
| 范围法 | | | + | - | + | + | + | √ | - | - |
| 质底法 | | | | - | + | + | - | + | - | - |
| 等值线法 | | | | | + | + | - | + | - | - |
| 定位图表法 | | | | | | + | + | + | - | - |
| 点数法 | | | | | | | + | + | - | - |
| 动线法 | | | | | | | | + | - | - |
| 分级统计图法 | | | | | | | | | × | √ |
| 分区统计图法 | | | | | | | | | | + |

注:√表示配合良好,+表示可以配合,-表示较少配合,×表示不能配合使用。

(6)自然地图表示的方法

对制图区域整片连续分布现象的质量特征,通常用质底法表示。对整片分布的、连续而逐渐变化的自然现象,一般采用等值线法。对间断分布现象的质量特征用范围法表示。表示现象的发展,采用统计图表——分区统计图表和定位统计图表。表示现象的移动用动线法。

(7)人文地图(或称社会经济地图)

主要反映社会经济现象的空间分布规律、时间分布规律以及数量、质量分布规律。同比例尺的普通地图是人文地图的地理基础,其地理基础内容包括水系、道路网、居民地、境界。常用人文地图的表示方法如表9-13所示。

**常用人文地图的表示方法** 表 9-13

| 专题内容 | 表示方法 | 说明 |
| --- | --- | --- |
| 行政区划图 | 质底法 | |
| 人口分布图 | 定点符号法 | 以比率符号反映实际人口数 |
| | 点数法 | 反映人口分布和数量特征 |
| | 分级统计图法 | 以区划单元反映人口数量相对指标 |
| | 金字塔图表 | 反映人口的性别、年龄构成及婚姻状况 |
| | 三角形图表 | 反映居民参加三大产业指标 |
| | 范围法 | 民族、语言分布 |
| 工业图 | 定点符号法 | 符号的颜色、形状和注记表示工业的质量特征，符号的大小表示工业的数量特征 |
| | 动线法 | 表示各工企业之间的经济联系 |
| 农业图 | 符号法 | 表示离散的点状物体 |
| | 区域法、质底法 | 表示分布区域的面状对象 |
| | 分布统计图表、分级统计图表 | 使用统计 资料制图 |
| | 动线法 | 表示动物迁移、风灾移动路线等 |
| 运输枢纽图 | 符号图 | 面积表示运输能力，结构表示货物品构成 |
| 普通经济图 | 符号法、质底法、范围法 | 工业：用条件比率符号反映工业的相对实力，不同颜色或晕渲表示各工业部门；<br>农业：农业企业机构用符号法表示，农业用地用质底法，农作物和分布用范围法，劳动力资源通过居民地的圈形符号及大小及地图注记反映 |

(8)编制专题地图应注意的事项

图例设计决定着地图的内容、表示方法和现象的概括程度。构图的符号要简洁，不可过于复杂。几何图形(圆形、方形、三角形、矩形等)常常是构图的基础。专题地图的图例符号也要与国家基本地形图的图例有一定的联系，即在分类、分级、构图、色彩等方面保持相应或相似，以便于读图。

### 9.1.3 电子地图设计与制作案例分析要点

电子地图是以数字地图为基础，并以多种媒介显示的地图数据的可视化产品。重点内容包括电子地图的设计、数据组织结构设计、制作工艺流程、电子地图数据的制作和集成等。

1)电子地图的设计

电子地图的设计是指以计算机为基础，研究电子地图的数据采集、存储管理和输出显示等技术方案的一种过程。在此基础上，利用电子地图制作系统进行电子地图的加工与制作，最终建立用户需要的电子地图产品。

(1)电子地图的设计

主要包括：①数据设计；②界面设计；③符号和注记设计；④色彩设计。

(2)电子地图设计分析

主要包括：①数据组织结构设计分析；②背景信息设计分析；③专题信息设计分析。

(3)电子地图的数据组织结构

系统采用图组来组织数据，每个图组表示一个专题内容，并由不同的专题图幅构成。

(4)电子地图的背景信息

电子地图的背景信息包括划分和确定图组、图幅、插图内容。

(5)电子地图的专题信息

在背景图幅和插图上增加专题图层，每个专题层包含点、线、面和路径等目标，目标通过关键字与数据库连接。

2)数据组织结构设计

(1)电子地图的数据分类

根据性质不同，电子地图的数据划分为基础地理数据和专题数据。

①基础地理数据(如地貌、水系、居民地等)起到地理环境信息说明的作用，属于背景信息，数据既可以是矢量数据形式，也可以是栅格数据形式。

②专题数据是反映电子地图的主题要素信息，数据按照不同的属性又划分为不同的图层。一般情况下，专题数据采用矢量数据形式，包括点、线、面目标，从而满足系统对专题地图目标处理的需要。

③多媒体数据在电子地图中可视为专题数据。视频、图像、声音等数据量大，需要考虑是否对它们进行压缩处理。

(2)电子地图集

电子地图集是围绕某一主题，由若干电子地图或者专题图片数据按照一定结构组织起来的集合形式。

①电子地图集包括片头、目录、图组、主图、图幅、插图、片尾、背景音乐、专题目标 9 种基本单元。

②电子地图集的片头一般为动画格式，表示图的名称、主编单位和出版单位。

③电子地图集的主图大多是“图形＋文字”的结构。

④电子地图集的片尾一般反映图的编委会、编辑部组成人员名单、资料来源及鸣谢信息。

⑤电子地图集中的目录、图组、主图和图幅之间通过指定关联区域范围实现相互间的连接，在电子地图图幅和插图之间通过用户定义的具有专题要素性质的热点、热线和热区 3 种节点形式与专题属性数据或多媒体数据连接。

3)电子地图工艺方案设计

电子地图工艺方案设计的流程主要包括多媒体数据准备、数据处理、系统集成、系统调试与发行等阶段。

电子地图制作工艺流程见图 9-3。

4)电子地图数据的制作和集成

(1)数据准备包括地图数据(地形图、专题地图)、文字数据、图片数据、视频数据、音频数据等。

(2)数据处理包括地图数据的制作、专题数据的制作、多媒体数据的制作。

(3)系统集成阶段通过电子地图软件实现封面、图组、主图、图幅、插图的建立和编辑，热点、线、面的添加，数据库的关联，媒体记录的连接，图幅信息的设置及各种链接的建立等。

(4)系统的调试是对各种数据进行检查及对系统进行调试，消除差错。

(5)出版发行阶段包括出版申请、母盘制作和制作出版光盘等。

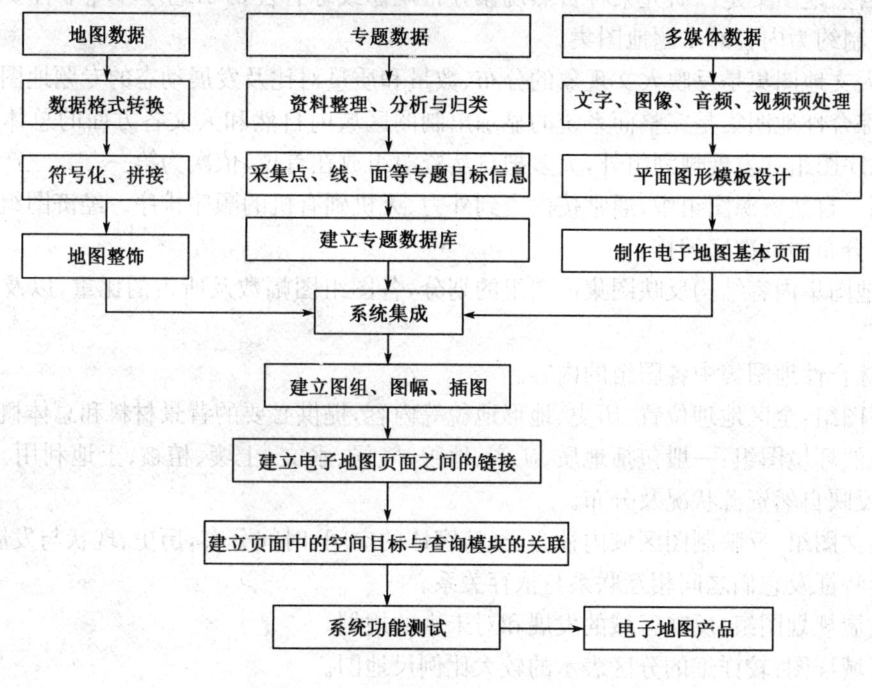


图 9-3　电子地图制作工艺流程

## 9.1.4　地图集编制案例分析要点

地图集编制的重点内容包括地图集的开本、比例尺和投影的设计，地图集地理底图的设计与编制，普通图组的设计与编制，专题图组的设计与编制。

1)地图集的开本、比例尺和投影的设计

(1)地图集的开本由地图集的用途、内容、制图区域面积大小和形状确定，与制图区域分幅情况和比例尺密切相关。一般来说，国家级的地图集用 4 开本，省(区)级用 8 开本，大城市也可用 8 开本。

(2)地图集中各图幅按幅面大小和区域的特点，设计几种易于比较的比例尺，尽量考虑为简单的倍率关系。

(3)地图集投影的设计尽量和资料图相近，投影的种类不宜过多。

2)地图集的内容结构和编排体系设计

(1)地图集图幅的编排和先后次序，各类地图的比重，各图幅间的相互协调配合，都要符合逻辑性和系统性。编排时，先按图组排序，再在每个图组内按图幅的内容排序。

(2)普通地图集通常包括全区或一览性总图，大区域一览图，较详细的分区图和较详细的城市或重要地区的较大比例尺扩大图。一般还包括一定数据的一览性专题地图作为序图，如政区图、地势图、人口分布图和气候图等。排序时，总图在前，分区图在后，分区图也要按一定的顺序排列。

(3)专题地图集的种类可分为自然地图集和人文地图集。排序时，序图组在前，中间按专题的学科特点有序安排，总结性的图组位于最后。

(4)自然地图集是以研究某种自然现象分布规律或综合性揭示地理环境中各要素相互联系和相互制约为内容的专题地图集。

(5)人文地图集是反映人文现象的分布、数量和质量对比及发展动态的专题地图集。

(6)综合性地图集是完整而系统的显示出制图区域内自然和人文各方面的总体现象的地图集。除序图组和发展规划组外，大多把自然资源组放在首位，依次为第一、二、三产业次序排列各图幅。自然资源图组中，通常按内力到外力、无机到有机的顺序排序。经济图组中按条件图到生产分布图的次序编排。

(7)地图集内容结构反映图集内图组的划分，各图组图幅数及所占的比重，以及每幅图表达的内容。

(8)综合性地图集中各图组的内容。

①序图组：全区地理位置、历史、地形地貌等内容，提供必要的背景材料和总体概貌。

②自然环境图组：一般包括地质、矿产、地貌、气候、水文、土壤、植被、土地利用、环境保护等内容，反映自然资源状况及分布。

③人文图组：反映制图区域内社会、经济客体的空间、时间分布，历史、现状与发展动态，数量与质量特征及它们之间相互联系与依存关系。

④发展规划图组：反映区域的发展和对未来的规划。

⑤区域详图：较详细的分区表示的较大比例尺地图。

3)地图集的图面配置设计

(1)地图集各图幅的配置是充分利用地图的幅面，合理地配置地图的主体、图名、比例尺、附图、附表、文字说明等。

(2)图面配置一般以地图、图表为主，辅以图片、文字。根据内容的主次、呼应等逻辑关系，均衡、对称地安排各相关内容的位置。

4)地图集地理底图的设计

地图集中由于制图区域的范围和各类地图的内容不同，对底图的投影和它的地理基础内容有不同的要求。对于地图集中的底图既要保证其统一性，又要考虑其特殊性，一般底图可分为若干个系统，这是地图集统一协调性的重要保证。它体现在三个方面，即数学基础、地理基础和底图整饰。

(1)地图底图的数学基础在整个图集或至少同类地图的投影应该相同。同一投影、同一比例尺的各地理底图经纬网间隔一致。

(2)地图底图的地理基础是同系统中用一种底图作为基本底图，其他底图由此派生，随主题和比例尺不同，地理内容相应删减。不同系统的底图应保证相应内容的一致性和连贯性。

(3)地图底图的底图整饰应与整个图集底图的线画粗细、符号大小、注记字体和走向、颜色的浓淡、同类地图图例框的配置与协调一致。

5)地图集普通图组的设计与编制

(1)普通图组中，制图区域应是一个完整的自然区划、经济区划或一个行政单位，要充分利用地图集开本的幅面大小，将制图区域完整地安排在一个展开幅面内，或由于地图集中比例尺系列的要求而安排在一个单页幅面内。根据制图区域的形状、面积大小及行政地位，分区图分幅可采用移图、破图廓等表示手段。

(2)分区图在编排时，以最高行政单位为中心，按顺时针（或逆时针）方向有序表示其他行政区。

(3)地貌一般采用等高线加分层设色，或等高线加地貌晕渲的方法，应考虑色彩的设计以显示地貌形态。

(4)普通地图的图型比较单一，表示方法比较固定。

6)地图集专题图组的设计与编制

(1)专题图组因表达的内容的广泛和特殊，图型较多，表示方法多达十种。

(2)统计图的设计与编制：资料大多是统计资料，编制时一般以统计图表的形式安排于主题图的空白片。常采用分级统计图法和分区统计图表法，或两者配合使用。

(3)分布图的设计与编制：专题内容呈点状分布的，以符号法表示。符号的形状、颜色表示其质量特征，符号的大小表示其数量特征。专题内容呈线状分布的，以线状符号的颜色表示其质量特征，以线状符号的粗细表示其等级。专题要素呈间断成片分布的，采用范围法表示。

(4)动线图的设计与编制：对专题内容的移动现象可以动线法表示。动线的颜色表示质量特征，宽度表示数量特征。

(5)等值线图的设计与编制：通常等高线可用变距间隔，其他图幅用等距间隔。

(6)类型图的设计与编制：地质、土壤、土地利用等以全地域为对象或划分类型的以质底法表示。类型图的色彩要鲜艳，使底色、晕线、花纹和点状、线状符号配合层次分明，但又要遵循各种地图的已有规定或约定俗成的习惯。

7)地图集编制工艺方案

(1)地图集的设计、编制与出版多采用基于 DTP 的彩色地图桌面出版系统下全数字制图技术，将地图设计、编辑、编制、数据处理、印前处理融为一体。

(2)工艺流程包括：总体设计→资料收集→普通地图、专题地图编制工艺方案→组版（全要素地图文件）→格式转换（EPS 数据）→RIP 处理、照排（CMYK 四色胶片）→打印印刷、装订（地图集成品）。

## 9.2 地图制图案例分析例题

### 9.2.1 普通地图的编制

1)任务概述

根据××省基础测绘工作的要求，计划编制比例尺为 1∶50 万的《××省地图》，全面表示××省境界范围内的行政区划、道路交通、城镇分布、基本地貌的基本情况，以及××省与邻省之间的关系，以公开出版的形式为各级政府和专业部门提供工作用图。

(1)制图区域范围：本省所辖范围及邻近的省、自治区、特别行政区部分区域。

(2)任务量：地图设计、地图数据处理、地图制作。

(3)完成时限：要求 2 个月完成。

2)已有资料情况

根据《××省地图》编制目的、内容和比例尺设计要求，选择收集了以下最新相关资料：

(1)1∶25 万××省公众版数字地图（按国家标准分幅，1980 西安坐标系，2005 年版）作为基本资料；

(2)《1∶100 万省级界线画法标准样图》(国家测绘局、民政部 2001 年版)，作为省界绘制补充资料；

(3)标有 2000 年勘界市、县界线的 1∶25 万 DRG，作为县级及以上界线绘制的依据；

(4)1∶50 万《××省地图》(2005 年版)，作为要素综合取舍的参考资料；

(5)《××省政区图册》(2010 年版)和近期政区、地名变更资料，作为编制居民地行政等级及名称内容的参考依据；

(6)《××省标准山名图》、《中国山脉资料图》(1974 年版)，国家测绘局公布的名山高程，作为补充编制山脉要素等级的参考依据；

(7)《××省标准水名图》、《中国河流、水运资料图》(1973 年版)，作为补充编制水系要素等级的参考依据；

(8)1∶85 万《××省公路图》(2010 年版)，作为道路走向、编号核对的依据。

3)地图规格和主要技术指标

(1)地图精度

图上地图要素(地物)相对经线和纬线的交叉点的平面位置中误差：图上±0.75mm，最大不超过±1.1mm。

(2)地图规格

①比例尺为 1∶50 万，印刷成品为 4 全开拼幅形式的大幅面挂图。

②采用矩形分幅设计，版面由 1∶50 万××省全图(主图)、××市(省会)中心城区图(附图)、图例、图名、比例尺和版权记录等要素构成。

③成图尺寸：1860mm×1540mm，外图廓尺寸：1720mm×1295mm，内图廓尺寸：1650mm×1228mm；附图尺寸：340mm×480mm，图例尺寸：386mm×128mm。

(3)地图拼接要求

①考虑到××省版图的形状，《××省全图》的分幅拼接形式采用横放拼接，即左右为该图的长边，上下为该图的宽边。

②图幅拼接时按上幅压下幅，左幅压右幅的顺序进行拼接。

4)问题

(1)依据《测绘生产成本基本定额》，省级普通地理图从地图设计到输出印刷胶片的编制经费为 736.87 元/$dm^2$，有底图数据的定额减少 20%。试求：

①计算本项目测绘生产需要多少经费。

②假设取该省省会中心城区实地范围内长不小于 35km，宽不小于 25km 的区域作为《××市城区图》的制图区域，请确定《××市城区图》应采用的比例尺大小。

(2)内分幅地图的定义？简述内分幅地图分幅设计原则、分幅的方法。

(3)如何进行该制图区域的研究，其研究的内容有哪些？

(4)简述地图相邻图幅的数字接边要求。

### 9.2.2 行政区划图的编制

1)任务概述

为反映××自治区境界范围内的行政区划、道路交通、城镇分布、基本地貌的基本情况，×

×测绘单位拟编制《××自治区地图》，以公开出版的形式为各级政府和专业部门提供工作用挂图。

任务周期：2个月内完成。

2)制图区域概况

××自治区地处中国华南沿海，位于东经104°26′～112°04′，北纬20°54′～26°24′之间。东部与广东省为邻，东北与湖南省相连，西北隅紧倚贵州省，西面与云南省接壤，西南与越南社会主义共和国毗连。东西最大跨距771km，南北最大跨距634km。陆地区域面积23.67万$km^2$，北回归线东西横穿××自治区，海岸线长约1000余km。

全区辖14个地级市，34个市辖区、7个县级市、56个县、12个民族自治县，另辖2个管理区和2个新区。

3)具体要求

(1)挂图比例尺为1∶80万，选用等角圆锥地图投影，幅面根据实际情况选择大度纸全张(1194mm×889mm)或对开(880mm×594mm)。

(2)挂图的地理要素包括主要河流、湖泊、大型水库，乡镇(含)以上居民地，铁路，乡级(含)以上公路，县级(含)以上境界等。

(3)需公开出版发行。

4)问题

(1)说明该挂图应选择的纸张的大小及理由。

(2)简述该挂图地图编制过程中制图资料的选择。

(3)简述居民地要素选取的原则。

(4)简述图内境界及境界线色带的表示。

## 9.2.3 专题地图的编制

1)项目概述

××省综合经济实力在全国一直处于前列，为反映××省经济社会发展，展示新时期全省经济的辉煌成就，也为国内外人士了解××省情增添新的窗口，拟编制《××省综合经济图》(以下简称《综合经济图》)，同时为××省的社会经济建设规划和发展的提供相关依据。

制图区范围：介于东经116°21′～121°55′，北纬30°45′～35°07′之间。东西方向约540km，南北方向约720km。

2)制图区域地理概况

××省位于中国大陆东部沿海中心，东濒黄海，西连安徽，北接山东，东南与浙沪毗邻。面积10.26万$km^2$，人口密度为每平方公里725人，居全国各省区之首。全省现设13个省辖市，下辖109个县(市)区，其中30个县、28个县级市、51个市辖区。

3)编图资料情况

根据《××省综合经济图》编制目的、内容，设计收集了最新相关资料如下：

(1)××省2010年统计年鉴，作为编制《综合经济图》专题要素的基本资料；

(2)××省1∶100万基础地理信息数据库资料，作为编制《综合经济图》的地理底图的基本资料。

4)具体要求

(1)地图产品规格:采用4开(510mm×360mm)幅面进行设计。

(2)投影的设计要求:《综合经济图》投影采用双标准纬线正轴等角圆锥投影,标准纬线$\varphi_1=31°30'$,$\varphi_2=34°00'$,中央经线为119°00',设计要求变形较小、要强调区域形状视觉上的整体效果,平面图形形状不变。

(3)表示内容设计要求如下:

①反映各地区经济总量与分布规律;

②反映全省2010年的生产总值及其构成;

③反映1978年以来,全省生产总值、结构指标、指数、财政收入与支出、固定资产投资总额、人均收入水平、恩格尔系数;

④反映2010年各地级市财政收入与支出、各县(市)人均财政收入及地级市固定资产投资额及构成、各县(市)固定资产投资额。

(4)编制工艺流程的设计要求:《综合经济图》的设计、编辑、制作、出版等采用基于DTP的彩色地图桌面出版系统下全数字制图技术。

5)问题

(1)国家测绘局小比例尺编图的收费标准为:编制专题地图426元/$dm^2$。请计算:

①《综合经济图》所需要的工程(编图)总经费。

②分析《综合经济图》应采用的比例尺大小。

(2)简述编绘《综合经济图》地理底图要素的要求。

(3)分析《综合经济图》投影设计选择的理由。

(4)根据《综合经济图》表达专题内容的要求,分析专题内容表示方法的运用。

### 9.2.4 电子地图的制作

1)任务概述

为了适应南京市发展的需要,展示经济大省江苏省会南京的风貌,便于让国内外游客了解南京、轻松旅游、出入方便,同时也为即将在南京市举办的世界青奥会,需要编制《南京市交通旅游电子地图》(以下简称《电子地图》)。《电子地图》以计算机可视化的矢量地图、栅格地图为主要内容,以地图、文字、照片、声音、动画和视频为信息手段,全方位、多视角、多层次地展示和反映南京市各方面的发展与成就,着重直观地反映南京市的旅游景观和交通详情,为读者提供认识南京的高水平、高质量的实用化信息查询工具。

制图区范围:整个南京市城区及部分市郊区域。

任务量:电子地图设计、电子地图数据采集与处理、电子地图数据制作。

完成周期:要求9个月完成。

2)制图区域地理概况

南京简称宁,江苏省省会,位于中国长江下游中部地区,江苏省西南部,地理位置为北纬31°14'~32°37',东经118°22'~119°14'。东接扬州、常州、镇江三市,北、西、南分别与安徽省滁州、马鞍山、宣城接壤。南京市横跨长江两岸,面积6597.02$km^2$,现辖13个行政区,总人口

810余万。秦淮河与金川河是南京城内的两大水系。地貌特征属宁镇扬丘陵地区，紫金山为市境第一高峰。

南京是江苏省和华东地区铁路、公路、航空、水运和管道运输的重要枢纽，是中国东部地区综合性工业基地，是中外闻名的文化古都和旅游城市，也是全国文、理、工、农、林、医、师范高等教育和多学科综合性科研基地。

南京市树：雪松。市花：梅花。

3)编图资料情况

(1)地理底图资料：收集大量的图片和数据，包括国家基本比例尺1:1000、1:2000、1:5000、1:10000等系列地形图和4开、对开、全开等各种开本专题图及最新的航片影像资料，资料齐全且现势性强。

南京市城区地理底图采用1:10000地形图作为基本资料，并作保密处理。其他比例尺作为补充资料。

(2)图片资料：南京市鸟瞰图、南京市历史地图、南京地铁规划图、南京政区图，以及总统府、中山陵、玄武湖、夫子庙等主要景点及其他外业采集的点位和图片等。

(3)文字资料：南京市主要企、事业单位，地名，公共交通，商务，高校，宾馆，饭店，医院名等各方面的信息介绍。

(4)视频资料：南京市概况介绍、历史事件记录、主要旅游景点视频图像数据。

(5)音频资料：背景音乐及相关内容解说音频。

4)问题

(1)简述电子地图数据结构的设计。

(2)简述电子地图的界面、符号、注记及色彩设计。

(3)简述电子地图的制作过程。

### 9.2.5 地图集的编制

1)任务概述

为反映××省面貌和发展成就，向国内外介绍××省投资环境，招商引资，促进××省的发展，××省人民政府决定编纂《××省地图集》(以下简称《图集》)。该《图集》将是一本公开发行的综合性省情地图集。

2)编图资料情况

(1)1:25万地形图数据库，用于县市图编制的基本资料；

(2)1:5万地形图DEM数据，用于地貌晕渲的生成的基本资料；

(3)1:1万地形图数据库，用于县城平面图的编制的基本资料；

(4)1:5万地形图DRG数据及地名数据库，作为图集更新地名的补充资料；

(5)最新的道路、居民地等现势资料，作为道路居民地编制的补充资料；

(6)各市县提供的现势资料及各种新版地图作为相关要素编制的补充资料；

(7)有关单位收集的资料，作为专题地图的基本资料。

3)地图产品主要技术指标和规格

(1)地图精度

普通地图上要素(地物)相对经线和纬线的交叉点的平面位置中误差为图上±0.75mm，最大不超过±1.1mm。

(2)地图规格

《图集》采用 890mm×1240mm 纸张，A4 开本(210mm×297mm)，每幅图展开尺寸为 420×297mm，共 102 幅图，214 个页码，硬面精装。

(3)地图比例尺

《图集》各图幅比例尺之间尽量为简单的倍率关系，设计比例尺如下：

普通图组中，城区详图为 1:1万，县市图为 1:25 万。

专题图组中，地理底图采用双标准纬线等角圆锥投影。1:90 万、1:120 万、1:150 万图幅的经纬网密度为 30′×30′，1:200 万、1:250 万图幅的经纬网密度为 1°×1°。自然类专题地图与其他类专题地图采用不同的地理底图。

4)地图集的内容结构

《图集》由序图组、自然环境图组、社会经济图组、发展规划图组和区域详图组等 5 个部分组成，如表 9-14 所示。

**《图集》的图组结构** 表 9-14

| 图组名称 | 页　数 | 所占比例(%) | 地图(幅) | 图表(个) | 照片(幅) | 航片(幅) | 卫片(幅) |
|---|---|---|---|---|---|---|---|
| 序图组 | 14 | 6.54 | 6 | 1 | 1 | 3 | 1 |
| 自然环境图组 | 26 | 12.15 | 12 | — | 3 | — | — |
| 社会经济图组 | 40 | 18.69 | 19 | 66 | 60 | — | — |
| 发展规划图组 | 16 | 7.48 | 7 | 3 | 4 | — | — |
| 区域详图组 | 118 | 55.14 | 58 | 21 | 21 | — | — |
| 合计 | 214 | 100.0 | 102 | 91 | 89 | 3 | 1 |

5)《图集》的编制要求

(1)地理底图的设计与编制

《图集》的地理底图分别设计为自然类专题地图地理底图和其他类专题地图地理底图，以满足不同专题地图需要。

(2)普通图组的设计与编制

①数学基础：普通地图(市、县地图)采用高斯—克吕格投影。虽然各市县面积相差不大，但是形状各异，所以比例尺无法统一，大多数图幅比例尺控制在 1:25 万左右。

②编排及内容安排：各市县原则上都以常规的行政区划地图、市县地势图、城镇扩大图及资料图片等 3 个图幅表示。

行政区划地图：以表现市县行政区划为主，内容主要是境界(地市界、县市界、乡镇界)、水系、道路、居民地及地表覆盖的主要类型(森林、灌丛、耕地、果园等)。在邻区的适当位置配置行政区划简表。

市县地势图：以 1:1万 DEM 数据自动晕渲，反映区域地形，拟采用分层设色加晕渲的方式，使地势更为形象和生动，加强立体感。邻区空间较大时，可以较小的彩色卫星图像或地势透视图作附图。

城镇扩大图、本市县文字介绍及有关统计资料和精彩图片。城关镇平面图一般不超过幅面的 1/2(省会除外)。文字介绍大约 1000～1500 字。在文字介绍中可就本市县人口历年变化，经济历年发展，本市县主要产业的发展及产业构成等，插入一些简单的统计图表。这些图表作为文字介绍的一部分统一排列，图表可采用较简单的素色（如浅青灰、浅绿灰、浅棕……）。图中可安排一些图片，反映区域典型的自然面貌和人文景观。

(3)专题图组的设计与编制

对大量的统计数据进行分析选择，进行统计地图、分布图、动线图、等值线图、类型图等的设计与编制。

统计地图的设计与编制：《图集》中大部分专题地图属于统计图图型。制图资料大多来源于统计资料。这些图一般从相对和绝对两方面描述各区域的经济状况。统计图表常安排于该主题图的空白处。对那些在空间呈复杂分布或不易获得具体分布状况的现象，如人口、工农业、商贸、房地产、环境质量、教育、卫生等一般采用统计制图方法。其中，分级统计图法表示相对指标为主的现象，分区统计图表法表示绝对指标为主的现象。统计图表的表现形式要求新颖、求变，以增加图面的生动性和活泼性。分级统计图法最适合与分区统计图表法配合。

分布图的设计与编制：地图内容要素在图上呈点状分布的，常以符号法表示。用符号的形状或颜色反映其质量特征，用符号的大小表示其数量特征，如工矿企业、医院、学校等。地图内容要素呈线状分布特征的，常以线状符号表示。用线状符号的颜色或图案反映质量特征，用线状符号的粗细反映重要性及等级差异，如交通线、管网等。地图内容要素呈间断成片的面状分布的，常以范围法表示。界限范围明确的以轮廓线表示，如工业区、渔场、旅游区、森林等。同一幅图可表示呈点状、线状和面状三种特征的现象，用符号法、线状符号法和范围法配合表示。

动线图的设计与编制：对于移动的制图现象通常采用动线法表示。动线的轨迹表示移动路径，动线的颜色表示质量特征，宽度表示数量特征，如对台风的表示等。

等值线图的设计与编制：如地势图的等高线、气候图的等温线、反映降水状况的等降水线，水资源图中反映陆地水的年径流深度等值线等。

类型图的设计与编制：《图集》中的地质图、地貌图、土壤图和土地利用图等类型图色彩要鲜艳，能分辨出各种类型，但要遵循已有规定或约定俗成的习惯。常使用底色、晕线、花纹和点状、线状符号配合形成多层平面。地质、土壤、土地利用等地图以质底法表示。

专题图组充分利用各图幅面，用多种表示方法配合和叠加，附以图表、照片、文字说明等手段，增加《图集》的实用性、知识性和艺术性，增加地图的感受效果和吸引力。

6)问题

(1)国家测绘地理信息局小比例尺编图的收费标准为 426 元/$dm^2$。根据上述案例，设普通地图(序图及区域详图)每页编图需要 10 个工作日，检查、修改各需要 2 个工作日；专题地图编图每页需要 8 个工作日，检查、修改也各需要 2 个工作日。编图工作需在 10 个月内完成。试问：

①《图集》所需的编图总经费是多少？

②《图集》编图的作业员、检查员应投入的人数。

(2)简述地图集设计包含的内容。

(3)简述地图集的内容目录设计。

(4)简述地图集编制中的统一、协调工作包含的主要内容。

### 9.2.6 普通地图集的设计

1)概述

根据××市政府工作需求,计划编制《××市地图集》,该地图集为普通地图集。制图区范围包括整个市域,现已收集了相关资料有地图、遥感影像、图片、文字资料、统计数据等。

任务周期:6个月。

××测绘单位承担了此项工作。

2)问题

(1)简述普通地图集内容目录设计。

(2)简述普通地图集的编排设计。

## 9.3 例题参考答案

### 9.3.1 普通地图的编制

(1)依据《测绘生产成本基本定额》,省级普通地理图从地图设计到输出印刷胶片的编制经费为736.87元/$dm^2$,有底图数据的定额减少20%。试求:

①计算本项目测绘生产需要多少经费。

本项目测绘生产需要的经费为:18.6dm×15.4dm×736.87元/$dm^2$×(1－20%)＝168855.2元

②假设取该省省会中心城区实地范围内长不小于35km,宽不小于25km的区域作为《××市城区图》的制图区域,请确定《××市城区图》应采用的比例尺大小。

《××市城区图》长度方向的比例尺:$35\times10^3\div(480\times10^{-3})=72916.667$

《××市城区图》宽度方向的比例尺:$25\times10^3\div(340\times10^{-3})=73529.412$

根据题意,应取比例尺分母大的数值,即73529.412,为方便计量,比例尺分母凑整为7.5万,故《××市城区图》应采用的比例尺为1:7.5万。

(2)内分幅地图的定义?简述内分幅地图分幅设计原则、分幅的方法。

内分幅地图是一幅地图的幅面超过全开纸张或印刷设备的幅面时,就要分为若干个印张。我们称它为"内分幅",用以区别于系列比例尺地形图的分幅。

内分幅地图分幅的原则:①顾及纸张规格;②顾及印刷条件;③主区在图廓内基本对称,并顾及与外围地区的联系;④各图幅的印刷面积尽可能平衡;⑤顾及主区内重要物体的完整;⑥照顾图面配置的要求;⑦大幅地图的内分幅,应考虑局部地区组合成新的完整图幅。

内分幅的方法:①在工作底图上量取区域范围的尺寸;②换算成新编图上的长度并与纸张和印刷机的规格相比较;③确定分幅线的位置和每幅图的尺寸。

(3)如何进行该制图区域的研究,其研究的内容有哪些?

制图区域的研究是以基本资料为基础,结合补充资料和参考资料,从整体上了解制图区域的地理概况和基本特征。研究的主要内容为:

①居民地的分布特点和密度差别,居民地平面图形的基本特征及行政意义等;

②道路的等级、通行情况、分布特点和密度差别;

③各级境界状况，特别是未定的国界、省界；

④水系的结构特征及河网密度，湖泊类型及分布特点，运河、沟渠等人工水系物体的分布状况；

⑤海岸类型，岛礁、航海设施分布特点，海底地貌的形态特征；

⑥陆地地貌的类型及形态特征；

⑦各种植被的分布特点；

⑧有特殊文化、历史或经济价值的地物和国家重大工程项目的分布情况；

⑨其他要素的分布情况。

通过以上分析研究，针对编绘作业的需要，写出制图区域地理特征的简要说明。

(4)简述地图相邻图幅的数字接边要求。

相邻图幅的地形图要素应进行接边处理。接边内容包括要素的几何图形、属性和名称注记等。

相邻图幅之间的接边要素不应重复、遗漏，在图上相差0.3mm以内的，可只移动一边要素直接接边；相差0.6mm以内的，应图幅两边要素平均移位进行接边；超过0.6mm的要素应检查和分析原因，根据实际情况决定是否进行接边，并需记录在元数据及图历簿中。

接边处因综合取舍而产生的差异应进行协调处理。经过接边处理后的要素应保持相对位置的正确性，属性一致、线划光滑流畅、关系协调合理。

### 9.3.2 行政区划图的编制

(1)说明该挂图应选择的纸张的大小及理由。

该挂图东西方向的纸张长度：$771\times10^6\div(80\times10^4)=936.75$mm

该挂图宽度为向的纸张长度：$634\times10^6\div(80\times10^4)=792.5$mm

根据以上计算结果应选择大度纸全张(1194mm×889mm)。

(2)简述该挂图地图编制过程中制图资料的选择。

该挂图地图编制中制图资料的选择包括基本资料、补充资料和参考资料。

基本资料应搜集不小于成图比例尺、精度符合要求、现势性强的地形图数据库数据或制图数据作为基本资料。

补充资料作为基本资料的补充或参考，还应搜集以下资料：

①基本资料的元数据文件或图历簿。

②已有1∶50万、1∶100万地形图资料。

③具有权威性、现势性强的与地形图要素有关的专题资料。

④最新出版的省、地、县地图和地图集等。

⑤《1∶100万中国国界线画法标准样图》(国家测绘局、民政部，2001年版)，作为国界绘制补充资料。

基本资料的搜集及使用应截至编绘作业之前。对于县级以上居民地的行政等级、政区变动，铁路，省道以上公路，重大水利工程等要素，其现势性资料的使用一般截至成图提交验收之前。

(3)简述居民地要素选取的原则。

挂图中居民地的选取应按照以下原则进行：

①县级以上居民地全部表示。

②乡、镇级居民地尽量选取。

③其他居民地图根据居民地密度分区规定按由主到次、逐渐加密的原则进行选取。应先选取农场、林场、牧场、渔场及位于道路交叉口、道路端点、通航起止点、河流交汇处、山隘、渡口、制高点、国境线、重要矿产资源地、文物古迹等及有政治、经济、历史和文化意义的居民地。

④在人烟稀少地区的居民地一般应全部表示。

(4)简述图内境界及境界线色带的表示。

图内国界线应根据相关要求准确表示出来,并在出版前按规定履行报批手续。

表示国界时应注意:

①国界应准确表示,在能表示清楚的情况下一般不应有较大综合或位移。国界的转折点、交叉点应用国界的点部或实线段表示。

②按规定表示位于国界线上的和紧靠国界线的居民地、道路、山峰、山隘、河流、岛屿和沙洲等地物,并明确其领属关系。

③边界条约上提到的名称应按条约附图尽量表示,各种注记不应压盖国界符号,并应注在本图界内。

以河流及线状地物为界的国界表示方法:

①以河流中心或主航道为界的国界,当河流用双线表示且其间能表示出国界符号时,国界符号应不间断表示出,并正确表示岛屿和沙洲的归属;河流符号内表示不下国界符号时,国界符号应在河流两侧不间断地交错表示出,岛屿、沙洲归属用说明注记括注(国名简注)。

②以共有河流强线状地物为界时,国界符号应在其两侧每隔 30～50mm 交错表示 3～4 节符号,岛、洲归属说明注记括注(国名简注)。

③以河流或线状地物一侧为界时,国界符号在相应的一侧不间断地表示出。

省级境界应按有关规定进行校核,地(市)、县级境界用最新编绘出版的地图或最新勘界成果和行政区划变动资料进行校核。两级以上的境界重合时只表示高一级的境界。

各级境界以线状地物为界时,能在其线状地物中心表示出符号的,在其中心每隔 30～50mm 表示 3～4 节符号。在明显转折处点、境界交接点及出图廓处应表示境界符号。应明确岛屿、沙洲等的隶属关系。

"飞地"界线用其所属的行政单位的境界符号表示,并加隶属说明注记,如"属××省××县"或"属××县",飞地范围太小注不下说明注记时,可用带圈数字编号,图廓外加附注说明:图内编号①:属××省××县(或"属××县")。

飞地面积小于 $10mm^2$ 时可不表示界线,若其内有乡、镇级以上居民地时应在名称下方括注隶属说明。

国界、省级行政区界线和地级行政区界线应加绘色带。

我国国界色带以国界符号的中心线为准向国外一侧表示;以河流中心线为界的以国界符号的中心向国外一侧表示,以河流为界的则以河流外缘向国外一侧表示,其余境界色带均为"骑带"。

### 9.3.3 专题地图的编制

(1)国家测绘局小比例尺编图的收费标准为:编制专题地图 426 元/$dm^2$。请计算:

①《综合经济图》所需要的工程(编图)总经费。

《综合经济图》工程(编图)总经费为:5.1dm×3.6dm×426 元/dm$^2$=7821.36 元

②分析《综合经济图》应采用的比例尺大小。

根据比例尺的概念:图面上的长度和实际长度的比值。设 $M$ 为比例尺分母,受制图区域形状的影响,保证制图区域全部表达在 4 开纸张上时,取 $M$ 数值较大的数,并取整即可。

南北方向:$M_{NS}$=720000000mm/510mm=1411764.7

东西方向:$M_{WE}$=54000000mm/360mm=1500000

因为 $M_{WE}>M_{NS}$,取 $M_{WE}$=1500000,所以《综合经济图》应采用 1∶150 万比例尺。

(2)简述编绘《综合经济图》地理底图要素的要求。

《综合经济图》采用统计图表法表示的专题内容,其地理底图内容要素尽可能概略一些。

水系的编制:境内重要河流和各主要支流应分级并加注河流名称;当河流的支流在图上长度大于等于 8mm 时全部选取。正确反映河流的主支流关系,正确反映河系的形状。

大中型湖泊用真形符号加名称注记表示,其他湖泊、水库图上面积大于等于 8mm$^2$ 时全部选取,并用真形符号表示。

居民地的编制:居民地按行政等级选取,只表示省、市、县共 3 级居民地,并用符号加名称注记表示各级政府驻地。

道路的编制:全省道路网十分发达。仅表示铁路、国道、高速公路,其他道路不表示。

境界线的编制:专题内容是以县为单元进行统计的,因此各级境界只选取表示省界、省内地市级界和县级界。

(3)分析《综合经济图》投影设计选择的理由。

《综合经济图》投影设计要求变形较小、要强调区域形状视觉上的整体效果,平面图形形状不变。考虑到地理底图根据国家基本比例尺地形图 1∶100 万进行编绘。故《综合经济图》投影采用双标准纬线正轴等角圆锥投影。

根据投影的知识:

$$\varphi_1=\varphi_S+\frac{\varphi_N-\varphi_S}{4}=30°45'+\frac{35°07'-30°45'}{4}=31°51'$$

$$\varphi_2=\varphi_N-\frac{\varphi_N-\varphi_S}{4}=35°07'+\frac{35°07'-30°45'}{4}=34°01'$$

$$\lambda_0=\frac{116°21'+121°55'}{2}=119°08'$$

取整后,选用标准纬线 $\varphi_1=32°00'$,$\varphi_2=34°00'$,中央经线为 119°00′。

(4)根据《综合经济图》表达专题内容的要求,分析专题内容表示方法的运用。

根据《综合经济图》的用途要求,对统计数据进行分析选择,运用专题制图理论、地图美学理论,表现成为具有科学内涵、高度艺术表现力的专题图。

专题内容以主图、附图、附表的形式表达。

主图为地区生产总值图,表示方法选用分级统计图法与分区统计图表法配合,分别表示经济现象的平均水平和总量指标。以县(市)为单位,采用分级统计图法表示县(市)人均生产总值。以结构符号(饼图)表示县(市)生产总值及第Ⅰ、Ⅱ、Ⅲ产业构成。符号的大小采用条件比率。在主图外,以大的结构符号表示全省生产总值及第Ⅰ、Ⅱ、Ⅲ产业构成。

附图为 2010 年各地级市财政收入与支出、各县(市)人均财政收入及地级市固定资产投资额及构成、各县(市)固定资产投资额等内容,分别为财政图和固定资产投资图。

财政图以分级统计图法与柱状图表配合使用。柱状图表以不同色彩表达财政收入、支出,柱状图的高度表示数量指标。县(市)人均财政收入以分级统计图法表示。

固定资产投资图也以分级统计图法与柱状图表配合使用。柱状图表以三种颜色分别表示基本建设、更新改造和房地产开发。分级统计图表表示县(市)固定资产投资额。

附表以曲线图表、柱状图表放置在图内空白地方。反映1978年以来,全省生产总值、结构指标、指数、财政收入与支出、固定资产投资总额、人均收入水平、恩格尔系数等。

统计图表的形式要新颖,图表采用立体表示手法,利用光影效果,色彩混合过渡,如发光的圆柱、立体方柱等。分级统计图法的分级颜色要设计合理,要有等级感,过渡自然,以增加图面的生动和活跃。

### 9.3.4 电子地图的制作

(1)简述电子地图数据结构的设计。

①电子地图根据数据的不同性质划分为基础地理数据和专题数据两部分。

基础地理数据在电子地图中属于背景信息,如水系、地貌、居民地等,是地理环境的说明。基础地理数据既可采用矢量数据形式,也可采用栅格数据形式。

专题数据是电子地图所要表达的主题要素。专题数据按照不同的专题内容采用图组来组织数据。图组又由不同专题的图幅构成。专题数据采用矢量数据形式,以满足系统对专题目标(点、线、面)查询、分析的需要。

②电子地图中的多媒体数据(视频、音频、图像)可视为专题数据,它依托于专题要素的空间数据,因数据量大,可适当进行压缩。

③图幅和插图可以设置点、线、面等激活区域来连接多媒体数据库。图幅、插图之间也可相互链接。

(2)简述电子地图的界面、符号、注记及色彩设计。

①电子地图的界面设计包括界面的形式设计、显示设计和布局设计。

界面的形式设计:界面形式应符合美观的特点。考虑需要对地图进行浏览、查询、分析操作,通常采用定制的菜单或工具栏按钮。

界面的显示设计:显示区应尽可能大些。界面包括工具条、查询区、地图相关位置显示等。

界面的布局设计:应美观、恰当地安排各功能区的排列位置。一般情况下,工具栏在地图显示区的上方,查询区和图层控制区布置在显示区的两侧,状态栏在显示区域的下方,隐藏不常用的工具栏。

②电子地图的符号设计应符合地图符号设计的基本原则。基础地理底图的符号尽可能符合纸质地图符号设计的规范,为显示电子地图的特点,设计时采用立体、闪烁和敏感提示的方式。

③电子地图注记大小应保持固定,通常不随地图比例尺的变化而改变。行政名称、路名要注意文字配置的方向。

④电子地图的色彩设计主要考虑色彩的整体协调性。地图内容的设色与界面的设色应有明显的对比,突出地图区域。点、线符号的色彩饱和度高,并与面状符号或背景之间有清晰的对比。

(3)简述电子地图的制作过程。

电子地图制作的过程：系统总体设计→数据准备→基础地理数据、专题数据、多媒体数据的处理与制作→系统集成→功能测试→电子地图出版发行。

### 9.3.5 地图集的编制

(1)国家测绘地理信息局小比例尺编图的收费标准为426元/$dm^2$。根据上述案例，设普通地图(序图及区域详图)每页编图需要10个工作日，检查、修改各需要2个工作日；专题地图编图每页需要8个工作日，检查、修改也各需要2个工作日。编图工作需在10个月内完成。试问：

①《图集》所需的编图总经费是多少？

《图集》编图总费用：2.10dm×2.97dm×214幅×426元/$dm^2$=568589.87元

②《图集》编图的作业员、检查员应投入的人数。

编图员、检查员每月的工作日为22天

需要编图员的总工作日：(10+2)×(118+14)+(26+40+16)×(8+2)=2404天

每个编图员10个月的总工作日：22×10=220天

因此，需要投入的编图员人数：2404/220=11人

检查员所需要的总工作日：2×214=428天

每个检查员10月的总工作日：22×10=220天

因此，需要投入的检查员人数：428/220=2人

(2)简述地图集设计包含的内容。

在地图集的编纂工作中，最重要的工作是地图集中的一系列设计工作，它包括：地图集开本的设计；地图集内容目录的设计；地图集的编排设计；各图幅的分幅设计；各图幅的地图比例尺的设计；图型和表示法设计；图面配置设计；地图集投影设计；图式图例设计；地图集的整饰设计等。

(3)简述地图集的内容目录设计。

地图集内容目录的设计取决于地图集的性质与用途。一本地图集包括了若干图组，各图组又包含了若干图幅，根据用途及区域特点，设计的基本图幅也不一样，必须突出区域的特点。

综合性地图集由普通地图与专题地图两大图种组成。包括序图组、普通地图组及若干专题图组组成。综合性地图集具体图组内容根据所需用途来确定，可详可简。《图集》由序图组、自然环境图组、社会经济图组、发展规划图组和区域详图组等5个部分组成。

(4)简述地图集编制中的统一、协调工作包含的主要内容。

地图集中的统一、协调工作是为了正确而明显地反映地理环境各要素之间的相互联系和相互制约的客观规律；消除各幅地图因作者观点不一致、地图资料不平衡和制图方法不同而产生的矛盾和分歧；对地图的表示方法、表达效果和整饰进行统一设计，使各地图间便于比较和使用。具体包括以下内容：

①统一的总体设计观点。如各图组图幅数大致均衡，易于比较的比例尺系统，各图幅编排的逻辑次序等。

②采用统一的原则设计地图内容。如自然地图以分布图、类型图、等值线图为主，人文经济图则以分布图、统计图的图型为主。

③对同类现象采用共同的表示方法及统一规定的指标。

④采用统一协调的制图综合原则。在内容选取方面反映在对制图要素类型选取以及确定统一协调的内容分类、分级标准;在内容概括方面对制图要素轮廓图形的综合及确定统一协调的综合指标。

⑤采用统一协调的基础地理底图。包括数学基础的统一协调、地理基础的统一协调、地理底图整饰的统一协调。

⑥采用统一协调的整饰方法。保持地图集在设计风格、用色原则、符号系统设计上的一致,同类现象在不同地图幅面上表达一致、图面配置风格上的一致等。

## 9.3.6 普通地图集的设计

**(1)简述普通地图集内容目录设计。**

一本地图集包括了若干个图组,各个图组又包括了若干幅地图,根据用途及区域特点的不同,所设计的基本图幅也不相同。普通地图集一般可分为三大部分,即总图部分、分区图部分和地名索引部分。

总图是指反映全区总貌的政区、区位、地势、人口、交通等图幅,根据图集用途的不同,总图中所反映自然及人文地图的数量也不一致。

分区图是这类图集的主体。

地名索引则视需要与可能进行编制,不属于必备部分。

**(2)简述普通地图集的编排设计。**

地图集编排时,先按图组排序,再在每个图组内按图幅的内容安排次序。

普通地图集中,总图安排在前,分区图在后。对于《××市地图集》,分区图中应以市政府驻地为中心,按顺时针(或逆时针)方向依次表示各行政区。地名索引部分安排在图集的后面。

# 10 地理信息工程

## 10.1 地理信息工程案例分析要点

对于地理信息工程案例分析，建议读者重点关注以下内容：①确定地理信息数据库的内容和系统软硬件平台，进行技术设计；②采取适当的技术方法对多源多尺度的基础和专题地理信息数据进行集成和整合；③熟悉地理信息数据库的建库流程；④数据库管理系统和应用系统的构建与部署，进行系统开发、集成、测试和运行；⑤制定地理信息数据库及其系统运行管理、维护更新措施，并实施相应的运行管理及维护更新工作；⑥对地理信息工程项目过程质量进行控制，并对项目成果进行整理、检查、验收和归档。

### 10.1.1 基础地理信息(DLG)数据库案例分析要点

1)DLG 数据库的建库目标

(1)对数据采集产生的成果进行检查和整理，对数据进行转换处理，形成规范统一的数据集；

(2)设计 DLG 数据库组织结构和系统功能，基于网络环境开发数据库管理系统，实现对 DLG 数据的有效管理与分发应用，并与其他数据库进行数据集成。

2)DLG 数据库的建库任务

(1)生产数据入库检查；
(2)数据组织结构设计；
(3)数据规范化处理；
(4)系统结构和功能设计；
(5)开发数据库管理系统。

3)数据库建设需求分析

(1)系统用户分析；
(2)系统功能需求分析；
(3)数据库集成需求分析。

4)数据库建库技术路线(见图 10-1)

5)数据库建库流程(见图 10-2)

(1)数据整理；
(2)数据预入库；
(3)数据处理与修改；
(4)元数据整理；

(5)数据正式入库；

(6)数据库功能开发。

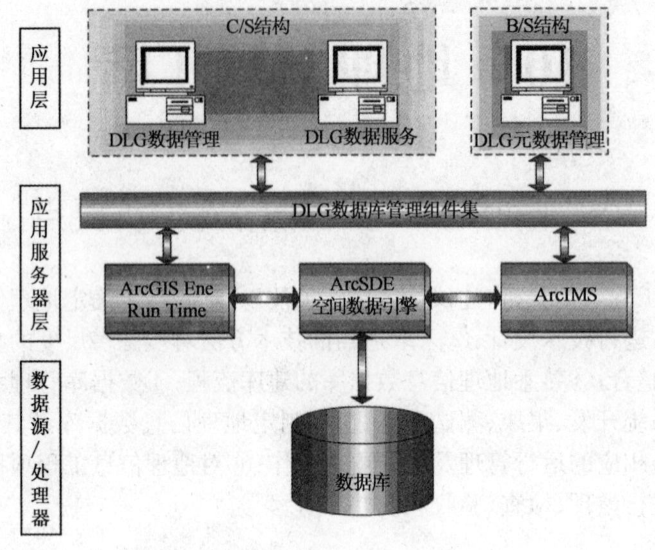


图 10-1　DLG 数据库建库技术路线

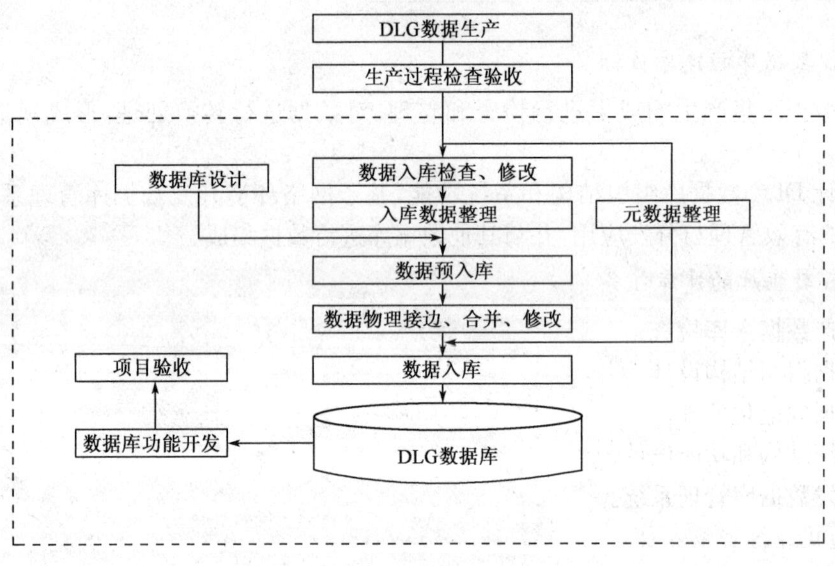


图 10-2　数据库建库流程图

6)数据库结构设计

数据库结构设计主要包括概念结构设计、逻辑结构设计和物理结构设计。

7)数据整理与入库

对于多源多尺度的数据在入库之前要做大量的准备工作。

8)数据库管理系统设计

数据管理系统功能设计，一般应包括数据入库检查、视图管理、查询检索、输入输出、数据分析、制图、分发服务、数据库维护、安全管理等，其设计的基本原则主要有：灵活性、易操作性、高效性。

### 10.1.2 专题地理信息数据库案例分析要点

1)专题地理信息数据库建设需求分析

(1)用户基本情况:数据库使用者及权限、其他相关信息。

(2)运行环境情况:硬件环境、软件环境等情况。

(3)数据需求:数据来源、成果数据、发布数据、元数据。

2)专题地理信息数据库构成

(1)基础地理信息数据库;

(2)专题数据库;

(3)共享数据库;

(4)元数据。

3)专题数据的组织

(1)空间数据组织;

(2)属性数据组织;

(3)对象关系图设计;

(4)要素编码。

4)数据库物理设计

(1)确定存储结构;

(2)设计存储路径;

(3)确定数据的存放位置;

(4)确定系统配置。

### 10.1.3 应用系统开发案例分析要点

1)需求分析

(1)数据需求分析;

(2)业务需求分析;

(3)数据成果基本要求;

(4)质量管理与控制要求。

2)总体设计

(1)空间数据存储方式;

(2)系统开发方法;

(3)多尺度空间数据入库。

3)功能设计

4)空间数据库设计

(1)基础地理信息数据库设计;

(2)专题地理信息数据库设计。

5)模块设计

(1)系统功能模块设计；
(2)用户管理设计；
(3)数据库备份与恢复设计。

6)网络结构设计

7)运行环境设计

8)系统安全设计

### 10.1.4 系统部署与集成案例分析要点

1)系统部署

(1)部署结构；
(2)部署规范；
(3)部署单元；
(4)部署模式；
(5)部署清单；
(6)运行环境部署。

2)系统集成

(1)集成的标准与规范；
(2)集成内容；
(3)集成方式；
(4)集成步骤。

## 10.2 地理信息工程案例分析例题

### 10.2.1 市政设施管理与更新信息系统

××市拟建设市政设施管理与更新信息系统，项目内容包括建设全市市政设施数据，开发数据库管理与服务系统。

1)已有数据

(1)基础地理信息数据

由基础地理信息服务平台提供地图服务，包括全市 0.5m 彩色正射影像，以及 1:500、1:2000地形图数据等，采用城市独立坐标系，高斯—克吕格投影。

(2)市政设施数据

道路和桥梁要素：根据 1:500 地形图按图幅采集存储，以多边形表示道路和桥梁的路面范围，同时采集道路和桥梁的中心线；属性信息包括其分类编号、宽度、路面材料、名称等。

路灯要素：利用 GPS 采集道路和桥梁沿线路灯的定位点数据，为 WGS-84 坐标系；属性信息包括其分类编码，所在道路和桥梁的编号及名称，按照片区存储；其他路灯暂不采集。

燃气管线、燃气井要素：根据 1∶500 地形图按图幅采集，燃气管线的属性信息包括分类编号、管径、管材等；燃气井采集点位及类型等属性。

供水、排水、电力、通信等要素的采集和存储参照燃气设施数据方式进行。

2)全市市政设施数据库要求

对数据进行分层组织，具有相同几何特征的道路、桥梁、路灯、燃气、供水、排水、电力、通信等设施要素划分为相同层；全市范围连续无缝，要素对象应进行接边和保持唯一；数据库坐标系与 1∶500 地形图数据一致，利用 WGS-84 与城市独立坐标系之间的转换参数对路灯数据进行转换；入库数据必须经过严格的质量检查，包括内业数据检查和野外抽查核实。

3)数据库管理与服务系统开发

包括数据采集与更新、数据库管理与服务两个子系统，在互联网环境中运行，并可调用一再运行的基础地理信息服务平台。

数据采集与更新子系统，在掌上电脑(PDA)上开发，利用无线网络与互联网连接，要求利用携带的 GPS 实地采集更新市政设施数据，并自动转换到城市独立坐标系；同时可调用基础地理信息服务平台的地图和影像数据服务为背景，实地调绘对市政设施数据进行更新。

数据库管理与服务子系统的主要功能包括数据建库、管理、更新，以及对外数据目录发布、信息查询、数据编辑处理、数据提取、地图服务等。

基础地理信息服务平台可以提供网络地图服务和有关功能服务接口。

4)问题

(1)设计该市政设施数据库的要素分层方案。

(2)简述将采集的市政设施数据整理入库的主要工作步骤及内容。

(3)设计数据采集与更新子系统的主要功能。

(4)简述检查数据质量时，如何将位置偏离道路 5m 的路灯点检查出来？

### 10.2.2 基础地理信息数据更新与建库

××测绘单位承接了××省 1∶1万基础地理信息数据更新与建库项目。

1)已收集和获取的资料

(1)全省 2012 年 6 月底 0.5m 分辨率航摄数据。

(2)全省 2008 年测绘生产的 1∶1万全要素地形图数据(DLG)。其中，等高线的基本等高距为 5m，居民地、道路、政区及地名等要素变化较大，而水系、地貌、土质植被和其他要素基本上无变化。

(3)全省导航电子地图数据，其道路、政区和地名等信息内容详细，现势性好，但平面定位精度不确定。

2)需要完成的更新与建库工作

(1)获取必要的像控资料，利用航摄资料，生产制作 0.5m 分辨率正摄影像数据成果(DOM)，要求达到 1∶1万地形图精度，经质量检查合格后，建立全省 DOM 数据库。

(2)对 1∶1万 DLG 数据进行更新，使其现势性达到 2012 年 6 月。重点对居民地、道路、政区及地名等要素进行更新，经数据整理、质量检查和数据入库，建立更新后的全省 1∶1万 DLG 数据库。

(3)利用1∶1万DLG数据中的等高线、高程点及一些地形特征要素等，内插生成5m格网间距的数字高程模型(DEM)数据成果，经质量检查合格后，建立全省1∶1万DEM数据库。

3)问题

(1)基础地理信息数据库更新的基本任务是什么？

(2)简述空间数据库管理技术现状。

### 10.2.3 土地利用信息系统

××市拟建设"面向公众服务的土地利用信息系统"，项目内容包括建设全市土地利用信息数据，开发数据库管理与服务系统。

1)已有数据

(1)1980～1991年土地利用变更调查数据；

(2)1992～1996年第一次土地利用详查数据；

(3)1997～2000年土地利用变更调查数据；

(4)2001～2011年土地利用变更调查数据；

(5)第二次全国土地调查数据库；

(6)1987～2000年第一轮、1997～2010年第二轮、2006～2020年第三轮××市土地利用总体规划资料；

(7)土地整治规划、基本农田保护规划、土地储备规划；

(8)1980～2011年遥感影像数据，5年一期。

2)全市土地利用信息数据库要求

针对××市土地利用相关数据来源、类型、结构、格式、统计口径、时间节点、空间尺度等存在差异的现状，研究多源、多尺度、异型异构的土地利用信息整合技术，以及增量数据获取与更新技术，对数据进行批量采集、分析、协调、融合，并进行示范区数据库的设计与建设。建立元数据和数据字典，以便于数据交换和数据共享。

3)数据库管理与服务系统开发

包括数据采集与更新、数据库管理与服务两个子系统，在互联网环境中运行。

数据采集与更新子系统，利用无线网络与互联网连接，要求利用携带的GPS实地采集更新土地利用数据，并自动转换到城市独立坐标系；同时可调用基础地理信息服务平台的地图和影像数据服务为背景，实地调绘对土地利用信息数据进行更新。

数据库管理与服务子系统的主要功能包括数据建库、管理、更新，以及对外数据目录发布、信息查询、数据编辑处理、数据提取、地图服务等。

4)问题

(1)简述数据整合的含义。

(2)什么是空间元数据？

(3)简述系统设计与开发总体思路。

(4)简述系统运行的网络体系结构。

### 10.2.4 市数字化城市管理系统

××市拟建立××市数字化城市管理系统。城市管理地理数据提交工作是实现数字化城市管理的重要基础性工作之一，其目的是通过全面野外调查各区城市地理编码、部件的分布和现状情况，为城市管理信息平台提供基础数据支持。

1）数据采集与处理

（1）基础地形图修测

由于各城市原有基础地形图，如1∶500地形图，1∶1000地形图都存在数据老化的问题，为保证系统的运行质量，保证不出现地址错误、楼房错误等问题，需要对基础地形图进行修测。

（2）部件数据

①部件分类。

部件按照城市管理功能体系分为大类和小类。

②部件的数据结构及编码规则。

部件代码由10位数字组成，依次为：6位区级及区级以上行政区划代码；2位大类代码；2位小类代码。另外加6位流水号，形成16位的部件唯一标识码。

（3）地理编码数据

地址数据主要用于城市管理中公众举报时，根据公众举报的语言定位到地图的具体位置。地址数据起到参照定位的作用，因此其数据密度越大越好。

（4）街道、社区、单元网格数据

按照《城市市政综合监管信息系统单元网格划分与编码规则》（CJ/T 213—2007）的要求，街道和乡镇编码为3位。在街道办事处等相关部门确定的社区边界基础上，进行全区单元网格的划分和数据制作。

2）专题地理数据库建设

将采集到的多源多尺度基础地理数据进行集成与整合，进而建设数字化城市管理数据库。

3）数字化城市管理系统开发

包括数据采集与更新、数据库管理与服务两个子系统，在互联网环境中运行。

4）问题

（1）数字城市专题数据库设计要遵循哪些原则？

（2）简述建立共享数据库的基本流程。

### 10.2.5 农村地籍管理信息系统

××市拟开发“农村地籍管理信息系统”。

1）系统建设目标

农村地籍管理信息系统是数字地球建设的基本内容之一，实现基础地理空间数据的统一管理，主要包括土地利用基础信息库建立、更新调查内业处理、日常变更调查、年度土地统计数据上报等农村地籍管理工作。系统具有海量数据管理、高效智能无缝拼接处理、多源数据融合、动态更新维护等特点。

2）系统建设任务

（1）农村地籍信息数据库的建立；

（2）软件应用软件平台的研制。

3)提交成果

(1)农村地籍信息数据库及入库技术方案;

(2)全套技术文档;

(3)农村地籍管理信息软件系统一套。

4)问题

(1)简述应用系统设计与开发总体思路。

(2)简述C/S网络结构下的GIS开发方法。

(3)简述系统运行的网络体系结构。

### 10.2.6 城镇地籍管理信息系统

××市拟开发"城镇地籍管理信息系统"。

1)系统建设目标

城镇地籍管理信息系统是数字地球建设的基本内容之一,实现基础地理空间数据的统一管理,系统具有海量数据管理、高效智能无缝拼接处理、多源数据融合、动态更新维护等特点。

2)系统建设任务

(1)城镇地籍信息数据库的建立

(2)软件应用与软件平台的研制

软件要求实现以下功能:

①图像处理功能:能对图像进行配准处理,能对各种图像格式进行输入和输出转换,主要包括TIFF、GEOTIFF、JPG、IMG等图像格式的输入和输出。

②空间参考系转换功能:能进行坐标变换,主要包括1954年北京坐标系、1980西安坐标系、地方坐标系等不同坐标系的相互转换;能进行投影变换,主要包括高斯—克吕格投影、墨卡托投影、彭纳投影等不同投影的相互转换。

③图层编辑功能:能进行图层编辑,主要包括增删图层、修改图层名称、图层状态编辑、修改图层次序等功能。

④矢量化采集功能:能进行图形数据的矢量化采集,主要包括点、线、面的增、删、改等,对点、线、面等多种对象的延伸、连接、旋转、合并、分解等编辑功能和对编辑对象的多种捕捉功能。

⑤电子数据采集功能:能进行电子数据采集,主要包括键盘输入坐标点和批量导入GPS、全站仪等测量仪器的电子数据等功能。

⑥属性数据采集功能:能进行属性数据的采集,主要包括数据结构的编辑与修改、属性值的编辑与修改、属性值批量分析计算录入、批量属性数据的导入等。

⑦检查与处理功能:能对数据进行检查并具有一定的错误处理功能,主要包括拓扑检查与处理、一致性检查与处理、完整性检查与处理等。

⑧数据格式转换功能:能按照《城镇地籍数据库标准》(TD/T 1015—2007)(以下简称《标准》)中规定的交换格式进行数据交换;主要包括能够导入《标准》中规定的数据交换格式,能够按《标准》交换格式导出数据。

3)提交成果

(1)城镇地籍信息数据库及入库技术方案;

(2)全套技术文档;

(3)城镇地籍管理信息软件系统一套。

4)问题

(1)本系统部署的基本单位及其构成是什么?部署模式主要分为哪几类?

(2)根据案例,介绍系统集成的内容、方式、步骤及遵循的标准和规范。

## 10.3 例题参考答案

### 10.3.1 市政设施管理与更新信息系统

(1)设计该市政设施数据库的要素分层方案。

①道路和桥梁要素层:表示道路和桥梁的路面范围,道路和桥梁的中心线,属性信息包括其分类编号、宽度、路面材料、名称等。

②路灯要素层:表示道路和桥梁沿线路灯的定位点数据,属性信息包括其分类编号、所在道路和桥梁的编号及名称。

③燃气管线、燃气井要素层:表示燃气管线和燃气井的位置,燃气管线的属性信息包括分类编号、管径、管材等,燃气井采集点位及类型属性。

④供水、排水要素层:表示供水、排水管线的位置和检修井的位置,供排水管线的属性信息包括分类编号、管径、管材等,检修井采集点位及类型属性。

⑤电力、通信要素层:表示电力、通信管线的位置和检修井的位置,电力、通信管线的属性信息包括分类编号、管径、管材等,检修井采集点位及类型属性。

(2)简述将采集的市政设施数据整理入库的主要工作步骤及内容。

①数据整理。将采集到的数据转换为统一格式。

②数据预入库。按照数据库整体结构的设计,将采集数据按照数据的存储要求入库到相应的数据层。

③数据处理与修改。临时数据库矢量数据是按照图幅为单元存放的,在图幅接边处可能会存在要素目标的断线。在这个过程中,对于线要素,要将要素在图幅分割处进行连接使其连续;对于面要素,要将由于图幅分割成多个目标进行合并,生成一个目标;对于市政设施数据,要将对应的原始数据进行重新整合生成。

④元数据整理。将元数据进行汇总整理,并将文本格式转换为关系表格形式,以利于元数据的入库。

⑤数据正式入库。把经过处理符合数据库设计要求的数据进行正式入库,形成正式的数据库成果。

(3)设计数据采集与更新子系统的主要功能。

数据采集与更新子系统主要功能:可通过掌上电脑(PDA),利用无线网络与互联网连接,利用携带的GPS实地采集更新市政设施数据,并自动转换到城市独立坐标系;可调用基础地理信息服务平台的地图和影像数据服务为背景,实地调绘对市政设施数据进行更新。

(4)简述检查数据质量时，如何将位置偏离道路5m的路灯点检查出来？

①程序自动检查：通过设计模型算法和编制计算机程序，利用空间数据的图形与属性、图形与图形、属性与属性之间存在一定的逻辑关系和规律，检查和发现数据中存在的错误。

②人机交互检查：数据在很多情况下靠程序检查不能完全确定其正确与否，但程序检查能将有疑点的地方搜索出来，缩小范围或精确定位，再采用人机交互检查方法，由人工判断数据的正确性。

③人工对照检查：通过人工智能检查核对实物、数据表格或可视化的图形，从而判断检查内容的正确性。

### 10.3.2 基础地理信息数据更新与建库

(1)基础地理信息数据库更新的基本任务是什么？

基础地理信息数据库更新的基本任务是综合地利用各种来源的现势资料，如最新航空航天影像、行政勘界资料、地面实测数据等，确定和测定全国范围内基础地理要素，如道路、水系、居民地、地形、地名、行政界线等的位置变化及属性变化，对原有数据库要素进行增删、替换、关系协调等处理，生成新版数据体，并更新用户数据库。

(2)简述空间数据库管理技术现状。

随着数据库技术的发展，空间数据库技术逐渐代替了传统的文件数据管理模式，对象—关系数据库管理系统是较为流行的解决方法，它将复杂的数据类型作为对象放入关系数据库中，并提供索引机制和简单的操作，即在空间数据源之上增加一层软件(空间数据引擎)——空间数据管理系统，实现对空间数据和属性数据的一体化管理。

### 10.3.3 土地利用信息系统

(1)简述数据整合的含义。

数据整合指的是采用匹配、合成、链接等方法，将多尺度的基础地理数据、基础地理数据与非基础地理数据、基础地理数据与其他专业部门地理数据集成起来，形成新的空间数据集。

(2)什么是空间元数据？

空间元数据是关于空间数据的描述性数据信息，它反映了空间数据所包含的内容、质量、空间参考、生成转换等信息。

(3)简述系统设计与开发总体思路。

为方便用户查找目标数据源和浏览目标数据的信息，需生成空间元数据，以反映空间数据所包含的内容、质量、空间参考、生成转换等，每个空间数据库有一个表格式元数据文件，它由若干项组成，每一项表示元数据的一个特征，其记录为每一个要素集合(图层)的元数据内容，该表存储于关系型数据库中。

专业应用功能的设计和实现，要紧紧围绕用户需求，针对实际管理的业务要求和工作流程，开展应用功能设计，同时包括系统运行的网络体系结构的设计。在统一标准体系、数据规则的前提下，将所有业务和问题集成到地理信息系统平台上，进行统一存储、管理、关联，提供符合用户管理实际要求的专业化业务模块和各类业务综合分析功能。一般应包括基础数据管理、通用数据查询、桌面业务处理、机助专题制图、辅助分析决策、动态数据交换、网络信息发布、运行维护管理等八大功能模块。

(4)简述系统运行的网络体系结构。

为适应分布在不同区域的多用户使用系统的特点，并考虑数据保密情况，系统应分别采用C/S和B/S分布式访问模式，以适应并支持局域网和互联网网络环境。系统在用户中心内部局域网内采用C/S架构，具备数据入库、操作与分析功能的客户端层构成Client端，空间数据引擎与数据库构成Server端；在全用户范围的城域网内采用B/S架构，仅能浏览、查询、检索空间数据库的客户端层构成Browser端，空间数据引擎、WebGIS服务器与数据库服务器构成Server端。

### 10.3.4 市数字化城市管理系统

(1)数字城市专题数据库设计要遵循哪些原则？

①要符合数据库的设计标准，用词准确、逻辑严谨，做到逻辑性强，用词禁忌模棱两可，防止不同的人从不同角度对标准内容产生不同的解释。

②应与现有的国家市政信息标准、市政信息行业标准等保持一致，应与有关行业法规与晚间相协调，避免矛盾，同时，不同部分之间应相互协调一致，专业名词和术语应保持唯一。

③应遵循现有的国家测绘行业相关空间信息标准。

④考虑实用性和可操作性，且易于被其他标准所引用。

⑤应考虑更新、扩展和延伸的要求，为将来技术发展提供框架和发展余地，随着信息技术发展和相关国家标准、行业标准的不断完善而进行充实和修订。

(2)简述建立共享数据库的基本流程。

建立共享数据库要解决以下问题：

①共享数据库需求调查和分析。

②数据库的逻辑结构设计，数据库设计实际分为需求分析、概念设计、数据库物理设计、数据库实施、数据库运行和维护。

③确定共享数据库的分步建设策略。

④共享数据库的管理组织、使用连接服务的管理体制。

⑤解决数据库内容的异质性，包括模式层的异质性和数据层的异质性。

### 10.3.5 农村地籍管理信息系统

(1)简述应用系统设计与开发总体思路。

按照一般性原则，GIS应用系统的设计与开发基本上从数据库与专业应用功能两方面来考虑。

数据库设计主要包括概念设计、逻辑设计、存储设计、元数据设计等。从概念上讲数据库由基础地理数据、专题空间数据、多媒体数据共三部分构成，它们的数据源、类型、格式都是多样的，需要一个能够有力管理这些复杂数据的数据库逻辑模型。目前在GIS应用中多采用二维表的关系模型，将数据按照数据集、数据区与数据层这三个逻辑单元进行组织与存储。

专业应用功能的设计与实现，要紧紧围绕用户需求，针对实际管理的业务要求和工作流程，开展应用功能设计，同时包括系统运行的网络体结构的设计。在统一标准体系、数据规则的前提下，将所有业务和问题集成到GIS平台上，进行统一存储、管理、关联，提供符合用户管理实际要求的专业化业务模块和各类业务综合分析功能。一般应包括基础数据管理、通用数据查询、桌面业务处理、机助专题制图、辅助分析决策、动态数据交换、网络信息发布、运行维护管理共八大功能模块。

(2)简述C/S网络结构下的GIS开发方法。

××C/S网络结构下的GIS应用系统一般都要求具有强大的GIS分析和查询功能。在C/S网络结构下GIS的开发主要采用COM组件技术实现。

组件(COM)技术在GIS中的应用已经非常广泛,主要的GIS厂商都推出了自己的组件产品,如Esri公司的ArcObjects、ArcEngine,MapInfo公司的MapX等。VB、VC、Delphi等支持COM标准的可视化集成开发环境都支持组件式GIS开发方式。目前,常用的GIS开发以ArcEngine较多。

ArcEngine的开发主要依赖于ArcGIS产品体系中所提供的若干类和接口,这些类和接口分别封装在20多个ArcGIS库文件中。在开发时只需要找到对应接口,并熟悉接口调用,即能实现所需GIS功能。

(3)简述系统运行的网络体系结构。

为适应分布在不同区域的多用户使用系统的特点,并考虑系统中部分数据属于保密信息的情况,系统应分别采用C/S和B/S两种分布式模式,以适应并支持局域网和城域网(或互联网)两种网络环境。系统管理工作在内部的局域网采用C/S架构完成,具备数据入库、操作与查询功能的客户端层构成客户端,空间数据引擎与数据库构成服务器端;在全用户范围的城域网内采用B/S架构,仅能浏览、查询、检索空间数据库构成浏览器端;空间数据引擎、WebGIS服务器与数据库服务器构成服务器端。

### 10.3.6 城镇地籍管理信息系统

(1)本系统部署的基本单位及其构成是什么?部署模式主要分为哪几类?

本系统部署的基本单位是数据中心的基础单元,从而实现数据与功能的集中管理。一个数据中心基础单元主要由以下部分构成:

①功能仓库(集中管理功能中间件、流程库);

②数据仓库(集中管理文件、数据库、空间数据库);

③资源目录服务器;

④数据交换服务器;

⑤GIS应用服务器;

⑥Web服务器;

⑦负载均衡调度服务器;

⑧用户。

数据中心在局域网或专用网上的部署主要有集中式、分布式和混合式这三种部署模式。

①集中式部署模式:在每一层资源管理部门或组织中建立多个完整的数据中心基础单元,层与层之间通过数据交换机实现数据的更新。

②分布式部署模式:分布式数据中心是在资源管理或组织的基础层上,建立多个完整的数据中心基础单元,上层数据中心在逻辑上管理基础层的资源,实现分布式管理。

③混合式部署模式:它是结合集中式、分布式两种部署模式优点于一体的一种部署模式。上层在逻辑上管理下层数据资源、功能模块,在物理上管理下层汇集而来的数据,而下层独立

管理自己的数据资源和功能模块。

(2)根据案例,介绍系统集成的内容、方式、步骤及遵循的标准和规范。

①本系统集成的内容主要:数据集成,实现各子系统管理和访问空间和非空间数据全面的共享;功能集成,实现各子系统提供的专题功能仓库管理基础构件功能共享与集成管理;模型集成,实现对各子系统提供的专用模型和模型仓库管理器提供的基本模型的共享与集成管理;表示集成,主要为各子系统提供一个统一的表示形式和界面。

②本系统集成方式:C/S模式(即客户端与服务器端模式)的系统集成、B/S模式(浏览器端与服务器端模式)的系统集成。

③本系统集成步骤:需求分析阶段,概要设计阶段,详细设计阶段,子系统的集成阶段,集成测试,系统测试。

④系统集成遵循的标准和规范:主要包括元数据仓库规范,目录规则驱动规范,工作流应用规范,插件和组件规范,功能插件注册规范,数据中心 URL 定义规范,数据中心中间件规范。

# 11 导航电子地图制作

## 11.1 导航电子地图案例分析要点

导航电子地图制作案例分析需重点关注以下几点：

①导航电子地图外业调查的作业流程、采集方法、质量控制及成果提交。

②导航电子地图产品制作的作业流程、作业方法、数据质量要求与检查验收。

③根据技术设计，确定导航电子地图可视化表达及应用软件功能开发的方案。

④按照导航电子地图安全处理的规定，确定对地理信息数据表达的要素内容、空间位置等进行安全技术处理的方式及保密审查。

### 11.1.1 导航电子地图外业调查分析要点

1)作业流程

(1)导航电子地图的外业调查流程

任务接收→情报收集处理→数据准备→导航数据预处理→人员培训→出工准备。

(2)情报收集处理

针对作业区域内的道路、POI等变化情报的收集和整理，指导外业作业。

(3)导航数据预处理

外业作业前，根据最新的卫星影像所发现的道路、建筑物、地形地貌等的变化，尽可能多地识别出变更点、勾画出道路等地图要素的形状、挂接关系等信息，为外业作业提供参考依据。

2)采集方法

(1)道路网络信息的采集

包括：①道路网络分类；②道路形状；③道路挂接；④道路属性；⑤禁止信息；⑥车道信息；⑦标志标线；⑧与行车有关的其他信息。

(2)检索信息的采集

检索信息分为四大类，即兴趣点、地名、道路交叉点、点门牌。在导航应用中起到目的地搜索和定位作用的内容包括：①地理位置；②名称信息；③地址信息；④电话号码；⑤类别信息；⑥邮政编码；⑦行政区划；⑧其他信息。

(3)显示文字的采集

主要通过官方资料和出典信息进行制作，外业现场主要通过比对、验证数据库信息和现场的一致性，起到补充更新的作用。

(4)语音信息

分为固定语音和特定语音。外业只要采集道路方向看板、道路名等可以被用于语音播报的信息即可。

(5)图形信息

图形信息分为模式图和实景图。目的是为驾驶者提供形象、直观的分叉路口提示。图形信息的外业采集有三件工作,包括照相、画草图和图形编号。

3)质量控制

(1)数据成果质量要求

①采集准确率 99%;②采集覆盖率 98%;③位置精度 10m;④POI 地址完整度 85%;⑤POI 电话完整度 65%。

(2)数据成果的质量检查验收

数据成果的质量检查验收包括外业成果质量检查验收的内容和方式。

(3)外业成果检查验收的方式

作业员自查、组长抽查、接边检查,以及对于 POI 等检索类要素可以开展电话抽查。

4)成果提交

(1)将作业成果按类型、区域进行汇总,并统计出详细的成果履历。

(2)将汇总整理后的作业成果提交给后续作业部门,提交过程中交接双方需填写数据交接单。

### 11.1.2 导航电子地图产品制作分析要点

1)作业流程和数据准备

(1)作业流程

导航电子地图的产品制作流程为:任务接收→数据准备→人员培训→任务分配→数据制作→质量检查→逻辑检查→成果提交。

(2)数据准备

准备当前最近版本的导航电子地图数据以及外业调查完成的数据。

2)作业方法

(1)道路网络信息的制作

包括:①道路形状处理;②道路挂接制作;③道路属性录入;④关系信息录入;⑤路网功能信息制作。

(2)检索信息作业

主要包括:①与其他要素的逻辑性检查;②名称和地址的标准化;③补充地址、电话和其他信息;④分类检查及品牌制作。

(3)显示文字的作业

主要通过官方资料和出典信息进行制作,内业作业主要包括:①显示等级制作;②调整位置(压盖)关系;③名称简化。

(4)语音信息

语音信息分为固定语音和特定语音。

(5)图形信息

内业制作的图形信息主要是关系信息。图形信息和图形之间具有关联关系。目前,流行的文件格式如 BMP,JPG,PNG 等。

3)数据质量要求与检查验收

(1)数据成果主要质量要求

包括:①作业准确率99%;②逻辑检查通过率100%。

(2)质量检查验收的主要方法

包括作业员自查、质检组检查、接边检查、逻辑检查、实地验证等。

### 11.1.3 可视化表达与应用软件开发分析要点

1)作业流程

(1)软件开发流程

导航应用软件开发流程为:任务接收→数据编译→软件设计→系统集成→系统测试→保密审查。

(2)数据编译

数据编译是将数据库或文本格式的数据转换成各种物理或应用格式,以满足不同客户、不同环境平台的装载使用要求。

(3)软件设计

根据用户的需求,进行导航系统的功能设计和软件架构设计。

(4)系统集成

对导航硬件、软件、导航电子地图进行系统装配。

(5)系统测试

对集成后的系统进行功能测试和性能测试,验证系统是否满足用户的要求。

2)数据编译

(1)数据编译过程

包括:①地图分区;②创建路径层;③创建显示层;④创建检索层;⑤创建图形文件、语音文件、地标建筑信息、数字地面模型等。

(2)检索层

主要用于地图查询和目的地检索。

3)导航系统开发

(1)导航应用软件包括操作系统和设备驱动两部分。

(2)导航操作系统一般采用与硬件结合紧密,具有结构紧凑、体积微小、实时性强和高度伸缩性的嵌入式实时操作系统(RTOS)。

(3)导航应用软件的基本功能。包括定位与显示、地图浏览与信息查询、智能路线规划、语音引导等。

4)系统集成与测试

(1)装载有导航应用软件、编译后的导航电子地图产品的导航设备与UPS系统、车辆等载体的电源及其他必要设备连接,组成导航系统。

(2)系统测试包括系统功能测试、性能测试及实际应用测试。

5)保密审图

(1)导航电子地图在公开出版、展示和使用前,必须取得相应的审图号。

(2)保密审查的对象是经过系统集成后整体的功能和效果,包括导航硬件、导航软件、电子地图等。

(3)导航系统的地图浏览、展示、表达必须符合国家相关规定的要求。

## 11.2 导航电子地图案例分析例题

### 11.2.1 导航电子地图外业调查

1)工程概况

根据××测绘及导航电子地图资质单位规定:导航电子地图上的高速公路和国道及周边信息每6个月更新一次,省级及以下道路及周边信息每1年更新一次,背景地图每1年更新一次。现需要对××地区导航地图进行全面更新,确定开展外业调查,对区域内的道路、兴趣点及地名等进行采集并处理,以完成对该地区导航数据的更新,满足用户的需要。

2)问题

(1)导航电子地图数据的主要内容是什么?

(2)简述导航电子地图外业道路网络信息采集的方法。

(3)简述导航电子地图外业数据成果质量检查验收的主要内容及成果提交。

### 11.2.2 导航电子地图产品制作

1)工程概况

按照更新周期要求,需对××地区的导航电子地图进行全面更新,现已开展了外业调查,采集了区域内的道路网络信息、检索信息(兴趣点、地名、道路交叉点、点门牌)、图形信息等内容。目前已完成对该地图的外业采集更新,现需要根据外业更新成果对现在的导航数据产品更新,制作完成新版的导航电子地图产品。

2)问题

(1)简述导航电子地图内业数据录入的主要内容。

(2)简述导航电子地图产品制作的流程及各阶段的工作内容。

(3)简述导航电子地图产品生产过程中的检测项目、内容及检测方法。

### 11.2.3 可视化表达与应用软件开发

1)工程概况

××地区的导航电子地图数据产品已经开发完成,在此基础上,根据导航应用软件开发流程与要求,对数据进行编译、功能设计,并集成开发导航应用软件,为××地区的导航市场提供一套完整的导航电子地图产品。

2)问题

(1)简述导航电子地图数据编译的主要过程。

(2)简述导航电子地图产品系统集成工作的主要内容。

## 11.3 例题参考答案

### 11.3.1 导航电子地图外业调查

(1)导航电子地图数据的主要内容是什么?

导航电子地图数据是在基础地理数据的基础上经过加工处理生成的面向导航应用的基础地理数据集,主要包括道路数据、POI数据、背景数据、行政境界数据、图形文件、语音文件等。

(2)简述导航电子地图外业道路网络信息采集的方法。

外业道路网络信息的采集方法有:①道路网络分类;②道路形状;③道路挂接;④道路属性;⑤禁止信息;⑥车道信息;⑦标志标线;⑧与行车有关的其他信息。

(3)简述导航电子地图外业数据成果质量检查验收的主要内容及成果提交。

外业成果质量检查验收的主要内容:

①根据GPS轨迹确认作业区域内的所有道路数据是否都已经进行了调查采集。

②检查所有新采集的道路及道路形状修改处与其周边的POI的逻辑关系是否正确。

③检查确认多个作业区域的相邻接边处道路数据的形状、属性接边是否正确,POI数据的采集是否存在重复。

④确认要求拍摄的复杂路口的照片是否完整、清晰。

外业采集数据成果应提交:

①将作业成果按类型、区域进行汇总,并统计出详细的成果履历。

②将汇总整理后的作业成果提交给后续作业部门,提交过程中交接双方需填写数据交接单。

### 11.3.2 导航电子地图产品制作

(1)简述导航电子地图内业数据录入的主要内容。

导航电子地图录入作业是参照外业现场采集的道路、POI数据、按照设计方案中的技术要求进行录入作业。主要内容有:道路数据、POI数据、注记、背景数据、行政境界、图形数据、语音数据等。

(2)简述导航电子地图产品制作的流程及各阶段的工作内容。

导航电子地图产品制作的流程为:任务接收→数据准备→人员培训→任务分配→数据制作→质量检查→逻辑检查→成果提交。

①任务接收:导航电子地图内业制作负责人接收作业任务,开始作业前的准备工作。

②数据准备:准备当前最近一个版本的导航电子地图数据,以及外业调查完成的数据。

③人员培训:对参与人员开展作业前全方位培训并考核,合格者参与相应工作。

④任务分配:根据人力资源情况,配置相应的作业任务给不同的成员。

⑤数据制作:按任务计划完成外业采集成果的入库工作。

⑥质量检查:由质检员全面检查作业成果,记录问题履历,并责成相关作业人员改正。

⑦逻辑检查:质检通过后的成果必须进行全要素、全域的逻辑检查,以发现人工不容易发现的逻辑问题。

⑧成果提交：逻辑检查通过后才能提交成果。

(3)简述导航电子地图产品生产过程中的检测项目、内容及检测方法。

导航电子地图产品生产过程中的检测项目、内容及检测方法如下：

①导航电子地图原始数据资料合法性检测。主要检测自采(采购)数据资料合法性。采用全数检测与抽样检测相结合的方法。

②导航电子地图产品资信检测。主要检测安全保密性与出版合法性。采用全数检测的方法。

③导航电子地图数据质量检测。主要检测数据的安全性、完整性、逻辑一致性、位置、属性、时间精度与附件质量。其中，安全性、附件质量为数据质量定性元素，其他均为数据质量定量元素。采用全数检测或抽样检测两种方法，其检查手段可采用自动检查和人工检查相结合的形式。

④导航电子地图可视化表达及应用功能检测。分为可视化表达和应用功能检测两项内容。可视化表达检测主要检测安全性、(道路、兴趣点、背景、注记)显示完整性、准确性、一致性与表征质量。应用功能检测主要检测导航产品的基本功能(包括地图显示、兴趣点查询、路径匹配、路径计算等)、增强功能(包括语音引导、路口放大图引导与周边兴趣点显示)和扩展功能(多路径点设置、实时交通显示、公交线路查询、图标选择性显示和旅游路书等)。导航电子地图可视化表达及应用功能可采用全数检测和抽样检测相结合的方法实施检测。利用导航模拟系统或导航仪，通过模拟或实机应用，对可视化表达和应用功能的质量子元素检测项进行逐一检测。

### 11.3.3 可视化表达与应用软件开发

(1)简述导航电子地图数据编译的主要过程。

导航电子地图数据编译的过程是数据的集成化管理过程，主要过程如下：

①地图分区：把地图划分成标准的区域。

②创建路径层：把不同的道路网络放置到不同比例尺层次上。路径层的道路网络是用节点模型来描述的，只考虑路网的连接关系，不考虑道路的形状和走向。

③创建显示层：在不同比例尺的显示层次上放置不同等级的道路、水系、植被、建筑物、显示文字等地图要素，便于不同比例尺下地图浏览。

④创建检索层：用于用户进行地图查询和目的地检索，解决地理要素名称、地址、电话、交叉点等信息，按照行政区划、不同类别、不同品牌、不同的同类属性等方法对地图要素进行重新分类、存储并建立索引。

⑤创建图形文件、语音文件、地标建筑信息、数字地面模型等：增强导航应用的效果体验。

(2)简述导航电子地图产品系统集成工作的主要内容。

导航电子地图的系统集成指的是将导航应用软件、编译后的导航电子地图产品装载到导航设备上，并将导航设备与GPS系统、车辆等载体的电源及其他必要设备连接(如车速线、转向陀螺、声音控制系统等)，从而组成导航整体系统。

# 12 互联网地理信息服务

## 12.1 互联网地理信息服务案例分析要点

对于互联网地理信息服务案例分析，建议读者重点关注以下内容：①根据服务对象和服务内容的要求，确定互联网地图的内容和应用系统的功能，进行技术设计；②根据技术设计，确定在线地理信息数据集制作、数据保密和安全技术处理的方式，并提出后期数据维护更新的方法和保障措施；③根据技术设计，确定网络服务、数据管理和维护、用户注册管理、服务注册管理及客户端应用软件系统开发的方案；④根据技术设计，确定测试和评价系统的负载能力、稳定性、安全性和可拓展性的方案。

### 12.1.1 在线地理信息数据生产案例分析要点

1）数学基础

主要确定所使用的坐标系统。

2）地理实体数据设计

（1）地理实体数据内容设计；

（2）地理实体数据处理方案设计。

3）地名地址数据设计

（1）地名地址数据内容设计；

（2）地名地址数据处理方案设计。

4）电子地图数据设计

（1）电子地图数据内容设计；

（2）电子地图数据处理方案设计。

### 12.1.2 在线地理信息服务发布软件案例分析要点

1）在线地理信息服务发布软件的构成

在线地理信息服务发布系统包括在线服务基础系统、门户网站系统、应用程序编程接口与控件库、在线数据管理系统等。

2）在线地理信息服务发布软件功能设计

（1）在线服务基础系统；

（2）门户网站系统；

（3）二次开发接口；

(4)在线数据管理系统。

3)在线地理信息服务发布软件平台选择

互联网地理信息服务系统主要是基于SOA架构实现互操作,其特点是松耦合,因此任何一种软件,只要支持相关的互操作协议,能够提供规范的接口,发布标准服务,即可支持互联网地理信息服务。另外,由于互联网地理信息服务需要提供7×24小时不间断服务,需要实现分布式多元服务聚合,能够应对来自网络用户的高强度访问与应用,并抵抗网络环境中的各类攻击,所以在线地理信息服务发布软件平台的选择时应重点考虑技术先进性、开放性、成熟性、商业化服务响应能力等。

## 12.2 互联网地理信息服务案例分析例题

1)工程概况

××市拟建设"面向公众的土地利用信息服务系统",其中主要任务之一局是以××市国资源局信息中心现有的土地利用信息为基础,提取、编辑、加工公共土地利用信息框架数据,基于互联网向政府、专业部门、公众提供服务。

利用××市国土资源局信息中心的现有数据资源,按照面向公众的土地利用信息服务系统相关数据规范,加工面向公众发布的土地利用信息框架数据集,为"面向公众的土地利用信息服务系统"生产在线地理信息数据集。

遵照国土信息建设相关技术标准与规范,建设"面向公众的土地利用信息服务系统"的在线信息服务发布软件。

明确运行支持系统建设内容与基本要求,为设备采购与详细部署方案的编制提供依据。

2)问题

(1)简述在线地理信息系统数据的主要形式。

(2)简述电子地图数据处理的基本要求。

(3)简述公众版在线地理信息数据的位置精度要求、影像分辨率要求。

(4)简述在线地理信息服务发布系统的基本构成。

(5)简述地图浏览服务、地名查询服务、要素查询服务、空间分析服务应遵循的OGC规范。

(6)简述运行支持系统的基本构成。

## 12.3 例题参考答案

(1)简述在线地理信息系统数据的主要形式。

在线地理信息数据主要包括地理实体数据、地名地址数据、电子地图数据。

(2)简述电子地图数据处理的基本要求。

当前我国网络电子地图遵循的技术标准主要是《地理信息公共服务平台电子地图数据规范》(CH/Z 9011—2011)。该标准规定了网络服务电子地图数据的坐标系统、数据源、地图瓦片、地图分级及地图表达,适用于电子地图数据的制作、加工、处理、地图瓦片的制作,以及地图瓦片文件数据交换。

在电子地图数据产生过程中，需要特别注意的是地图分级、地图表达，以及地图瓦片规格与命名等。

(3)简述公众版在线地理信息数据的位置精度要求、影像分辨率要求。

基于不同的网络环境和用户群体，互联网地理信息服务所使用的数据分为涉密版和公众版两类。其中，公众版数据运行于互联网或国家电子政务外网环境，须符合国家地理信息与地图公开表示有关规定，包括数据内容与表示、影像分辨率、空间位置精度共三个方面。

公众版数据的内容与表示需符合《基础地理信息公开表示内容的规定(试行)》(国测成发〔2010〕8号)、《公开地图内容表示若干规定》(国测法字〔2003〕号)、《公开地图内容表示补充规定(试行)》(国测图字〔2009〕2号)要求。

公众版数据的影像分辨率需符合《遥感影像公开使用管理规定(试行)》(国测成发〔2011〕9号)要求，即空间位置精度不得高于50m，影像地面分辨率不得优于0.5m，不标注涉密信息、不处理建筑物、构筑物等固定设施。

所有类型的公众版数据的空间位置精度均须符合《公开地图内容表示补充规定(试行)》(国测图字〔2009〕2号)要求，即位置精度不高于50m，等高距不小于50m，数字高程模型格网不小于100m。

(4)简述在线地理信息服务发布系统的基本构成。

在线地理信息服务发布系统包括在线服务基础系统、门户网站系统、应用程序编程接口与控件库、在线数据管理系统等。

(5)简述地图浏览服务、地名查询服务、要素查询服务、空间分析服务应遵循的OGC规范。

地理信息浏览服务必须支持OGCWMTS、OGCWMS规范；地名地址查询服务须遵循OGCWFS-G规范；要素查询服务应遵循OGC的WFS规范；空间分析服务须遵循OGCWPS规范。

(6)简述运行支持系统的基本构成。

运行支持系统主要包括互联网接入系统、服务器集群系统、存储备份系统、计算机安全保密系统等。

# 13 近年测绘案例分析试卷特点分析

注册测绘师(Registered Surveyor)考试是测绘行业里公平、公正、公开的职业考试方式，注册测绘师资格实行全国统一大纲、统一命题的考试制度，原则上每年举行一次，2011 年至今已经开考五年。通过注册测绘师考试，获得注册测绘师任职资格是我们测绘从业人员的急切期盼。为了帮助大家系统、有效地复习应考，现对这五年测绘案例分析试卷的组卷方案和内容进行总结与剖析，以期对大家的复习与考试有所帮助。

## 13.1 组 卷 方 案

测绘案例分析考试大纲要求：考察测绘专业技术人员运用《测绘管理与法律法规》、《测绘综合能力》科目在实务应用时体现的综合分析能力及实际执业能力。本科目考试内容参照《测绘管理与法律法规》和《测绘综合能力》两个科目的大纲，考试试题的模式参见考试样题中的案例分析题。

至今五次测绘案例分析考题的组卷方案列于"致读者"表 A。

从组卷方案可以看出：

(1)大题目数量保持不变，五年中皆为 7 个。

(2)小题目数为 21～26 个。

(3)每大题中所分小题数为 2～4 个。

(4)每大题分值为 10～20 分，占比为 10%～15%。

(5)2012 年工程测量内容占比较大，约占 42.5%。

(6)行政区域界线测绘内容仍未涉及。

(7)"海洋测绘"和"测绘航空摄影"融入"大地测量"和"摄影测量与遥感"。

(8)2011～2013 年全为必答题，没有任选。2014～2015 年有变化，为 7 选 6。

## 13.2 考 试 内 容

按照大纲要求，测绘案例分析科目考试内容参照《测绘管理与法律法规》和《测绘综合能力》两个科目的大纲。

从这五年测绘案例分析的考试内容可以看出，考试内容包括：大地测量(含GPS、海洋测绘)、工程测量(地形测图、变形监测、隧道规划)、地籍测绘、摄影测量与遥感、地图制图、地理信息工程、导航电子地图制作(2013 年考题新增)。

行政区域界线测绘案例分析的考试内容还未涉及。

# 13.3 考卷解析

1)2011 年测绘案例分析试卷解析

如“致读者”表 A 所示，测绘案例分析试卷总共 7 个大题，全为必答。内容分别涉及大地测量(GPS)、工程测量(地形图测绘、变形监测)、摄影测量与遥感、地理信息系统、地图编制及地籍测绘，没有涉及界线测绘、房屋测绘等案例。

涉及的知识点有：GPS 测量中重复基线及质量判断；各坐标分量闭合差、环闭合差及其质量判断；GPS 网平差与坐标换算；地形图测绘及成果资料提交；航摄资料质量、解析空中三角测量过程、立体测图过程；经济挂图的制作、专题图要素表示；市政数据库建设与数据库质量控制；地籍图、宗地图、地籍控制、地籍资料检查与提交；变形监测的工作基点、测量基准点、变形监测等级、变形监测资料的提交等。

2011 年度考卷计算题涉及 4 个小题，但计算量少，难度不大。

第一大题的第 1、第 2 小题是重复基线长度较差计算及质量判断，各坐标分量闭合差、环闭合差及其质量判断。试卷中公式都已给出，只要把相应量代入即可完成计算。

第二大题的第 1 小题是测区范围内 1∶500 图幅数计算。这是一个地形图测绘常识性问题，图幅数＝测区面积/0.0625。

第四大题的第 1 小题是挂图幅面尺寸大小的计算。这是一个地图制图常识性问题，图上长度＝制图范围长(宽)/比例尺分母。

涉及项目实施流程、过程、步骤的问答题 6 个。

涉及成果资料提交、补全成果资料的问答题 5 个。

2)2012 年测绘案例分析试卷解析

如“致读者”表 A 所示，测绘案例分析试卷总共 7 个大题，全为必答。内容分别涉及工程测量(地形图测绘)、工程测量(规划监督测量)、大地测量(GPS)、地理信息系统(数据更新与建库)、工程测量(隧道)、摄影测量与遥感及地图制图，没有涉及界线测绘、房屋测绘、地籍测绘、海洋测绘、导航电子地图制作等案例。

涉及的知识点有：地形图测绘流程、地形图要素分类、点位中误差计算；验收测量、竣工地形图测绘、三角高程计算；GPS 点位选择、基线同步环计算及质量判断、高程转换计算；基础地理信息数据更新、DEM 数据生产与流程；隧道施工测量内容、投影面选择、陀螺仪定向；正射影像地图制作、高程分步采集、成果提交；地理图集制作、版式选择、地貌晕渲数据制作、要素表示、地图审查等。

2012 年度考卷计算题涉及 5 个小题，但计算量不多，难度也不大。

第一大题的第 3 小题是点位中误差计算，计算没有难度，主要考查进行高精度或同精度检测时，其中误差计算公式是不一样的，同精度是样本数减 1。

第二大题的第 3 小题是计算办公楼的高。这是一个三角高程计算问题，相应的函数值已经给出，只要把相应量代入即可完成计算。

第三大题的第 2 小题是三边同步环的平均边长计算及各坐标分量闭合差计算。试题中已给出了三边同步环的坐标分量闭合差为 6mm，要反求平均边长。公式都已给出，把相应量代入即可求得结果。

第三大题的第 3 小题是高程计算。这是涉及大地高程、国家高程基准、深度基准面等概念的计算，计算上没有难点。

第六大题的第 3 小题是精度估算问题，根据题意要先求出相片基线长度 $b$，然后代入公式即为所求。

项目实施流程、过程、步骤的问答题 5 个。

涉及成果资料提交、补全成果资料的问答题 3 个。

3)2013 年测绘案例分析试卷解析

如"致读者"表 A 所示，测绘案例分析试卷总共 7 个大题，全为必答。内容分别涉及大地测量(GPS)、工程测量(地形测图、变形监测)、摄影测量与遥感、地理信息系统、地图制图及导航电子地图制作，没有涉及界线测绘、房屋测绘、地籍测绘、海洋测绘的案例。

涉及的知识点有：图根导线边长测量、地形图要素分类、测量成果检查验收的流程和验收抽样；摄影基准面、相对航高、绝对航高、加密点要求、DLG 生产的作业流程、外业补测的工作内容；差分基准台应具备的条件、坐标系统转换参数、高程换算、水深计算；DLG 数据更新步骤、DLG 数据外业调绘和补测的主要工作及内容、空间分析统计方法应用；隧道变形监测断面设置、基准点选择、变形数据库生成、变形过程曲线、变形原因分析；影像挂图比例尺、挂图版式、编制资料取舍、影像数据处理的主要内容与方法、矢量数据编图；电子地图数据源的取舍、电子地图数据制作、地图浏览、地名地址查找定位等。

2013 年度考卷计算题涉及 5 个小题，但计算量少，难度不大，比前两年还要简单，但涉及的相关知识与概念要多。

第一大题的第 2 小题还是计算测区范围内 1∶500 图幅数，但要知道该测区图幅数位于哪一批量档次及该档次的样本数，从而确定验收抽样比例是否正确。这就要求考生熟悉测绘成果质量检查验收的相关规定。

该测区共有图幅数为：$12\text{km}^2 \times 16$ 幅/$\text{km}^2 = 192$ 幅，位于 181～200 批量档次，按《数字测绘成果质量检查与验收》(GB/T 18316—2008)与《测绘成果质量检查与验收》(GB/T 24356—2009)规定，样本量为 15 幅，验收时抽样检查了 15 幅图，故验收抽样比例符合规范要求。

第二大题的第 1 小题是计算测区的摄影基准面、相对航高、绝对航高。

试卷中未给出公式，需要自己应用相应公式完成计算，但这些公式是摄影测量里最基本的知识，难度不大。

第三大题的第 4 小题是关于高程和水深值计算，与 2012 年试卷第三大题的第 3 小题类似，计算上没有难点。

第五大题的第 1 小题是关于地铁隧道变形监测中断面和监测点数的相关计算。本题只要注意到首尾都要布置断面这一点就没问题了，监测点数的计算就更简单了。

第六大题的第 1 小题是关于影像挂图的比例尺和挂图版式确定。该题与 2011 年试卷第四大题的第 1 小题类似。

涉及项目实施流程、过程、步骤的问答题 6 个。

涉及成果资料检查验收的问答题 1 个。

涉及数据处理、数据利用等问答题 4 个。

4)2014 年测绘案例分析试卷解析

如"致读者"表 A 所示，测绘案例分析试卷总共 7 个大题，考试为 7 选 6。内容分别涉大地测量(GPS)、工程测量(土方测量、变形监测)、摄影测量与遥感、市政地理信息系统、地图制图、地籍变更测绘与房产测绘，没有涉及界线测绘、海洋测绘与导航电子地图的案例。

涉及的知识点有：图根导线测量、方位角闭合差计算、地形图要素分类、地形特征点采集、方格网法土石方量计算、影响土石方量测算精度的因素分析；正射影像图(DOM)、数字高程模型(DEM)、资料收集的目的作用、数字正射影像图的作业步骤和流程、空间参考系检查内容、影像质量检查内容；GPS 测量、同步环、独立基线数、各坐标分量残差与同步环闭合差计算、测区高程异常拟合模型的建立过程与检验高程异常拟合模型精度方法；变形监测、引张线、正垂线/倒垂线、静力水准仪、测量机器人、自动监测等概念；变更地籍测量、房产测量、界址点测量方法、变更地籍测量中地籍要素和地形要素内容、建筑面积计算；地图投影分带、中央经线计算、放大图的比例尺确定与计算、资料收集与利用、挂图中的居民地及设施要素编绘质量检查内容；市政管理数据库建设、市政专题数据处理建库的过程、专题要素更新技术流程、专题要素与兴趣点进行关联和属性转存的方法及过程、GIS 空间分析方法统计等。

2014 年度考卷计算题涉及 5 个小题，计算量、难度不大，但涉及的相关知识与概念要多。

第一大题的第 1 小题是导线测量的方位角闭合差计算，因为是闭合导线，所以难度不大。

第三大题的第 1 小题是 GPS 测量的独立闭合环和独立基线数计算。

试卷中未给出公式，需要自己应用相应公式完成计算，但这些公式是 GPS 测量里最基本的知识。

第三大题的第 2 小题是关于同步环闭合差计算，题中已经给出坐标分量残差，只需要按下式计算即可求得。

$W_x = 14876.383 + (-7285.821) + (-7590.560) = -0.002\text{m}$

$W_y = 2631.812 + 14546.403 + (-17178.218) = -0.003\text{m}$

$W_z = 8104.319 + (-15378.581) + 7274.257 = -0.005\text{m}$

同步环闭合差：

$$W_s = \sqrt{W_x^2 + W_y^2 + W_z^2} = \pm 0.0062\text{m}$$

与往年 GPS 的计算题比较，计算上没有增加难度。

第五大题的第 3 小题是关于建筑面积计算。本题只要注意到“未封闭的阳台、挑廊，按其围护结构外围水平投影面积的一半计算”这一点就可以了。

第六大题的第 2 小题是关于挂图的比例尺计算，该题与往年试卷该类题类似。

涉及项目实施流程、过程、步骤的问答题 9 个。

涉及成果资料检查验收的问答题 2 个。

涉及数据处理、数据利用等问答题 2 个。

其他类型问答题 6 个。

5)2015 年测绘案例分析试卷解析

如“致读者”表 A 所示，测绘案例分析试卷总共 7 个大题，为 7 选 6。大地测量(GPS、水准、归化、高程系统、海洋测绘)，工程测量(地形图测绘、施工控制网)，摄影测量，地理信息系统应用(工商企业管理)，地图制图，地籍变更测绘；没有涉及界线测绘、房产测量与导航电子地图的案例。

涉及的知识点如下：

工程测量包括施工控制网设计、坐标轴方向确定、三维控制网、提高测量精度的措施、误差分配原则("忽略不计"、"高起算"),点位误差、坐标转换等。

地形图测绘包括地形图修测作业方法确定、工作步骤与流程、要素更新检查、仪器设备配置及其用途等。

地籍测量包括日常地籍测量:界址变更、界址点恢复、面积误差计算、面积误差分摊、确权面积计算、极坐标法放样新界址点的作业流程。

大地测量包括 GPS 控制点等级、标石类型、二等水准测量改正、观测边长投影归化、高程系统、高程异常等。

摄影测量包括像片控制测量、区域网、像控点选择、像片大小、重叠度、像片控制点的施测方法,CORS 测量方法在像控点测量中的应用。

地图制图包括普通地图编绘、资料收集与利用、等高线编绘方法、居民地要素编绘、道路要素编绘等。

地理信息系统包括基础地理数据整合处理(统一坐标系、连续无缝,数据类型和要素层组织),工商企业空间分布数据制作及税务信息存储的步骤和方法,WMS,WFS 服务的概念。

2015 年度考卷计算题涉及 3 个小题,但计算量、难度不大,但涉及的相关知识与概念较多。

第二大题的第 3 小题是面积差值是否超限的判断计算,试卷中已给出了限差公式,只要把相关数据代入即可完成计算。

第三大题的第 4 小题是高程、高程异常计算。这是测量计算的基本知识,要搞清楚几个面之间的关系。

第四大题的第 3 小题误差分配计算。这需要搞清楚"忽略不计原则"、"高起算原则"的具体应用。

涉及项目实施流程、过程、步骤的问答题 5 个。

其他类型问答题 18 个。

6)五年试卷特点解析

(1)计算量不多,难度适中

五年来,每年试卷都有 3~5 个小计算题,相对 22 个左右的总题量,占 20%~25%。

计算题难度不大,较难的试卷中都已给出了计算公式,只要概念清楚,一般都是可以完成的。至于大型的计算题一般是不会出现的,因为现在这些内容都是软件计算完成,很少手工计算了,如果再出导线严密平差这类手工计算题,则是观念上的倒退,当然,计算的流程与步骤要清楚。

计算中容易忽视的问题是数据取位问题。计算过程和结果都有取位要求,要特别注意,2011 年、2012 年、2014 年、2015 年试题中对这些都有要求。

(2)涉及测绘工程项目实施流程、过程、步骤的问答题较多

五年试卷中,这部分题量基本稳定。测绘案例分析考试大纲要求考察测绘专业技术人员运用《测绘管理与法律法规》、《测绘综合能力》科目在实务应用时体现的综合分析能力及实际执业能力。所以,其思路符合测绘案例分析考试大纲要求。实际作业人员、项目负责人,对付这类问题难度不大。

(3)死记硬背的要求少了

涉及成果资料提交、资料补全等要求死记硬背的问答题少了,2013 年、2014 年试卷中关于

成果提交的就未涉及。增加了测绘过程检查、质量判断、规范运用等实际操作过程中的能力考核。

例如2015试卷中的第五大题的第3小题，根据本测区像片控制点的施测方法，说明在野外选择控制点位应考虑的因素。这既要考核航测的基本知识，又要涉及GPS与CORS实际操作要求等知识，是一个内外业结合的题目。

(4)地形图测绘五年登榜

地形图测绘内容五年试卷中都有出题，考点已经涉及作业流程、测区划分、图幅数计算、图根导线测量、数字地图要素分类、地物点精度评定、检查验收、成果提交等。2015年又涉及“更新与修测”，可能是因为该类测绘项目是工程测量的主要任务之一，并且是日常测量工作的主要内容，涉及面广。

(5)高程计算三年出题

2012年、2013年、2015年试卷都出现了高程计算题，主要考核高程系统、正常高、大地高、高程异常、国家高程基准、深度基准等概念。

(6)新技术知识考点不断增加

2012年测绘案例分析考试大纲中增加了导航电子地图制作、互联网地图服务内容，2013年试卷中就有出题。涉及电子地图数据源的取舍利用方案、制作电子地图数据工作步骤及内容、门户网站的地图浏览、地名地址查找定位功能运用等，同时出现了“天地图”、“电子地图瓦片”等新名词。

2015年试卷中出现了“OGC(Open Geospatial Consortium)开放地理空间信息联盟”，“WMS (Web Map Service) 网络地图服务”，“WFS (Web Feature Service) 网络地理要素服务”等新名词，所以，应关注新技术知识考点。

(7)2011～2013年测绘案例分析考试全为必答题，2014年起测绘案例分析考试为7选6，这是一重大变化。

(8)行政区域界线测绘案例分析的考试内容还未涉及，各位可以留意。

## 13.4 如何准备《测绘案例分析》考试

1)精确理解考试大纲要求，掌握考试内容

《测绘案例分析》考试要求是考察测绘专业技术人员运用《测绘管理与法律法规》、《测绘综合能力》科目在实务应用时体现的综合分析能力及实际执业能力。

本科目考试内容参照《测绘管理与法律法规》和《测绘综合能力》两个科目的大纲，考试试题的模式参见考试样题中的测绘案例分析题。

从这几年的考试通过率来看，《测绘案例分析》考试都是难点，很多考生就差一两分未能通过，比较遗憾。因为该科目重点在实务应用时体现了综合分析能力及实际执业能力，对于没有实际工作经历与经验的考生来说，要高分通过难度较大。笔者认为比较有效的方法是自己去测量现场多看看，多问问，多思考。做外业多的去内业多参观参观，做内业的去几种典型工程现场见识见识，以弥补工作经历不足的缺陷。另外一较有效的方法是多看相关视频，由主讲老师带着学习，可起到事半功倍的作用。

2)准备复习资料

要复习迎考，复习资料也是必不可少的。主要应准备如下资料：

(1)注册测绘师资格考试大纲(注意每年可能有变化)。

(2)注册测绘师资格考试辅导教材。

①《测绘管理与法律法规》、《测绘综合能力》和《测绘案例分析》,由国家测绘局职业技能鉴定指导中心编写出版。

②其他辅导教材。

注册测绘师资格考试应试辅导书籍较多,考生可以根据自己的学历、工作经历与工作性质等特点来选择。对于工作忙、时间紧的考生来说,可以选择考点突出的辅导教材,例如人民交通出版社股份有限公司出版的六本书(详见本书封底图书列表)

(3)一套系统的测绘专业教材

测绘专业教材主要包括大地、GPS、工程测量、房产、地籍、界线测绘、GIS、摄影测量与遥感、地图制图、导航电子地图、互联网、测绘工程管理概论等专业教材。

(4)相关测绘管理与法律法规资料

测绘相关的法律法规资料较多,现行的技术规范有200多个,要全部收齐很不容易。但重点要精读城市测量规范、工程测量规范、建筑变形测量规范、测绘技术设计规定、地形图航空摄影规范、地形图航测内外业规范、国家基本比例尺图编绘规范及地理信息系统和导航电子地图安全处理技术基本要求等技术规程。

3)学习方法与时间安排

考试科目虽然只有《测绘管理与法律法规》、《测绘综合能力》和《测绘案例分析》三科,但要看的书还是不少,在学习方法和时间安排上都要讲究。

《测绘综合能力》要结合相关教材与规范精读;《测绘案例分析》以相应规范、规程为标准,通读、研究性阅读,结合工程特点,注重过程、流程、作业步骤、过程质量控制及成果提交等内容;要通读《测绘管理与法律法规》,要总结、概括、提高。

各科复习时间安排要科学,开始可每月安排,临近考试时,要每周安排,最后要以天来安排。总体上要全面过一遍,临近考试时,重点回顾,切忌把《测绘管理与法律法规》放在后面几天突击,因为《测绘管理与法律法规》的相关内容与案例、综合的联系紧密,要尽早融会贯通。

4)计算题复习

计算题每年难度不大,内容上可适当关注以下内容:

(1)最或是值计算。如水准网、导线网等简单的平差,定权方法。

(2)平面图上多边形面积计算。

(3)房屋面积分摊。

(4)工天、成本计算等。

(5)基本大地常数计算。

(6)经度与高斯带号计算。

(7)工程测量常规计算:曲线要素、放样元素。

(8)贯通误差预计。

(9)精度分配。

5)关于图形绘制与编辑题型

图形绘制、编辑是地图制作的一个重要环节,五年来测绘案例分析考试题还未出现。地物、地貌表示,常用符号配置等,可多加关注。

6)关于考试做题

测绘案例分析题都有背景资料，有时还很长。考试时可以先快速浏览，重点从它的问题入手，带着问题再去看前面的叙述，这样针对性强又节约时间。

答题时要抓住要点回答，加强文字的组织，每个小题要答得在理，要点上书写规范，紧扣专业知识点。

题多、时间少是这几次考试的普遍现象，要有取舍，不会的小题就放弃，把能答的尽量答好，不会的根据题意和背景材料多少写一点，总能得点分，有时一两分也是很重要的。

注册测绘师考试是选拔考试，虽然有一定的难度，但世上无难事，只怕有心人。只要复习基本到位，加上你的聪明和智慧，一定能顺利过关，早日成为一名注册测绘师。

# 参考文献

[1] 陈永龄.大地测量学[M].北京:测绘出版社,1958.

[2] 陈永奇,等.工程测量学[M].3版.北京:测绘出版社,2008.

[3] 何宗宜.计算机地图制图[M].北京:测绘出版社,2008.

[4] 胡明城,鲁福.现代大地测量学[M].北京:测绘出版社,1993.

[5] 黄声享,尹晖,蒋征.变形监测数据处理[M].武汉:武汉大学出版社,2003.

[6] 孔祥元,郭际明.控制测量学[M].武汉:武汉大学出版社,2006.

[7] 李青岳,陈永奇.工程测量学[M].修订版.北京:测绘出版社,1995.

[8] 廖克.现代地图学[M].北京:科学出版社,2003.

[9] 刘雁春,肖付民,暴景阳,等.海道测量学[M].北京:测绘出版社,2006.

[10] 宁津生,陈俊勇,李德仁,等.测绘学概论[M].2版.武汉:武汉大学出版社,2008.

[11] 潘正风,等.数字测图原理与方法[M].武汉:武汉大学出版社,2004.

[12] 施一民.现代大地控制测量[M].北京:测绘出版社,2003.

[13] 王家耀,孙群,王光霞,等.地图学原理与方法[M].北京:科学出版社,2006.

[14] 张正禄,等.工程测量学[M].武汉:武汉大学出版社,2005.

[15] 赵建虎.现代海洋测绘[M].武汉:武汉大学出版社,2008.

[16] 张剑清,潘励,王树根.摄影测量学[M].2版.武汉:武汉大学出版社,2008.

[17] 祝国瑞.地图学[M].武汉:武汉大学出版社,2004.

[18] 杨敏,朱增峰.测绘综合能力[M].天津:天津大学出版社,2012.

[19] 马耀峰,胡文亮.地图学原理[M].北京:科学出版社,2004.

[20] 袁勘省.现代地图学教程[M].北京:科学出版社,2007.

[21] 陈军,蒋捷,周旭,等.地理信息公共服务平台的总体技术设计研究[J].地理信息世界(3):8-11.

[22] 毕硕本,王桥,徐秀华.地理信息系统软件工程的原理与方法[M].北京:科学出版社,2007.

[23] 国土资源部地籍管理司,中国土地勘测规划院.TD/T 1014—2007 第二次全国土地调查技术规程[S].北京:中国质检出版社,2014.

[24] 国家土地管理局地籍管理局.TD/T 1001—2012 地籍调查规程[S].北京:中国标准出版社,2012.

[25] 国家测绘局测绘标准化研究所.GB/T 17986—2000 房产测量规范[S].北京:中国标准出版社,2000.

[26] 北京市测绘设计研究院.CJJ/T 8—2011 城市测量规范[S].北京:中国建筑工业出版社,2012.

[27] 建设综合勘察研究设计院.JGJ 8—2007 建筑变形测量规范[S].北京:中国建筑工业出版社,2008.

[28] 中国有色金属工业西安勘察设计研究院.GB 50026—2007 工程测量规范[S].北京:中国计划出版社,2008.

[29] 北京测绘设计研究院.CJJ 61—2003 城市地下管线探测技术规程[S].北京:中国建筑

工业出版社,2004.
[30] 国家测绘局测绘标准研究所.CH/T 1004—2005 测绘技术设计规定[S].北京:中国标准出版社,2006.
[31] 白泊,高锡瑞,许欣,等.GB/T 19996—2005 公开版地图质量评定标准[S].北京:中国标准出版社,2006.
[32] 国家测绘局测绘标准化研究所.GB/T 12343—2008 国家基本比例尺地图编绘规范[S].北京:中国标准出版社,2008.
[33] 中国测绘科学研究院.GB 20263—2006 导航电子地图安全处理技术基本要求[S].北京:中国标准出版社,2006.
[34] 国家测绘局西安标准化研究所.GB/T 6962—2005 1:500 1:1000 1:2000 地形图航空摄影规范[S].北京:中国标准出版社,2005.
[35] 国家测绘局测绘标准化研究所.GB/T 7931—2008 1:500 1:1000 1:2000 地形图航空摄影测量外业规范[S].北京:中国标准出版社,2008.
[36] 国家测绘局测绘标准化研究所.GB/T 7930—2008 1:500 1:1000 1:2000 地形图航空摄影测量内业规范[S].北京:中国标准出版社,2008.
[37] 国家基础地理信息中心.GB/T 17796—2009 行政区域界线测绘规范[S].北京:中国标准出版社,2009.
[38] 海军海洋测绘研究所.GB 12327—1998 海道测量规范[S].北京:中国标准出版社,2004.
[39] 国家测绘局测绘标准化研究所.GB/T 18314—2009 全球定位系统(GPS)测量规范[S].北京:中国标准出版社,2009.
[40] 国家测绘局测绘标准化研究所.GB/T 12898—2009 国家三、四等水准测量规范[S].北京:中国标准出版社,2009.
[41] 国家测绘局标准化研究所.GB/T 12897—2006 国家一、二等水准测量规范[S].北京:中国标准出版社,2006.
[42] 国家测绘局测绘标准化研究所.GB/T 23709—2009 区域似大地水准面精化基本技术规定[S].北京:中国标准出版社,2009.